当归清汤活海参

当归鲍汁煨鲍鱼

黄芪鸡汤鱼翅

黄芪杂粮烩海参

养生佛跳墙

强身四宝汤

养颜花胶鸡

参芪烧鲈鱼

黄芪三皮汤

艾叶煮鸡蛋

赤豆酒酿蛋

冬瓜鲫鱼汤

黄芪鸡片

芹菜炒肉丝

人参猪肚汤

乌鸡白凤汤

四君鸭汤

姜丝拌萝卜丝

温拌海蜇丝

黄芪南瓜粥

蚕豆炖牛肉

板栗烧肉

生地黄鸡

姜汁牛奶

赤小豆鲫鱼汤

黄精烧猪手

黄芪淮山糖水

中华药膳月子餐

张民生　谭学文　主编

陕西新华出版
陕西科学技术出版社
Shaanxi Science and Technology Press
西安

图书在版编目（CIP）数据

中华药膳月子餐 / 张民生，谭学文主编. -- 西安 : 陕西科学技术出版社, 2024. 8. -- ISBN 978-7-5369-8987-0

Ⅰ. TS972.164；R247.1

中国国家版本馆CIP数据核字第20241PN068号

中华药膳月子餐

ZHONGHUA YAOSHAN YUEZICAN

张民生　谭学文　主编

策划编辑　付　琨
责任编辑　闫彦敬
封面设计　陈科霖

出 版 者　陕西科学技术出版社
西安市曲江新区登高路 1388 号陕西新华出版传媒产业大厦 B 座
电话（029）81205187　传真（029）81205155　邮编 710061
http://www.snstp.com
发 行 者　陕西科学技术出版社
电话（029）81205180　81205178
印　　刷　深圳市彩美印刷有限公司
规　　格　787mm × 1092mm　12 开本
印　　张　26　　彩插 12
字　　数　410 千字
版　　次　2024 年 8 月第 1 版
2024 年 8 月第 1 次印刷
书　　号　ISBN 978-7-5369-8987-0
定　　价　128.00 元

《中华药膳月子餐》编委会

主　编　张民生　谭学文

副主编　胡丽华　吴春花　吴思梦

　　　　鲁加明　祁生胜　胡泽乐

编　委　于景林　于景水　何科茂

　　　　何　嫚　戴子雄　李潇雁

　　　　何东霞　彭克英　苏楚萍

　　　　宋宗华　蔡明刁　谢彩霞

　　　　张　轩　牛　淼　周丽华

主编简介

张民生

主任医师，工商管理硕士，医教研复合型专家。曾担任商洛市中医医院院长，陕西省中医学会常务理事，陕西中医学院（现为陕西中医药大学）、南昌理工学院、共青科技职业学院客座教授，陕西省中医药研究院客座研究员，深圳市培训师联合会副会长等职；兼任《陕西中医》杂志编委、商洛市决策咨询委员会委员、政协商洛市第二届委员会委员等16个社会或学术职务。

近50年来坚持不懈地挖掘中国古代释、道、儒、医、武术等各家养生学思想，整理研究从宫廷到民间的养生经验，在现代养生领域形成独特见解。有49年医疗和养生机构的实践工作经验，有41年的授课经验，有33年的医院院长经历。近年受邀参加众多学术活动、养生学论坛并担任演讲嘉宾，讲授关于养生学和医院管理类课程300余场次。2000年2月以中医学者身份出访美国，2001年被陕西省政府确定为“35人才工程”跨世纪学科带头人。参与多项科研项目，主持国家级、省级课题各1项。撰写出版《现代养生学》等学术专著5部，编辑录制出版光盘4套，发表养生类学术论文26篇。

谭学文

高级烹饪技师，中国烹饪大师，中华金厨，餐饮业国家级评委，全国饭店业技术能手，非物质文化遗产谭家菜第四代传承人。曾先后在总参招待所、北京饭店、国际饭店、京西宾馆、人民大会堂工作学习，精通粤、鲁、川、湘等菜系，擅长谭家菜、融合菜、国宴菜、药膳的设计和制作，致力于传承、创新中华美食餐饮文化。

前　言

编撰本书完全是出于情怀，一种对为改变中国“少子化”现状努力工作的母婴工作者表达崇敬的情怀！

2018年春，一个偶然的机会认识了中国月嫂节组委会会长胡泽乐先生。他邀请我出席月嫂节，为来自全国的月嫂们讲解有关月子餐的知识。当时没有想太多，只想为月嫂们做一次公益讲座。2018年9月9日，我应邀出席了“第四届月嫂节”，当时的情景深深地感动了我！活动在深圳市龙岗区的大与文化会议中心举办，当时会议规模完全超出了我的想象：来自全国的1800名金牌月嫂和400多名志愿者把会议中心挤得水泄不通，我在会上发表了40分钟的主题演讲，题目是《药膳美食月子餐》，演讲多次被热烈的掌声打断。演讲结束后，几百名月嫂将我团团围住，有索要名片的、有索要签名的、有咨询如何购书的，还有想让我把脉看病的，最后还是大会组委会组织维护会议秩序的工作人员为我解了围。

2019年9月8日，我又受邀参加了“第五届月嫂节”，那次大会我发言的题目是《母婴护理第一要务》。由于我带领深圳“九味堂”的数位专家一起参加大会，前一届的局面再次出现时，我们满足了月嫂们的要求，让大家有充分的时间交流、购书、拍照和诊病。在和月嫂们长达数小时的沟通中，我深深为月嫂们对月子餐方面知识的渴望而触动，萌生了为她们开发一门“月子餐”课程的意愿。历经2年时间，我认真思考和搜集整理资料，从而完成了课程的开发工作。然而，“月子餐”是一个实操性很强的课程，自己的厨艺极为有限，所以，在课程开发过程中，我一直在寻找厨艺能够满足教学的厨师，却很长时间都没有找到合适的合作伙伴。无巧不成书，又一个偶然机会，我认识了中国烹饪大师、餐饮业国家级评委、谭家菜非遗第四代传承人谭学文先生，我们一拍即合，开始了珠联璧合的合作。在2021年9月12日“第七届月嫂节”上，我正式发布了即将要开设“中华药膳月子餐”课程的消息。

动人的故事不断继续：2021年10月1～5日，我们举办了第一期“中华药膳月子餐”特训班，班上涌现了好几位优秀学员，她们学成后深受雇主欢迎：特训班一期班长何东霞结业后，邀约她的客户应接不暇，她的薪酬不断上涨，已经比学习月子餐课程之前翻了1番，而且预约的订单已经排满了2024年，在母婴行业极为少见！一期学员中成绩最优秀的彭克英，结业后深受广大客户欢迎，还自己筹划举办了会所，在“第九届月嫂节”首次举办的“金牌月嫂论坛”上，交流她的成功经验，深受月嫂们的好评！第二期的优秀学员蔡明刁，结业后上单率不断提高。第四期学员中，有一位叫苏楚萍的优秀学员，她在考试答卷中说：“我娘家的小叔是潮汕菜协会会长，我从小吃他做的菜，认为是最好吃的菜。这次品尝到谭老师的菜令我难忘，我认为最好吃的是归参焖鱼，我比较喜欢吃鱼，一点都不腥，火候把握得非常好，药材的味道也是恰到好处，真是一道美味的菜肴。”第四期学员中，来自香港的蔡锦玲在结业总结中说：“好庆幸能走进张民生教授‘中华药膳月子餐’的课堂，使我学到了科学的药膳月子餐的配方和制作方法。我会运用到实际生活中去，让更多的人群和宝妈吃得健康又放心，身材美美的。

2023年9月25日第四期学员结业，大家在交流学习体会时，班长关团结深情地说：“学习时间太短了、太紧张了，我没有学够，更没有学好。我从来没有听过这么好的课程，我还想继续听张老师讲课……”她一激动，全班几十位学员跟着情绪高涨；我也被她们感动的眼睛潮湿了。是呀，几天时间，怎么能够学好中华民族博大精深的药膳学理论和相关知识呢？几天的学习，虽然她们能够初步了解药膳月子餐的基本知识和基本操作，但在进一步的操作过程中遇到困难怎么办？老师点点滴滴的回答怎么能够满足她们不断学习的渴望呢？所以，为了满足月嫂们的需求，产生了编撰本书的想法。我把这一想法与相关朋友、学者、实践者交流后，得到了母婴产业界、中医界、烹饪界同仁们的共鸣和支持，更受到月嫂们，特别是那些渴望学习月子餐知识，因为上单而没有时间参加学习的月嫂们的热烈欢迎！

5年多来的实践，使我们更加深刻地认识到：药膳是具有养生、防病、治病等作用的特殊膳食，是中国四大国粹中“中医”“烹饪”两大国粹的有机结合，是中华民族对人类饮食文化和医学、养生学的独特贡献！食物是人体营养的直接来源，是人类生、长、壮、老、已生命发展过程中的物质基础，产妇产后4周（月子期）是人生中的重要时期，也是饮食摄取的关键时期，不仅关系着产妇自身的健康，而且对新生儿和哺乳婴儿的健康也至关重要！特别是我国实行了30多年计划生育后，出台的全面两孩、三孩政策，迎来了中华民族又一生育高峰期，如何让产后产妇吃得健康、让婴幼儿茁壮成长，是每个家庭的希望和需求，不仅关系着产妇、婴儿的健康，也是关乎中华民族兴旺的大事！所以，为了满足产妇产后的恢复、哺乳和调养的健康需要，促进产妇产后的早日康复，降低月子期产妇罹患疾病的风险，调整亚健康状态，不断改善产妇产后的生活质量，我们克服种种困难，编著了这本《中华药膳月子餐》。

为了编撰好本书，5年多来，我们学习、研究了中华民族能够搜集到的有关“月子餐”的文献，对我国各地民间有关药膳月子餐的习俗进行了调研，并在“药食同源”理论指导下，认真研究、整理，使“月子餐”知识理论化、系统化，使书中内容实实在在地能够帮助产妇和产后护理照料人员（月嫂、亲属）树立正确的摄食理念、建立良好的饮食习惯，充分发挥“药食两用”物质（药材、食材）滋养人体、调整状态、防治疾病作用对产后人群的确切效果。

《中华药膳月子餐》共18章：第一章绪论，论述药膳月子餐的概念、历史渊源、研究与应用、市场前景，是全书的总纲；第二章至第四章是药膳学的基本知识，包括药膳的特色、药膳基本理论、药膳制作；第五章至第八章，介绍药膳的食药两用类物质：第五章介绍药膳常用食材；第六章介绍药膳常用药材；第七章介绍月子餐用水和第八章介绍月子餐食用油；第九章至第十二章分别论述产后药膳月子餐功能、应用原则、搭配、应用的实际操作内容；第十三章至十七章论述补益类、润肤养颜、养发护发、养目明目、聪耳助听等具有保健养护功能的药膳月子餐；第十八章论述适合应用药膳的产后病证食疗；最后是附录和参考文献。

本书的编撰得到了许多业内同仁的支持。特别是我的合伙人谭学文先生，主理了书中所有处方的烹饪、调理和图片制作；胡泽乐、胡丽华、吴春花、吴思梦、鲁加明以及祁生胜担任本书副主编，有力支持了本书的编撰工作；还有于景林、于景水、何科茂、何嫚、戴子雄、李潇雁、宋宗华、谢彩霞、张轩、牛淼、周丽华等同仁们加入编写队伍，为本书的出版做了大量工作；特别是学习“中华药膳月子餐”课程的优秀学员何东霞、彭克英、苏楚萍、蔡明刁等同学以她们的优异成绩、亲身实践，为本书的理论、观点提供了实践经验和经典案例。编委会的所有成员尽职尽责，才使本书能够如期出版，这里对大家表示诚挚的谢意！本书在编辑过程中参阅了大量的古今文献，除已附的文献外，还有许多文献没有一一列出，这里也对所有文献的作者表示感谢！

由于我们的编写水平有限，书中难免存在疏漏之处，欢迎广大读者批评指正！

张民生

2024 年 2 月 24 日

目 录

第一章

绪　论

药膳月子餐是专为月子期里产后恢复的产妇，提供的药物和食物相结合的独特膳食。取名为“中华药膳月子餐”，是因为几千年来，中华民族的产妇无论身处何地，都会认真进行产后休养和康复（俗称“坐月子”）。

药膳是“中医”和“烹饪”两大国粹的有机结合，是中华民族独有的膳食形式，值得认真研究。

第一节　药膳月子餐的概念

中华药膳月子餐是专门提供给产妇月子期休养和康复的膳食，属于中华民族特有的养生学范畴。要深入研究中华药膳月子餐，必须深刻理解月子餐、养生、食养、食疗、药膳、美食等概念，并理解它们之间的相互关系。

一、月子餐

月子餐是产妇产后恢复期前4周的专用餐食。

二、养生学

养生学是研究、阐释人类生命的发生发展规律，以预防疾病、延年益寿为目的的实用学科。有资料显示，“养生”一词最早见于《庄子·内篇》。所谓“生”，是生命、生存、生长之意；所谓“养”，为保养、调养、培养、补养、护养之意。“养生”是通过养精神、调饮食、练形体、慎房事、适寒湿等诸多方法去实现的一种综合性的强身益寿活动。

现代养生涉及的内容非常丰富，其研究领域除了疾病预防之外，还包含延缓衰老、增强智力、调适心理、美容养颜、药膳食疗、提高生活质量、塑造良好的运动习惯、健康的性生活、促进人类与自然及社会的协调能力等。与现代预防医学相比，其内容更广泛、技术更多样、动机更积极，适用于所有的健康人群、亚健康人群、高危人群和各类患者。

现代养生学涉及的学科也很多，除临床各科、预防医学外，还与医学心理学、行为医学、社会医学、保健学、老年医学、天文学，地理学、气象学等学科有着密切的关系。

养生学还汇集佛、道、儒等各派的养生思想和中医各学派之精华，提出了一系列的养生原则。如和光同尘、知和日常、形神共养、协调阴阳、顺应自然、饮食调养、谨慎起居、和调脏腑、通畅经络、节欲保精、益气调息、动静适宜等，使养生活动有章可循。

三、食养

食养即“摄食养生”，又称食物调养，是按照养生理论合理地摄取食物，以达到增进健康、延年益寿为目的的养生方法。饮食对于人体最重要的意义是补充营养，是人体精、气、神的物质基础，因为人体最重要的生命活动是精、气、神“三宝”，只有饮食正常、营养充足，才可能精足、气盛、神旺。所以，饮食是一切生命活动的源泉。人类的饮食范围十分广泛，内容十分丰富，食养就是通过“吃”的方式，或者以“吃喝”联合的方式接受营养，达到养生的目的。

食养与食疗、药膳有密切相关，但也有一定的区别，不能完全等同。

四、食疗

食疗即“饮食疗法”，又称食治，是在中医理论指导下，有目的地选择相关饮食，或药物与食物配合，经烹调加工，防治疾病、保健强身的方法。它是中华民族长期与疾病作斗争的经验结晶，是我国宝贵的文化遗产，是中医、中药文化不可分割的组成部分。

五、药膳

药膳是具有养生、防病治病等作用的特殊膳食。它是将食物与药物配合制成，用以保健、治疗或辅助治疗疾病，以助养生的饮食方法。其中有治疗作用的药膳属食疗范围，不具备治疗作用的属食养范围。药膳中的药物不是随意使用的，严格来说，只有我国食品药品监督部门公布的“食药两用”类物质（药物和食材）才可以用于药膳，要加入“食药两用”类物质以外的药品，必须要有中医师的处方。

六、美食

美食是对人们认为的“美味食品”的总称。食物不分贵贱，只要受用者喜欢享受即是美食。不同地域、不同季节、不同人群，甚至同一个人在不同的时间、地点或不同状态、心情下，对美食的体验和评价都是不同的。所以，美食完全是个体对食物的主观体验。

我国食养、食疗、药膳的研究和应用源远流长，最早可追溯到春秋战国时期。《周礼·天官》有：“食医，掌和王之六食、六饮、六膳、百馐、百酱、八珍之齐”的记载，食医相当于皇帝的营养医师，说明当时已很重视饮食与健康。《黄帝内经》明确了“谷肉果菜”等食物对人体的调理作用，指出“五谷为养、五果为助、五畜为益、五菜为充，气味和而服之，以补精益气”，为后世食养、食疗、药膳学术奠定了理论基础。1968年瑞典颁布的

《斯堪的纳维亚国家人民膳食的医学观点》，产生了积极的社会效果，世界卫生组织（WHO）和联合国粮农组织（FAO）建议各国仿效。至今全球已有许多国家公布了自己的《膳食指南》，其中也包括中国。WHO提出的“合理饮食促进健康”，强调了膳食对促进健康的重要意义。

随着人类物质生活水平的提高，快节奏、高强度、高频率的现代生活使人们日益关注自身的健康。化学合成药物引起的不良反应，使人们越来越追求返璞归真的生活状态。现代文明引起的食物营养过剩、营养失调导致的疾病谱的变化，使人们更加希望通过利用食物资源，强身健体、养生保健、延年益寿。

第二节　药膳发展简史

药膳学的发展经历了漫长的历史时期，可简要划分为起源、理论奠基和发展几个时期。

一、药膳学的起源

中华民族的祖先为了生存需要，不得不在自然界到处觅食，久而久之发现某些动物、植物不但可以作为食物充饥，而且具有药用价值。在人类社会原始阶段，人们没有能力把食物与药物分开。这种把食物与药物合二为一的现象形成了药膳的源头和雏形。“民以食为天”是人类为生存、繁衍后代，必须先“填饱肚子”的真实写照。燧人氏钻木取火使人类进入熟食时代，饮食发生的革命性变化，提高了人体的素质，增强了人体的抗病能力，推动了药膳的发展。

《淮南子·修务训》说：“神农……尝百草之滋味，水泉之甘苦，令民知所避就，当此之时，一日而遇七十毒。”生动地说明了先民在寻找食物过程中，避开有毒的、摄取无毒食物的情况。同时人们发现，有许多种类的食物可以解除疾病带来的痛苦，有些食物吃后具有强身健体的作用。于是，许多既可果腹又可疗疾的食物被重视，这就是中医学“药食同源”的理论依据。所谓“药食同源”，应理解为源于同一发现过程，并不是指食即是药，药即是食。

中国药膳的起源可追溯到夏禹时期。那时已有多种烹调方法，如商代伊尹制汤液，他的烹调技术高明，担任汤王的厨师。甲骨文中记载有禾、麦、黍、稷、稻等多种粮食作物，当时已能大量酿酒。在商汤之前的新石器时代龙山文化遗址中，已发现有陶制的酒器。有些人认为酒有“邪气时至，服之万全”的医疗作用。由于它是有机溶剂，能溶解出更多的有效成分做成药酒。食疗烹调中也经常用到酒。

二、药膳理论形成

西周至春秋战国时期，药膳理论已基本形成。周代饮食已相当讲究，在统治阶级中已经建立与饮食有关的制度与官职。《周礼·天官》所载的4种医中，食医居于疾医、疮医、兽医之首，可见当时已经明确了饮食与健康的密切关系。春秋末期的孔子，对饮食卫生提出了具体要求，他在《论语·乡党》中写道："食不厌精，脍不厌细，……鱼馁而肉败，不食，色恶，不食"等，都是从保健的目的出发的。通过研究饮食防止疾病发生、保健食疗的目的是明确而自觉的心理和行为，说明食疗、药膳的早期发展，已经进入萌芽阶段。长期实践积累的经验，使关于药膳的知识逐渐向理论阶段过渡。《黄帝内经》的有关章节提出了系统的食疗学理论，对中国的食养、食疗和药膳的实践产生了深远的影响。《内经》载有："凡欲诊病，必问饮食居处""治病必求其本""药以祛之、食以随之""人以五谷为本""天食人以五气、地食人以五味"等；与《内经》成书时间相近的《山海经》中也提到了一些食物的药用价值，如"枥木之实，食之不老"，说明先秦时期中国的食疗理论已具雏形。《内经》共载13首方剂，其中8首是属于药食并用的方剂，说明这时药膳的制作与应用日益成熟。1973年长沙马王堆三号汉墓出土的古医学帛书，相传是汉代前的医学著作，书中谈到了饮料保健方法，特别强调酒和韭的延年益寿和滋补强身作用："酒者，五谷之精气也，其入中散流，其入理也彻而周"，韭"春三月食之，疴疾不昌"。

三、药膳学的发展

食疗在汉代以前处于理论奠基期，对于食疗药膳学的发展具有重要影响。这一时期有关食疗药膳的专著面世，如《神农黄帝食禁》《黄帝杂饮食忌》《食方》《食经》《太官食经》《太官食法》，可惜都已佚失。

汉唐以后一直到明清时期，药膳发展处于不断而又缓慢的发展期。《神农本草经》是我国现存最早的药物学专著，共收载药物365种，其中药用食物50种左右，如酸枣、橘柚、葡萄、大枣、海蛤、干姜、赤小豆、粟米、龙眼、蟹、杏仁、桃仁、大枣等，记载了这些食物有久服"轻身延年"的功效，说明当时对这些食物的药用价值已经给予了重视和肯定。药膳的提出大抵在东汉时期已有记载，如《后汉书·列女传》中有"母亲调药膳……思情笃密"等。

张仲景的《伤寒杂病论》不仅是辨证论治的典范，且书中不乏有食疗药膳内容。张仲景开药物与食物相结合治疗重病、急症的先例，记载了食疗禁忌及应注意的饮食卫生。《金匮要略》"食禁"专篇列举了治少阴咽痛的猪肤汤和治产后腹痛的当归生姜羊肉汤；《金匮要略方论》除用药外，还采用了大量的饮食调养方法，如白虎汤用粳米、百合鸡子黄汤用鸡蛋、黄芪建中汤用饴糖、猪膏发煎、瓜蒌薤白白酒汤等。书中创立的桂枝汤、桃花汤、竹叶石膏汤、瓜蒂散、十枣汤、甘麦大枣汤等食疗方至今还被临床常用。

魏晋以来，食疗在一些医药著作中有充分反映。东晋名医葛洪著的《肘后备急方》，载有很多食疗方剂，如生梨汁治嗽，蜜水送炙鳖甲散催乳，小豆与白鸡炖汁、青雄鸭煮汁治疗水肿病，小豆汁治疗腹水，用豆豉与酒治疗脚气病等。他指出“欲预防不必待时，便也酒煮豉服之”，把食疗应用到预防疾病方面。南北朝陶弘景所著的《本草经集注》，记载了大量的药用食物，如蟹、鱼、猪、麦、枣、豆、葱、姜等。

唐代孙思邈的《备急千金要方》第26卷将“食治”立为专篇，书中记载有：“夫为医者，当须先洞晓病源，知其所犯，以食制之，食疗不愈，然后命药”“安身之本，必资于食……食能排邪而安脏腑，悦神爽志以资气血。若能用食平疴，释情遣疾者，可谓良工”标志着食疗学已是一门独立学问，成为独立的学科。书中共收载药用食物150多种，分为果实、菜蔬、谷米、鸟兽四大门类，详述每种食物的性味、毒性、治疗作用、归经、宜忌、服法等，为食治原料学奠定了基础。孙思邈的弟子孟诜集前人之大成编成《食疗本草》，是中国现存最早的一部集食物、中药为一体的食疗学专著，共收集食物200余种（包括动物、植物和矿物），记载了食物的性味、产地、鉴别、调制方法，过食、偏食后的副作用等。该书早佚，但其内容被后代有关著作引用。医博士昝殷编著的《食疗心鉴》、南唐陈仕良的《食性本草》，都是在晋唐时期出现的专门论述食疗药膳功效的专著。王焘的《外台秘要》中有许多食疗药膳方剂，关于食物禁忌的叙述尤其详细，对大多数病症下的治疗都列出了明确禁忌，包括忌食生冷、油腻、荤腥、酒等。

宋元时期为药膳学全面发展时期。宋代官方修订的《太平圣惠方》专设“食治门”，记载药膳方剂160首，可治疗28种病证，且药膳以粥、羹、饼、茶等剂型出现。元朝的统治者也重视医药理论，提倡蒙、汉医进一步结合和吸收外域医学成果。饮膳太医忽思慧编著的《饮膳正要》为中国最早的营养学专著，收载食物200种左右，除谈到对疾病的治疗外，首次从营养学的观点出发，强调了正常人应加强饮食、营养的摄取，用以预防疾病。

明清时期是食疗药膳学更加完善的阶段，几乎所有关于本草的著作都注意到了本草与食疗学的关系，对药膳的烹调和制作也达到了极高的水平，且大多数与现代营养学的内容不谋而合。李时珍的《本草纲目》给药膳学提供了丰富的资料，仅谷、菜、果3部就收有300多种，专门列有饮食禁忌、服药与饮食的禁忌等。朱橚的《救荒本草》记载了可供荒年救饥食用的植物400多种，详细讲述了其产地、名称、性味及烹调方法。徐春甫的《古今医统》、卢和的《食物本草》、宁源的《食鉴本草》、贾铭的《饮食须知》、王孟英的《随息居饮食谱》等，至今在临床及生活中仍有较大的实用价值。这时期的药膳学有一个突出特点，即提倡素食的思想得到进一步发展，如黄云鹄的《粥谱》、曹庭栋的《老老恒言》均重视素食，对于食疗、养生学的发展均有帮助。据统计，汉初到明末有关药膳的著作超过300部。

第三节　药膳现代研究与应用

纵观几千年的发展进程，药膳学从理论奠基到膳食的应用，逐步发展成了一门相对独立的学科，改革开放后药膳又获得发展与应用机遇。在科学日益发展、生活水平不断提高的今天，成为人们关注的膳食品类，体现了人们对健康的期盼和对自然生态疗效性食物的追求。

一、药膳理论研究

药膳学是中医学的重要分支，然而它又有相对独立的理论特点。在中医学的发展进程中，它只是存在于中医理论中，并未完全分化出来，尚未形成较系统的药膳学理论体系。从《黄帝内经》开始，从药、食两类疗法讨论中医理论，是药膳学的奠基理论，中医学理论是全部药膳学理论的基础。近年来大量科普、专业书籍相继问世，不少中医单位开展了食疗的临床工作，个别中医院还设立了食疗科室和食疗药膳门诊，中医传统的药食同源食品被广泛推广应用。彭铭泉的《中国药膳学》，何清湖、潘远根的《中医药膳学》，刘昭纯、鲁明源、张令德的《实用药膳学》等，都对中医药膳学理论进行了系统阐发，从理论形成、中医理论在药膳中的应用、药膳方的理论、药膳原料的药学理论等方面，进行了较系统的讨论。王者悦的《中国药膳大辞典》这一大型药膳工具书，则对药膳的理论与应用提供了较全面的资料。

二、药膳实验研究

经过几千年的发展，药膳学积累了数千种药物、植物、食物的药食应用知识，以及难以计数的药膳食疗有效方。随着科学技术的日益发展，药膳食疗研究者对古代药膳方的探讨、新药膳方的开发、药膳食疗机理的研究、单味药或食物的食疗原理等进行了广泛的实验和临床应用研究。如“胎芝毓麟散治疗无排卵性不孕症”“生精茯麟餐治疗精子减少性不孕”“白萝卜所含微量元素对人的营养保健作用研究”“四季康饼预防和治疗感冒”“全鳖冲剂治疗慢性肝炎”等课题从不同角度进行实验室和临床观察，也对单味药膳原料大蒜、生姜、灵芝、花粉等进行了深入的研究，为进一步开发新品种奠定了坚实的基础。

三、药膳的应用研究

药膳研究从理论走向临床，从书本走向应用，数十年来日渐兴盛。一些传统的药膳产品一直为人们所喜爱，如茯苓饼、山楂片、陈皮梅、绿豆糕及药酒等。新开发的药膳保健产品也如雨后春笋般涌现，常见的如蜂产品系列、鳖产品系列以及古汉养生精等。药膳应用的另一种形式是药膳餐馆。一些传统的药膳名方成为各药膳餐厅的主流菜肴，同时也有自创的名点名膳。如开创较早的成都同仁堂的药膳餐厅，即有药膳食谱近百种，品种有冷盘、小吃、炒菜、饮料、药酒五大类，并自创名牌药膳，有荷叶风脯、虫草汽锅鸡、参芪鸭条、杜仲腰花、六味牛肉脯等。目前我国各大城市均有各具特色的药膳餐厅，受此影响，韩国、日本、马来西亚、新西兰、新加坡等国也积极推崇中医药膳，均拥有各种名声不错的药膳饮食业。在欧美等发达国家，药膳也正在兴起。

第四节 药膳市场的前景

药膳可以强健体魄，延缓衰老，延年益寿。用膳食防治疾病，使中华民族繁衍昌盛，体现了中华民族的古老文明和智慧。药膳“食之味美、观之形美、效在饱腹、益在享乐”，既是我国中医药学宝库中的瑰宝，又是我国烹饪菜肴宝库中的一颗明珠。

一、药膳月子餐的市场需求分析

现代科学技术和经济的发展，为药膳产品的现代开发研究带来了生机与商机。药膳食品能防病治病，增强体质，有利于健康，又能丰富饮食品种，为日常生活增加新的内容，受到人们的广泛喜爱，同时人们也对药膳产品的质量、品种有了更多的需求。这些社会需求不断促进药膳食疗研究者们采用新技术、新方法，改进产品质量，增加品种，尽可能地采用工业化生产。多种新技术的应用，使药膳由传统的菜肴饮食类、面点类、酒类，发展为新型的饮料类、冲服剂类、胶囊类、浓缩剂类、罐头类、蜜饯类，等等。

药膳月子餐是药膳在产后恢复期的具体应用。面对我国人口“老龄化”“少子化”日益严重的情况，国家不断完善人口政策，随着国家两孩、三孩政策的出台，人们对月子餐的市场需求日益扩大。药膳月子餐的推广是产妇产后恢复的重要保证。

为了更有利于开发研究，各地成立了药膳食疗研究机构，对药膳的现代化展开了深入、有组织、多方面合作的研究工作，而且有关这方面的工作也受到国外有识之士的高度重视，近些年来召开了多次药膳食疗的国际研讨会，开展了广泛的国际交流与合作。随着人们对药膳食疗的喜好和需求增长，药膳食疗业蓬勃兴起，特别是在“回归自然”的强烈呼声中，作为生态疗法的中医药膳，已经展现出光明美好的发展前景。

二、药膳师及月嫂职业分析

药膳师是在中医药膳理论指导下，运用营养学和烹饪学等有关知识和操作技能，学习和研究药物和膳食结合，用于保健强身、防治疾病、延年益寿的专业人才。

月嫂是母婴护理师的俗称。随着国家鼓励生育政策的不断扩大，以及母婴养育的不断专业化，无论是月子会所还是产妇家庭，对母婴护理师的需求也越来越大。母婴护理师不断掌握新的技能，特别是掌握药膳的技能对于提高护理综合能力非常必要。

药膳师是中华人民共和国人力资源和社会保障部推出的新的职业岗位之一。母婴护理师努力使自己掌握药膳学知识，并成为药膳师，必然会提高自己的母婴护理技能，也会提高相应的薪酬。

（一）药膳师需要具备的知识和技能

包括中医基础理论，如阴阳五行、藏象学说、气血津液、病因病机、脏腑辨证等；药膳学的基本知识，如药膳基本理论、辨质施膳、中药学基础、食物学基础；经典药膳食谱，慢病药膳调理知识，现代营养学知识等。

（二）药膳师的就业去向

一是担任饭店、宾馆等餐饮服务行业的药膳厨师等；二是在医院、社区健身中心或保健机构等，负责病人的药膳营养问题的咨询工作，列出药膳保健计划，并监督药膳饮食变化的有效性；三是去专业咨询机构，为个人、机构、商务组织提供药膳、食疗方面的建议；四是为食品和制药公司、市场协会和餐饮服务供应商服务，协助企业领导进行研究，对管理和市场提出专业性意见，促使企业生产出更好的药膳养生食品投放市场；五是制作家政、月子会所、月嫂行业的日常药膳及自己家庭的日常美食。

（三）月嫂的就业前景

月嫂不仅可以在家庭中提供母婴护理服务，今后可向幼儿园、早教中心、月子会所等机构发展。随着母婴行业的发展，月嫂可以通过不断提升自己的专业技能和服务水平，发展成为专业的育儿顾问、应用型教育专业人员。

第二章

药膳学的特色

第一节　药膳的特点

药膳主要由药物与食物两大原料，按一定的理论与原则有机组合，并以膳食的形式，产生食养、食治的作用。药膳既是食物，又不同于普通的食品，历史悠久，原则与方法独具特色。

一、历史悠久

在几千年的历史发展过程中，药膳学日益发展说明了其科学性和实用性。药膳起源于数千年前，周代帝王宫廷中就有医官食医的记载。从现存的药膳文献中可以看到，药膳原料在不断地增多，临床适应证在不断地扩大，药膳理论在不断地完善，药膳疗效在不断地增强。在社会经济不断发展，人们生活水平日益提高的今天，这种影响正在扩大。药膳学经历了漫长的发展历程的历史检验，在科技空前发展的今天，更加展示出对人类健康的卓越贡献，有力展示了其“历史悠久”的特点。

二、隐药于食

膳食是人体营养物质的主要来源，用以保持人体生长发育及生命活动。药物的重要作用，在于药品的不同性能和功效，能用于调理生命的各种生理机能，防病治病，促进机体的健康。一般来说，用药是治疗疾病的手段，是疾病状态下的使用方法。药膳则是把药物的保健、治疗、预防及增强体质的作用融入日常膳食，在人们享用必需膳食中起到食物营养和药物防病治病2个方面的作用。中华民族的祖先们很早就认识到了“药食同源”“食治”“食养”的内涵，把膳食与药物治疗有机结合，形成了独具特色的“药膳”。这一方法的显著特点是融药物的治疗特性于日常膳饮之中，既有膳食提供机体营养的基本功能，也具有一般的色、香、味、形特征，还具有治疗疾病、增进健康、改善体质的重要作用。它利用机体对营养的要求，隐含了药治的效能，使其成为适宜于各种人群的双效膳食，开辟了防病治病的独特途径。

三、辨证配伍

辨证论治是中医学的重要特点，强调人体内外环境的整体性、统一性，治疗的目的始终着眼于调理机体的阴阳气血，改善整体机能状态。这一原则毫无疑问地更符合现代人们关于健康与疾病的新概念。药膳的配伍始终遵循中医学辨证论治、辨证组方的理论原则与方法，在辨证的基础上配伍组方。始终注重机体阴阳气血、脏腑经脉的偏盛偏衰，用药膳补偏救弊，调理阴阳脏腑，使其达到平衡。药膳有别于现代营养学，它不仅提供机体所需要的营养物质，同时融入了治疗手段，可单独治疗或辅助药物起到治疗作用；也有别于药物治疗方法，它创造了以饮食为摄取疗效的新途径，避免了人们对药物治疗途径的紧张心理，让人们于不经意的日常饮食之中获得了疗效。这种双向作用在理论上的依托就是辨证施膳。

四、注重调理

药物治疗是在机体具有疾病表现，或存在某些较明显不健康状态时所采取的应对措施，具有很强的针对性。药品的应用虽有补养滋润的方面，但总以保养正气、祛除病邪为目的。从总的原则上来说，虽然仍是调理阴阳气血，但目的是以治疗疾病为主，一旦正复邪除，原则上即不再施药，而代之以饮食调理。药膳固然对某些疾病具有治疗作用，而其基本立足点则是通过药物与食物的结合，对机体进行缓慢调理，尤其适用于药物治疗后的康复调理、某些慢性病的缓渐治疗、机体衰弱时的逐步改善、平常状态下的滋补强壮。它不以急功近利为务，而以持久的、日常的、源源不断的调理，获得康复，变得强壮。因而，药膳既可以是药物治疗后的补充，更是慢性病患者、体弱人群，或阴阳气血偏颇时适宜的调理方法。特别适用于产妇产后的恢复，是最好的月子餐。

五、影响广泛

由于药膳是在日常饮膳中对机体进行调理，且随着饮食形式的变化，又产生不同的药膳形式，成为一类养生防病的特殊食品，因而具有普通食物不能达到的疗效，又具有一般治疗性药物所不具备的饮膳方式，成为适用于不同年龄、性别、疾病状态、生活习惯人群养生防病的方法，适应证极广泛。它不仅流传于我国中，即使在国外亦有深厚的影响。如至今仍在意大利盛行的“大黄酒”“杜松子酒”，就是700多年前马可·波罗从我国带回去的药膳方。目前，在日本、韩国，东南亚，乃至欧美等国家和地区，研究中国药膳者亦不在少数。

第二节　药膳的分类

由于人体有脏腑气血之别，药食有四性五味之异，制作药膳有煎、炒、熬、炸等区别，药膳也因人体的不同需要、原料的不同性质、药膳的不同功效而区分为不同的类别。

药膳的分类方法有很多，古代有关药膳的文献种类中就有多种不同的分类方法。《备急千金要方》分为果实、蔬菜、谷米、鸟兽等类；《食医心鉴》将药膳按病分为15类，每病类又各分为粥、菜、酒等膳型；《太平圣惠方》

"食治门"记载的药膳方剂可以治疗28种病证，且药膳含粥、羹、饼、酒等型；《遵生八笺》按工艺分为10余类，如花泉类、汤品类、熟水类、果实面粉类等；《饮食辨录》按膳食原料属性分类，分为谷类、茶类等。

目前一般公认和常用的是按功效、形态进行分类。

一、按药膳功效分类

由于药膳原料中有中药的成分，并且是根据中医理论进行组方配伍，因此，药膳也具有对疾病的防治作用和功效的特点。一般按功效把药膳分为15类。

1. **解表类**：用于疏解在表的外邪，或用于透疹发表。如生姜粥、姜糖苏叶饮、芫荽发疹饮等。

2. **清热解毒类**：用于邪热内盛，或暑热，或阴虚内热诸证，以清热解毒或滋阴除热。如石膏粳米汤、决明子饮、鱼腥草饮、西瓜饮、二母元鱼等。

3. **泻下类**：用于里有热结，或肠燥便结证，以泄热通便、润肠通便。如芒硝莱菔汤、苏子麻仁粥等。

4. **温里祛寒类**：用于寒邪内盛，或阳虚寒邪内生，或寒滞经脉，以温中祛寒、温阳救逆、温经散寒。如黄芪建中鸡、川乌粥等。

5. **祛风散邪类**：用于风寒湿诸邪滞留经脉关节等证，以祛风散寒化湿、通络止痛。如白花蛇酒、豨莶根炖猪蹄等。

6. **利水消肿类**：用于痰浊潴留、湿热蕴结诸证，以渗利水湿、通淋退黄。如赤小豆鲤鱼汤、滑石粥、田鸡鸡蛋汤等。

7. **止咳化痰类**：用于痰浊留滞、痰饮内聚诸证，以化痰消饮、止咳除嗽。如半夏山药粥、昆布海藻煮黄豆、白果蒸鸡蛋等。

8. **消食健胃类**：用于宿食停滞、饮食不化诸证，以健脾和胃、导滞消食。如大山楂丸、白术猪肚粥等。

9. **理气类**：用于肝气瘀滞诸证，以理气疏肝。如橘皮粥、柿蒂汤等。

10. **理血类**：用以瘀血阻滞，或者出血诸证，以和血化瘀、止血。如红花当归酒、血余藕片饮等。

11. **安神类**：用于各种因素导致的心神不安、烦躁失眠诸证，以安神镇惊。如酸枣仁粥、朱砂蒸猪心等。

12. **平肝潜阳类**：用于肝阳上亢、动风发痉诸证，以滋阴养肝、潜阳息风。如天麻鱼头、菊花绿茶饮等。

13. **固涩类**：用于阳虚卫弱、不能固护卫表，或不能固涩水液诸证，以温阳固表、温肾止遗。如生脉饮、金樱炖猪小肚等。

14. **补益类**：用于气血阴阳虚衰诸证，以补养气血阴阳。如人参莲肉汤、当归生姜羊肉汤、乌鸡白凤汤、鹿鞭壮阳汤、清蒸人参元鱼汤等。

15. 养生保健类：本类包括各种保健药膳，如减肥降脂，有荷叶减肥茶等；美发乌发，有乌发鸡蛋等；润肤养颜，有珍珠拌平菇等；延年益寿，有长生固本酒、补虚正气粥等；明目增视，有芝麻羊肝、首乌肝片等；聪耳助听，有首乌鸡肝、猪肉黑豆汤等；益肾健脑，有金髓煎等；增力耐劳，有附片羊肉汤等。

二、按药膳形态分类

膳食具有多样化的特点，不仅需要各种不同的食物以满足营养成分的需要，也需要不同形式、不同形态的膳食以满足视觉、嗅觉和口味的需要。药膳作为特殊的膳食，同样需要不同的形态，以体现药膳的色、香、味、形。因此，按药膳制作方法可以分为5类。

1. 菜肴类：这是中华民族每日膳食不可或缺的种类。本类药膳主要以肉类、蛋类、水产类、蔬菜类等为基本原料，配合一定的药物，以煨、炖、炒、蒸、炸、烤等制作方法加工而成。如天麻鱼头、紫苏鳝鱼、春香鸡蛋等菜肴。

2. 粥食类：这类膳食属主食类。是以大米、小米、玉米、大麦、小麦等富含淀粉的原料，配以适合的药物，经熬煮等工艺制作而成的半流食状食品。如山楂粥、人参粥、猪肚粥等。本类食品尤适宜于老人、病后调理、产后特殊状态的“糜粥浆养”。

3. 糖点类：这类食品属非主要膳食的点心类、零食类。常以糖为原料，熬制成厚厚的固体或半固体食物，配以药粉末或药汁与糖拌熬，或掺入熬就的糖料中；或者选用某些食物与药物，经药液或糖、蜜等煎煮制作而成。如丁香姜糖、糖渍陈皮、茯苓饼等。

4. 饮料类：属于佐餐类或日常饮用的液体类食物。是将药物与食物经浸泡、绞榨、煎煮或蒸馏等方法加工制成的。包括鲜汁，如鲜藕汁、荷叶汁；茶，如菊花茶、决明子茶；露汁，如银花露、菊花露；药酒，如木瓜酒、枸杞酒；浓缩精汁，如虫草鸡精、人参精等。

5. 其他类：是指不能归入上述各类的品类。如葛粉、藕粉、淮山泥、桃杞鸡卷、芝麻核桃糊、虫草鸭子罐头等。

第三节　药膳应用原则

药膳中包含有传统中药的成分，具有药物的性能与功效，因而有治疗或保健、养生作用。这种疗效类食品，一般都必须具有较明确的适应证方能使用，与应用药物治疗是一致的。因此，药膳不同于一般膳食，使用必须遵循一定的原则。

一、平衡阴阳

阴阳是概括人体生理、病理的基础理论，代表相互对立统一的因素。阴阳在正常状态下处于平衡状态，即“阴平阳秘”，一旦发生偏盛或偏衰的变化，出现了不平衡，就成为病理状态，表现为不同程度的病证。如阴盛则阳衰，阳盛则阴虚，阴虚则阳亢，阳虚则阴盛，分别表现为寒证、热证、内热虚热、寒盛内外等。调治的途径必须遵循《内经》所说：“谨察阴阳所在而调之，以平为期。”即审清阴阳的虚实盛衰所在，恰当地施用药食，以恢复阴阳的平衡。具体原则是“有余者损之”，如阴盛的寒证，必须补阳泻阴；阳盛的热证，必须泻热以救阴或滋阴。“不足者补之”，如阴虚生内热，当补阴以除虚热；阳虚生外寒，当温补阳气，以祛内外之寒等。从各病证的特性看，不属寒，即属热，寒热反映阴阳的基本特性，能正确识别寒热，也就在相应的程度上分清了阴阳。因此，协调阴阳是施膳的重要原则。

二、调理脏腑

人体各组织器官的功能，表现为以五脏为中心的功能系统。人们通过相合、开窍、在体、其华等联系，把全部人体机能概括为五大系统。每一脏都代表一个功能系统，如胆、筋、爪甲、眼、肝胆经脉均属于肝系统。临床的诸多病证，均以脏腑功能失调为其主要机理，表现为各脏腑的或虚或实，或此虚彼实，或虚实兼见。五脏之间又存在相互滋生、相互制约的生理关系，以及相互影响的病理变化。对脏腑功能的调治，就是消除病理状态，恢复人体的生理功能。这种调治可能是对某一脏的或补或泻，也可能是对多个相关脏腑的调理，药膳也同样按照中医辨证论治的理论，调治脏腑以恢复其正常生理机能。药膳中以脏补脏的方法，如肝病夜盲，用羊肝、鸡肝等治疗；肾虚腰疼，用杜仲炒腰花；心脏病用猪心蒸朱砂等，是临床调治脏腑功能的常见方法。

三、扶正祛邪

中医学认为，人之所以发生疾病，是由于病邪的侵袭、制约或损伤了正气，扰乱了人体的脏腑气血阴阳，治疗的目的就是祛除邪气，扶助正气，以达到正盛邪去，恢复健康。正邪相争可以出现很多情况，表现出不同病证。基本观点是“正气存内，邪不可干”“邪之所凑，其气必虚”，故病证总与正虚与邪犯相关。邪气有外来和内生的区别，正虚有虚甚和被制约的不同，施膳必须认识是正虚为主，还是邪盛为主；是内生病邪，还是病邪外侵，然后决定施膳方法。基本原则是：邪气盛必先祛邪，使邪去正复；正气虚甚者宜以扶正为主，使正气复而邪自却。如果邪盛而损正，或正虚而攻邪，都会使病证进一步发展，甚或恶化。

四、三因制宜

“三因制宜”是指因人、因时、因地制宜。人有男女、老幼、壮衰的不同，因而对病邪的抵抗力、病后恢复的能力等均存在明显的差异。时序有春夏秋冬的变化，在时序的这些变化中，人体的阴阳气血也随着变化，在病理过程中对病邪的抗御能力也就不同。地理的南北高下，环境的燥湿温凉，亦会对人体的正气产生很多变数。由于这些差异的存在，对同一病证的施膳就不能千篇一律，必须根据不同的状态制定相应的适宜措施，才能达到良好的调治效果。

五、严控禁忌

禁忌，是药治与药膳应用时均需注意的问题。禁忌表现在几个方面：

1. **用药配伍禁忌**：有些药相互之间不能一起配伍应用。如中药配伍传统说法的“十八反”“十九畏”等。

2. **常见病证禁忌**：某些病证也需禁忌某些食物。如高血压忌辛辣，糖尿病忌高糖饮食，体质过敏者当忌鱼虾等。

3. **服药用膳禁忌**：俗称“忌口”，指在应用某些药物或药膳时不宜进食某些药、食，如服用治疗感冒的药膳时，不宜进食过分油腻的食物，以防滞邪；用常山时忌葱，用地黄、首乌时忌葱、蒜、萝卜等。

4. **经孕产后禁忌**：妇女妊娠时，各种生理状态都发生了某些变化，胎儿的生长发育易受外界影响，因而有妊娠禁忌。主要禁忌一些性能峻猛或毒性剧烈的药物，如大戟、芫花、巴豆等；破血逐瘀类药，如水蛭、三棱、莪术等；催吐类药，如瓜蒂、常山、藜芦等；通窍攻窜类药，如麝香、穿山甲等，以防伤胎动胎。

还有月经期禁忌、产后禁忌等内容，将在后边章节中介绍。

很多禁忌为传统说法，未必有确切依据，但应尽可能地遵守，以利于药膳的应用效果。

第三章

药膳基本理论

第一节　中医基础理论

药膳学是中医学的一个重要的分支学科，它的理论体系完全根植于中医学理论。

中医是研究人本身的状态，以及人在自然环境中生存的状态。当这些状态出现异常变化时，即称为中医学的“病证”。中医学采取相应的药物、食物和不同的手段对人体进行调理，使其恢复正常，就是中医阴阳恢复平衡的过程。药膳在恢复阴阳平衡时，是利用药物与食物两者协同作用，因此，药膳学的理论体系是中医理论在“药膳”这一特定学科中的发展和延伸。

一、藏象学说整体观

以五脏为中心的整体观念是中医学理论最突出的特点。这一概念的基本核心认为，人是一个有机的整体，构成人体的各脏腑组织在结构上不可分割，在功能上相互协调、相互制约、相互为用，在病理上相互影响，而生理、病理的变化又与所生存的自然环境的变化密切相关。因此，这一整体观强调了人体自身所具有的统一性、完整性、自我完善性和与自然界的协调性，是中医学与其他医学不同的重要特征。

整体观念贯穿于中医学的生理、病理、诊断、治疗及养生的各个环节中。药膳学在这一观念的基础上，认识到药物与膳食结合既可以影响整个机体的生理变化，又可协调机体与自然环境的关系，并以这种观念认识病证，辨证施膳，形成了药膳学的基础理论。

（一）人体以五脏为中心，具有统一、完善与完整性

中医学理论认为：人体是一个统一的不可分割的有机整体，这一整体观的完整体现包括以下几个方面。

人体以五脏为中心，而在心、肝、脾、肺、肾这五脏中，又以心为主导。以五脏为中心，功能上相互关联，病理上相互影响，这种关联与影响，中医学用五行的“生、克、制、化”来理解。五行的关系表示五脏的相关，既有相互滋生影响，又有相互制约联系，说明人体五脏之间的不可分割，又具有自我完善的完整性。如肝能制约脾，能滋助心，又受到肾的滋生和肺的制约。

五脏与其他组织器官相互联系。人体具有各个作用不同的组织器官，中医学以“合”“主”“开窍”“华”等

关系，使其与五脏直接相关。如脾合胃，主肌肉、四肢，开窍于口，其华在唇。这种相关是对组织器官与五脏之间不可分割性的认识。把每个不同的组织、器官通过联系理解成完整的统一有机体，是认识生理功能的途径，同时也是治疗疾病的指导。如眼病，由于肝开窍于目，所以治疗从肝论治，用羊肝、鸡肝等治疗夜盲症，就是这一理论的具体应用。

病理上相互影响。由于中医学是从统一整体的观念上认识人体，因而这个有机体的任何病证都不可能独立存在，它必然与其他组织具有联系。当人体功能系统不协调，出现“失衡”的状态，表现于一定的部位，即是病证之所在。如腹泻，表现在胃肠，与脾相关，也可能与肝气不舒、克伐脾土有关，还可能与肾阳不足、不能温煦脾土有关。因此，可能需要理脾和胃、疏肝理气、温肾利尿等多系统调理。

机体与自然环境的协调统一。人生存于不同自然环境中，机体的五脏功能与环境始终保持着协调。五脏功能与环境的协调表现在环境的方位、气候、生物的性味等与五脏相关。如肝与东方、春季、风、万物始生的升发、生物性味的酸味等具有相关性；心与夏季、日中、炎热、火、万物盛长、苦味等相关。因而，人体通过五脏功能与环境条件的适应，反映了机体与自然息息相关，一旦这一相关受到破坏，就可能影响人体的阴阳平衡而发生疾病。

（二）药膳施用是协调及其整体统一的重要方法

药膳的施用需要根据中医理论确定的药膳原则。药膳的施用，就像中医治病中方剂的运用一样，目的是调理脏腑气血，协调机体阴阳。

药膳通过五脏对机体进行调节。五脏的生理功能是五味所维系，《素问·六节藏象论》称为“地食人以五味”“五味入口，藏于肠胃。味有所藏，以养五气”。五脏受五味的滋养，才能使气血津液充盛，体现出正常的生命活动，即“神”才能“自主”。五味与五脏相关，无论饮食、药物都具有五味的特性，因而不同的味与不同的脏密切相关，酸入肝，苦入心，甘入脾，辛入肺，咸入肾。某一种味对相应脏的功能活动具有特殊的促进作用，《内经》称为先入，如酸先入肝，甘先入脾等。这些先入能促进该脏功能，即所谓“久而增气，物化之常也”。

然而，若过用、偏用五味，则可能导致脏腑阴阳的失调，也可能引起各种不同的病证。《素问·至真要大论》“气增而久，夭之由也”，《素问·生气通天论》“阴之五宫，伤在五味”，即论证了这种情况。损伤途径也基本上循五味、五脏的相关关系，即多食苦损伤心气，多食咸损伤肾气等。既然是由五味引起的病证，首先就要杜绝这种损伤的途径。《素问·宣明五气篇》指出，“气病无多食辛，血病无多食咸，骨病无多食苦，肉病无多食甘，筋病无多食酸”。调治原则也根据五脏五味的相关及五脏之间的关系确定，如肝病，《素问·藏气法时论》指出：“肝色青，宜食甘”“肝苦急，宜食甘以缓之”“肝欲散，急食辛以散之，用辛补之，酸泻之”。《素问·至真要大论》提示："木位之主，其泻以酸，其补以辛""厥阴之克，以辛补之，以酸泻之，以甘缓之"等，均指出病在肝脏时，根据病情不同需要用散、缓、泻、补诸法，药食的配伍便需要采用辛、甘、酸等味的物品。

药膳对人与环境关系的调理。机体与环境，除了五脏与五味的关系以外，与自然界阴阳时令气候的变化也有关。如自然界的阴阳变动，"阳之动始于温，盛于暑；阴之动始于清，盛于寒"。针对这种变化，必须顺应这一规律调节人体阴阳。所以，《素问·四气调神大论》说："春夏养阳，秋冬养阴。"民间也有"冬吃萝卜夏吃姜，不用医生开药方"的谚语。

四时变化是阴阳在自然界变动的征兆，顺应四时而调配药食也就是调理阴阳。《周礼》的食医就是根据这一变化确定饮食调理的原则，"春多酸，夏多苦，秋多辛，冬多咸，调以滑甘"。自然界寒来暑往是阴阳变动的表现。《素问·六元正纪大论》所指出的治疗原则"用寒远寒，用凉远凉，用温远温，用热远热"，就是要求用于治疗疾病的药食要避开自然界的主气，以防药食的性能与自然界的阴阳属性相合而加重病情。这些原则，一直有效地指导着药膳学的发展与运用。

二、辨证论治与施膳

辨证论治原则是中医学的另一重要特色。它是认识疾病和治疗疾病的基本原则，是中医理论在临床实践中的具体运用。辨证，是指运用四诊获得患者各种症状和体征资料，然后根据整体观念、五脏相关的特性，对复杂的临床表现进行综合分析，判断病证的性质。论治，即根据辨证的结果，确定治疗原则和具体方法。辨证是论治的根据和前提，论治是治疗疾病的手段和方法。辨证论治的过程是认识疾病、消除疾病的过程，它是中医理、法、方、药有机结合的具体运用。辨证论治原则不仅是药治理论，同时也是药膳运用的原则。

无论是药物治疗还是药膳治疗，都必须着眼于证的整体性认识，然后才能正确地施治。这可称为辨证施膳的整体性原则。如咳嗽一证，它是肺的病证，但从证的分析看，又不独是肺病所致，其他病证也可引起咳嗽。《素问·咳论》指出："五脏六腑皆令人咳，非独肺也。"那么就应该根据与咳相伴的各种症状与体征，结合五脏六腑的关系对咳嗽进行辨证。除肺的风寒、风热等证外，肝火可以犯肺，脾湿可以滞肺，寒水可以射肺，肺气不通可以气逆壅肺，痰浊可以阻肺等，论治当然就不可局限于"咳为肺病"，而应当依据所辨的"证"来施治，如贝母蒸梨可以润肺止咳，承气汤可以通腑止咳，五仁丸可以润肠止咳。所以，辨证论治或者辨证施膳都必须在中医整体观念的前提下，强调"证"的概念，而不仅是着眼于局部的"病"，它完全区别于见"见痰治痰、见血止血，头疼医头、脚疼医脚"的机械对抗观念，是一种联系的、系统的、整体的思维方式。

"同病异治，异病同治"是辨证论治在临床应用中的典范。同病异治指的是同一病证的影响因素不同，辨证所得出的结论也就不同，也就是产生病证的机理不同，因而必须“异治”，即用不同的方法调治。如前所说，既然“五脏六腑皆令人咳”，显然止咳必须清楚引起“咳”的脏腑原因，用不同的药膳去治疗。异病同治，则是指多种病证具有相同的发病机理时，可用同一治疗方法治疗。如小便清长属尿多的病证，小便癃闭属尿少或无尿的病证，遗尿则是小便不能控制的病证，这些不同的病可能有一个共同的病机，即肾阳不足，可以用肾气丸、白羊肾羹治疗。

“因人、因时、因地”的三因制宜是辨证施膳的差异性原则。人有老幼、强弱、性别的差异，时令有四季寒暑的更迭，居地有寒热燥湿的变化，这些都可能成为影响疾病发生发展变化的因素。调治疾病的辨证论治，必须“辨”清这些差异，然后才能准确地施治或者施膳。如同属感冒，年轻者体实邪盛当专务祛邪；老年人体弱正虚，祛邪必兼扶正。寒凉季节不防辛温，盛夏暑热治疗难耐温热。北方干燥，解表当注意养阴；南方潮湿，施治当不忘化湿。辨证就是认识和了解这些差异，结合这些差异来认识、诊断疾病，然后才可能“辨”清确切的“证”，而予以正确施治、施膳。

中医临床中辨证论治或辨证论膳，主要不是着眼于“病”的异同，而要辨明“证”的各种差异，强调的是“证”的机理、“证”的本质。论治或施膳是以“证”为依据，调理的目标是脏腑功能协调、气血通畅、阴平阳秘，无论是祛邪为主，还是扶正为主，其基本目标是恢复机体的正常功能。

三、阴阳与五行学说

阴阳学说和五行学说原本是2个哲学概念。

古人用阴阳学说来说明自然界万事万物的基本属性和产生变化的原因。它概括了自然事物和现象的两大属性，如水火、升降、太阴太阳、寒热、左右等均分别具有或阴或阳的特性，而运动和变化正是由于一对矛盾的对立斗争所引起的。

五行则归纳了事物的5类本质特性，是事物发展、变化、维持自然界平衡的基本条件。如木能生火，火能生土，土能生金，五行相生，促进自然界的发展；而木能克土，土能克水，水反侮土，土反侮木等，五行相克相侮，是自然界的平衡力量与变化因素。古人认为大自然是一天地，人体也是一天地，用“取类比象”的方法，将阴阳五行学说引入中医学中，用以解释和理解人体复杂的生命机理，说明其生理活动，理解其病理现象，进而用于指导辨证与治疗。这些理论在药膳中的应用也得到了充分的体现。

（一）阴阳平衡为药膳调治总则

中医学对机体异常状态的阐述在总体上是以阴阳为纲，任何疾病都脱离不了阴阳失调的范围。“阴盛则阳病，阳盛则阴病”“阴盛则寒，阳盛则热”“阴虚生内热，阳虚生外寒”等，概括了疾病的基本属性。因此，诊断和治疗首先强调阴阳的概念。“善诊者，察色按脉，先别阴阳”“审其阴阳，一别刚柔，阳病治阴，阴病治阳”“谨察阴阳所在而调之，以平为期”，以达到“阴平阳秘、精神乃治”的境界。从这一总原则来看，它既是药治原则，同时也指导药膳实践。如“寒者热之，热者寒之”是针对阴阳偏盛的治疗原则。“阴盛生寒”，寒为阴证，“阴病治阳”，故“寒者热之”，用阳药助阳以治阴病寒证。在药膳运用中也普遍遵循这一原则，如热盛于内者，用石膏粳米汤、生鸡黄粥、五汁饮等寒凉药膳以清解；寒盛于内者，用生姜粥、川乌粥等温中；阴虚而阳亢者，用天麻鱼头、芹菜肉丝等平之潜之；阳虚者，以鹿角粥、补骨脂胡桃煎温之；阴虚者，以鳖肉首乌汤、龟肉炖虫草、地黄甜鸡等滋之。

（二）五行相关是辨证施膳的主要方法

木、火、土、金、水被认为是构成物质世界的五大基本元素，自然界的事物和现象被类分为五行，具有五行的特点和属性。五行的变化有正常的相生相克、异常的相乘相侮，这种生克乘侮成为理解自然界和人体正常与异常变化的基本理论。“生、克”是自然的正常现象，“乘、侮”是异常的变动，在人体即成为疾病。五行与五脏相应，某脏的病证常与这种异常乘侮变化有关，如肝病影响心，脾病影响肺，称为“母病及子”，按相生顺序传变；若肺病影响到脾，则称为“子盗母气”，这些均是从五行变化认识病机的。治疗也遵循这种五行途径，如培土生金（肺病治脾），滋水涵木（肝病治肾）等，就是五行学说在实践中的运用。在药膳食疗中，这一途径在《内经》中已有用法指导。如“脾苦湿，急食苦以燥之”，脾属土，苦入心，心属火，火能生土，故脾病用入心的苦味食物疗之；“肝欲散，即食辛以散之”，辛入肺，肺属金，金能克木，这是遵循相克的顺序施食疗。在药膳实践中，也必须注意到疾病的相互关联。施膳应当在辨证的基础上，从五行的相互影响调配药膳原料。如水肿为肾不化气所致时，不必独用补肾利尿药，也应考虑补土制水，用补脾的人参、大枣之类。

第二节　药膳药性理论

在中华民族的文化中，药物与食物一直具有十分紧密的关系。“药食同源”的说法反映了传统中医学与药膳学的密切程度。远古时期，人类在为生存而搏斗时，首先需要的是食物；而当生存问题得到基本满足时，如何生存得更完善，即健康地生存成为人类的目标。医药学的发生与发展源于人类的这种欲望。可以说，医药是从食物中分化出来的学问，这从《内经》中大量谈到的食物治疗与养生就可以看到。但后来由于药学在理论上的发展，饮食药膳用原料的理论，就完全借助药学了。而且，作为食物的各种原料，其绝大多数均以中药的面目出现在历代本草学著作中。中药学理论实际上也是药膳学理论。

从现存最早的本草学专著《神农本草经》看：作为人类主食的米、豆及常用的菜食类的禽肉、鱼，多种蔬菜、水果，都是中药的种类。在《本草纲目》中，几乎各种食物都是中药的一部分：谷部差不多囊括了人类的主食类，菜部包含了主要蔬菜，果部包含了主要干鲜果，虫、鳞、禽、兽部则包罗了人类所有的肉类食物。可以看出，所有古代的药物（本草）学专著，实际上就是食物学的扩展和延伸，更不用说专门的食疗学著作了。

一、四性

四性，或称四气，是指药物食物具有寒、热、温、凉的4种不同特性。实际上分为两大类，即寒凉和温热。寒与凉、温与热属于同一性质，只是程度上不同而已。“热者寒之，温者清之”，寒凉类药食是针对温热性病证或体质而言，这一大类的主要作用是清热。由于阴虚、火邪、毒邪在很多情况下由热所致，因而这一类药食又具有滋阴、泻火、解毒等作用，如生地黄、金银花、菊花、荸荠、梨等。“寒者热之，凉者温之”，指寒凉性的病证或体质，需要用热性药物来调治，因而热性的药物或食物具有温散寒邪、温中祛寒、温经通络、温阳化气、活血化瘀、温化痰饮水湿等作用。无论或气或血，均受寒热影响，“得热则行，因寒则凝”，因而温热特性具有促进“行”的作用。另外，在特性上寒热均不明显，介于两者之间者称为平性。平性的药物、食物其药性多无峻猛之气，显得性质平和，养生、进补多用这类药物、食物，在药膳中尤其应用得比较广泛。

二、五味

五味指酸、苦、甘、辛、咸5种味道，味道不明显者为淡味，酸味太过属于涩味，也合称“七味”。《黄帝内经》中分别叙述了它们的功能特性。《素问·至真要大论》云：“辛甘发散为阳，酸苦涌泄为阴，咸味涌泄为阴，淡味渗泄为阳。六者或收或散，或急或缓，或燥或润，或软或坚。”无论是食物还是药物，均有五味特性，一是具有阴阳属性，辛、甘、淡属阳，酸、苦、咸属阴。这种特性在运用阳病治阴、阴病治阳的原则时，具有选择药物、食物的指导作用。二是五味具有效能特点。辛、甘有发散作用，淡味有渗泄作用，酸、苦、咸具有涌泄作用。在具体功能方面，则是六者具有收、散、缓、急、燥、润、软、坚作用。《素问·藏气法时论》则具体指出：“辛散，酸收，甘缓，苦坚，咸软。”在漫长的历史发展过程中，这些性能得到了充分的发展与完善。

辛味药食“散”的作用表现为发散、行气、行血、健脾，用于外邪束表或邪毒宜外散诸证，如生姜散邪、芫荽透疹；用于气血运行不畅，如陈皮、薤白。

甘味的药食具有滋养、补脾、缓急止痛、润燥等作用，用于机体虚弱或虚证，如淮山药、大枣；用于脾胃虚弱，如粳米、鸡肉；用于气滞拘急的腹痛，如饴糖、甘草。

酸味的药食具有收敛、固涩、止泻的作用，多用于虚汗、久泻、遗精、咳嗽，如乌梅涩肠止泻，五味子敛肺止咳，覆盆子止遗精、滑泄。

苦味的药食具有清热、泄降、燥湿、健胃的作用，多用于素体偏热或热邪为患的病证，如苦瓜用于清热解毒，夏天热郁成痱时多用有效；黄芩、栀子用于清热，治疗热病。

咸味的药食具有软坚、润燥、补肾、养血、滋阴作用，如海带、昆布等有软坚散结的作用，用于瘰疬、痰核、痞块；海蜇、淡盐水等能通便，用于大便燥结；淡菜、鸭肉补肾；乌贼、猪蹄，补血养阴，等等。

五味之外，淡味的药食有渗湿利尿功效，用于水肿、小便癃闭，如冬瓜、薏米、茯苓；涩味的药食，具有收敛、固涩的功能，如禹余粮等。

三、升降浮沉

升、降、浮、沉是指药食的4种作用趋势。在正常情况下，人体的阴阳、气血、脏腑功能均存在升降浮沉的不同运动方式；在病理状态下，疾病的反应表现为不同的升降浮沉病理变化，如呕吐、头晕、头疼是病邪上逆，泄泻、脱肛等属于正气或病邪沉降下陷。

药食的升降浮沉，是指药效在机体内的不同功效趋向。升是药性上行，浮指药效的发散，降是药效的降下，沉指药效的内行泻下。一般来说，凡升浮的药食，具有升阳、发表、祛风、散寒、开窍、涌吐、引药上行的作用，常用于阳虚气陷，邪郁肌表，正气不能宣发；风寒之邪瘀阻经脉，气血不能畅通；痰浊瘀血上逆，蒙闭心神；邪停胸膈胃脘，当上越而不能上越，或者病在上焦者，均需性升的药物升发阳气，发散邪气，使药力上行以扶正和祛邪。凡沉降的药食，多主下行向内，有清热、泻下、利水渗湿、潜阳镇逆、止咳平喘、消积导滞、安神镇惊、引药下行等作用，常用于病势上逆，不能下降的各种病证，如邪热内盛的热证，胃肠热结的腑实证，水湿蓄积的肿满证。肝阳上亢、肺气上逆、胃肠气逆、积滞不化等证，均需沉降类药食以清化趋下。

药食升降浮沉特性与四气、五味及原料本身的质地轻重等有关。

具有升浮特性的药物或食物，大多性属温热，味属辛甘，如麻黄、桂枝、生姜、葱、花椒之类；凡具有沉降特性的药物和食物，大多性属寒凉，味多酸苦或涩，如杏子、大黄、莲子心等。对这些特性的认识，古人多取自然特性来类比阐述，如王好古说：“夫气者天也，温热天之阳，寒凉天之阴。阳则升，阴则降。味者地也，辛甘淡地之阳，酸苦咸地之阴，阳则浮，阴则沉。”其是从自然界阴阳升降的规律来认识药食的特性。李时珍则说：“酸咸无升，辛甘无降，寒无浮，热无沉”更指出升降浮沉的特性与四性的属性是密切相关的。

药食本身的质地轻重，是归纳升降浮沉的又一依据。一般而言，质轻者常具升浮特性，质重者多有沉降功能。如荷叶、辛夷花、金银花等能升浮，苏子、熟地黄、枳实等多沉降。这属于认识药性的一般原则，也有很多例外，如“诸花皆升、旋覆独降”，苏子、沉香虽为辛而微温之品，但只降不升。

这种升降浮沉的特性也可因加工炮制而改变，如酒炒则升，醋炒则敛，盐浸或盐炒则下行，姜汁炒则发散。

升降浮沉可指导临证药食的选择，因为病变部位有上下表里的不同，并且有上逆下陷的差异。定位在胸膈者属上，不能用沉降药食以引邪深入，只能用升浮药食以上越发散；病势为上逆者，不能用升浮药食以助邪势，只可用潜镇药食以导邪下行。一旦违反这些基本的原则，就可能导致病情加重。

四、归经

经虽然以经脉为名，实际上是指脏腑为主的功能系统。归经，指药物或者食物的作用趋向于某一脏腑功能系统，对这一功能系统有较特殊的或有选择性的作用。同为寒性药食，都具有清热作用，但黄芩偏于清肺热，黄连偏于清心热，栀子偏于泻三焦之火。同为补益药，又有偏于补脾、补肾、补肺的区别。对各种药食的不同功用、各种功用的相互差异，必须是指系统化、条理化，从而有规律的使用原则，据此，中医学用“归经”的概念予以总结概括药食的选择性作用。

药食的这种归经理论确立甚早，《黄帝内经》中就有了具体的内容，如酸入肝，苦入心，甘入脾等，指出凡酸味的药食入肝经，苦味药食入心经，甘味药食入脾经等。这也是归经理论形成的基础之一。五味五行学说以五行理论为依据，按五行、五脏、五味的关联，确定药食的归经。除五行、五脏、五味相关外，还存在五色、五臭入五脏的系统，即白色药食入肺经，青色药食入肝经，黑色药食入肾经。如黑芝麻、黑豆入肾经，具有补肾作用。五臭系统，则是焦味药食入心经，腥味药食入肺经，香味药食入脾经等，如鱼腥草味腥入肺经。

但是，药食的五味、五色、五臭入五脏的归经，是经过五行理论推衍而出的，在一定程度上表达了人们对各种药食归经的原则性、理论性认识，而药食的归经，主要还是在长期的临床实践中根据疗效概括和确立的。如石膏色白入肺，但清胃热的疗效也颇好，故能入肺，亦能入胃经；梨能止咳，故入肺经；淮山药能止泻，故入脾经。

由于药食的色、味、臭功能往往不一定统一，色白者未必味辛，如淮山药色白，但味甘入脾；莲心色青，而味苦归心。因而，色、味、臭只能是确定药物归经的一个方面，由于药物的成分复杂，功能是多方面的，归经的最后判断应依据临床疗效的总结。

归经理论揭示选用药食的一般原则，对指导药膳的配方具有重要意义。但病证是复杂而多变的，一个病证往往与多个脏腑相互关联，某一脏腑病证的发展转归，必受到其他脏腑的影响。因此，针对某一脏腑病证选用药食，不能仅选用归该经者，还必须根据脏腑的相关性来选择。如脾胃病证不仅需要选归经脾经、胃经者，还需考虑肝对脾的影响，而选择适量的入肝经药；肝阳上亢，要滋肾水以涵肝木；肺病咳喘，需培脾土而生肺金。因此，归经理论是认识药食性能的前提，而临证选择药食，则需要根据辨证施膳理论灵活运用。

五、毒性

毒性指药膳原料对人体的损伤、危害作用，是选择药膳原料和配伍膳方必须重视的方面。

“毒药”在古代是一个笼统的概念，在一定程度上是指药物的作用。如《素问·藏气法时论》所说“毒药攻邪，五谷为养，五果为助”，《周礼·天官》所说“医师聚毒药以供医事”等，对凡作用较强的药物通称为“毒”。但在《神农本草经》以后，概念比较明确，对药物区分了有毒、无毒，这里的“毒”已经是损害的概念了。由于一些药物具有毒性作用，运用时必须充分认识其毒性大小、毒性产生的原因及排毒解毒的方法。

“毒性”具有双重性。一方面，毒性对人体可能产生损伤，应该尽量避免；另一方面，借助这种毒性治疗疾病，若运用得当，常可收到很好的疗效。如蜂毒虽能造成损伤，但对关节、肌肉疼痛效果却很好。因此对具有毒性的原料，应用时应掌握几条基本原则：一是应充分认识与掌握原料的毒性、毒理，不能乱用；二是应熟悉导致毒性作用产生的量，如白果量小时可定喘止带，过量才可能引起中毒；三是掌握解毒的方法，如半夏用生姜制，附片通过久炖久煮，均可减轻其毒性作用。

一般来说，药膳终究是膳食，所选原料应尽量避免毒性较强的原料，以免用膳者产生畏怯心理，增强其对药膳的良好印象，通过较长时间的服食而达到调理身体的目的。

第三节　药膳配伍理论

药膳的配伍，是指运用中医基础理论和药膳学理论，在清楚认识机体状态的前提下，将2种以上的药膳原料按照一定原则配合运用，以达到增强效能的目的。药膳的配伍是辨证施膳的最终表现，其效能好坏，可体现出药膳辨证的正确与否。

一、药膳配伍原则

在辨证的前提下，各种药膳原料经恰当地配伍组合，能够起到相互协同、增强疗效、限制偏性等作用，更好地发挥药膳的功效。

不同的药膳原料有不同的性味、功能，配伍即是将不同的原料进行有机组合，以达到施膳的作用，而不是各种原料的堆积、杂合。因此，这种配伍必须遵循一定的原则。《素问·至真要大论》说：“主病之谓君，佐君之谓臣，应臣之谓使。”这成为中医组方“君、臣、佐、使”的配伍原则，也同样是药膳的配伍原则。

1. 主要原料：方中必须有为主的原料，针对用膳者身体情况的主要状态而设，即方中“君”药。如大便秘结是由于津亏肠燥所致时，润肠通便是第一位的目的。用苏子麻仁粥或郁李仁粥，麻仁、郁李仁即为方中的主料。

2. 辅助原料：辅助主料发挥作用的原料，针对与主要状态相关的表现而设，称“臣”药。如津亏肠燥型便秘可能伴随津液枯涸，肺胃之气不降，或内热烧灼等原因，需要选用能生津润肠、降气通腑和滋阴除热等功效的原料，如苏子麻仁粥之用苏子，可降气通腑，辅助麻仁通便作用的发挥。

3. 佐使原料：用于针对次要症状或引经的药物。

应该注意的是，药膳作为特殊的膳食，与平常膳食的相似之处较多，而与专用于治疗的中医方剂有很多不同点：一是大多数情况下，药膳方都必须与传统的食物相配，以成为“膳食”，因而，与方剂主要药物组方不同；二是因为是膳食，故其药物相对而言品味数少而量重，除酒剂和少数药膳方配伍药物量多以外，大部分药膳方的药物用法多半在几味或一两味之间，相对而言，配伍的君、臣、佐、使原则不如方剂的药物配伍那样繁杂，这是药膳配伍与药物配伍、膳食治疗与药物治疗的区别，也是药膳的特点。

二、药膳配伍选材

药膳作为膳食，其配伍具体方法涉及2个方面：一是药物的选用，二是传统食物的选用。

作为主食或者点心的选料，大米、小麦类是用膳者均适应的食物，作为煮粥或制作点心，都必须具备健脾和胃的基本功能。菜肴的肉、禽、蛋等原料，在中医学中已被作为“血肉有情之品”而用于调补方中。由于这些传统的“主菜”品种多，性味、功能各异，需要根据其性味选用。如偏阴虚者多用甲鱼、猪肉、海产类，偏阳虚者用羊肉类。至于蔬菜类，也是人们常食用的，用作药膳原料，则需考虑其性味差别。

药物原料的选用必须遵循药物方剂的组成变化规律。选用原则主要有：

1. 单行：即单独用一味药物制作药膳，不存在配伍的关系。如独参汤、参须茶。

2. 相须：与相似性味、功效的食物和药物配合运用，以相互增强作用。如淮山药配母鸡，能增强滋补作用。

3. 相使：与相似功效的药食相配，明确君臣作用，有主有辅。如石膏竹叶粥用于治中暑，其中石膏清热为主药，配以竹叶清心，米粥养阴。

4. 相畏或相杀：用不同性味、功效的药食相配，用一味减轻另一味的不良反应或毒性。如生姜与螃蟹相配，生姜能减轻螃蟹的寒性。

三、药膳配伍禁忌

由于药膳是具有治疗效果的食品，因而一种药膳多半只能适应与辨证相应的机体状态，虽然也是“膳食”，但它仍有适应证，应正确辨证与施膳。因此，配伍就必须注意其禁忌。

未经辨证不宜混合施膳。药膳是一种疗效型的膳食，在辨证指导下运用，不可混同寻常餐食，随意长期进食。如补骨脂胡桃煎为补阳药膳，适用于肾阳不足、四肢欠温的体质，心烦失眠、目赤眼胀、虚热盗汗等具有阴虚特征的人则不宜进食。

相恶、相反，尽量避免。相恶、相反是药物配伍中的“七情”内容。一种药物能降低另一种药物的功效的称“相恶”，2种药物相互配合，能产生毒性或不良反应的为“相反”。由于每款药膳所用的药物本就不多，常在两三味，必须十分强调药物所承担的主要功效，不能允许相恶、相反的原料配伍，以免丧失药膳功能。如人参恶萝卜，萝卜能耗气降气而降低人参补气功效，这2种原料就不能同时配伍组合。至于作用相反的药物，更不允许在药膳中出现。因此，中药的“十八反”“十九畏”也应当被列为药膳的禁忌。至于一些传统的禁忌，如猪肉反乌梅、桔梗，羊肉忌南瓜，鳖肉忌苋菜，鸡蛋、螃蟹忌柿子、荆芥，蜂蜜忌葱等，还有现代的一些认识，如胡萝卜、黄瓜等含有能分解维生素C的成分，不宜与白萝卜、旱芹等富含维生素C的食物配伍；牛奶等含钙高的食物，不宜与菠菜、紫草等含草酸多的食物配伍，都可作为药膳配伍禁忌的参考。

身体状态特殊时期要注意药物宜忌。不同体质应用不同的药膳，这属于辨证范围，如阴虚内热者不宜温阳助火。但某些特殊的身体状态，如女性的经期、孕期，虽属于正常的生理变化，但又与平常的体质状态不同，此时中药应用中的“妊娠禁忌”同样应列为药膳禁忌。至于一些基本原则，如“产前不宜热，产后不宜凉”，在疾病状态下可以治病为主，不必十分顾忌这些训诫。但在正常状态下，必须尽量遵循这种原则，以免产生不必要的误伤。

第四节　药膳治法理论

药膳治法是针对不同体质状态的人所确定的具体施膳方法，源于中医治法。尽管药膳疗法与中医治法略有不同，即中医着重对病证的治疗，而药膳则关注日常的调理，但它们的基本目标都是防病治病、增强体质。所以，药膳仍然沿用了中医治法，只在用药、选料方面不完全相同。故药膳常用的治法有汗、下、温、补、消食、理气、理血、除湿等方法。

一、汗法

凡具有疏散外邪、解除表证、宣发里邪的一类药膳，均称为汗法药膳。当外感邪气出现表证时，用本法可以疏解表邪，治疗外感表证。表证有感受风寒、风热的不同，因而，解表药膳又分为散寒解表、疏风清热两类。辛温解表，如生姜粥、发汗豆豉粥等；辛凉解表，如银花茶、桑菊薄竹饮等。

若热毒在里，欲透发外出而解，也需汗法治疗。如麻疹疹毒将出未出，或出而不透时，助疹毒外透常用芫荽菜之类，方如芫荽发麻饮。

二、下法

凡通过荡涤肠胃，泻下大便或瘀积，使停留于胃肠的宿食、燥粪、实热、冷积、瘀血、痰结、水饮等能从下而去的方法，称为下法。由于积滞的不同，下的方法也有区别：因津液不足、肠道枯涸所致的便秘，需用润下法，可用苏子麻仁粥以滋阴燥湿；热结胃肠、便结不下，需用芒硝莱菔汤以泻下热结等。

三、温法

凡具温阳、祛寒作用，针对里寒证的治法称为温法。由于寒邪所在不同，温法也各异。寒束经脉者宜温经散寒，寒滞肝脉者宜温肝降逆，脾胃虚寒者宜温中散寒，肾阳虚衰者宜温肾助阳等。寒证常与虚证并见，故祛寒常多兼温补。药膳温法中用于脾胃虚寒者，有干姜粥、黄芪健中汤等温中祛寒；用于寒滞经脉者，有附子粥等温经散寒。

四、消法

凡通过消导散结作用，以祛除水、血、痰、食等有形之邪所致积滞结聚，使之渐消缓散的方法，称为消法。有形之邪种类较多，消的范围也广，如祛痰、祛湿、驱虫、活血消瘀、消食导滞、消坚散结等均具有“消”的含义，但消法主要指消食导滞、消癥瘕积聚，多用于饮食积滞、痞块类病证。药膳方如大山楂丸、白术猪肚粥、三七蒸鸡等。

五、补法

凡具有增强体质、改善机体虚弱状态、治疗虚弱性病证的方法，均称补法。人体气血阴阳、五脏六腑，均有出现“虚”的可能，因此，凡虚证皆宜补，但主要为补气血、调阴阳。

1. 补阴药膳：具有滋补阴液作用的药膳称补阴药膳。凡津液亏耗的阴虚证，见口燥咽干、虚烦不眠、便燥尿赤、骨蒸盗汗、五心烦热、脉象细数等，均可施用。如地黄甜鸡、清蒸人参元鱼等。

2. 补阳药膳：具有温补阳气作用的药膳称温阳药膳。凡各种原因引起的阳虚证，如畏寒怕冷、腰膝酸软、小便清长或频数、阳痿早泄、脉象细弱等，均可施用。如苁蓉羊肉粥、双鞭壮阳汤等。

3. 补气药膳：凡气机活动衰弱，表现为气虚证者，宜用补气药膳。凡倦怠乏力、少气懒言、动辄气喘、面色㿠白、食欲不振、大便稀溏、虚热自汗、脉弱或虚大等，均可施用。如黄芪猴头汤、人参粥。

4. 补血药膳：凡因气血生化不足，或血液丧失，消耗过多，引起血虚证时，宜用补血药膳。凡头昏眼花、神疲心悸、失眠多梦、肢体麻木、面色少华、唇舌淡白、脉细数或细涩等，均可施用。如红杞田七鸡、当归生姜羊肉汤等。

5. 气血双补药膳：凡气血两虚证，宜用气血双补药膳。既有气虚又有血虚表现时施用。如归芪蒸鸡、十全大补汤等。

六、理气法

凡具有调理气机、疏畅气血、促进气血运行作用的一类药膳，称为理气药膳。多用于气机阻滞、气机逆乱引起的状态。气源出中焦，为肺所主，脾所统，肝所调，三焦为气机升降出入的运行通道，是生命活动的内在体现，于健康至为重要。如朱丹溪说："气血冲和，百病不生，一有拂郁，诸病生焉。"气机"拂郁"可表现为气郁、气滞、气逆、气陷、气乱、气虚等气机失常。气虚、气陷应当补气，理气主要是调理气郁、气滞、气逆、气乱的失常状态，以行气、降气两法为主。

1. 行气药膳：凡具有疏通气机、促进气血运行、消除瘀滞作用的药膳，均称行气药膳。胸脘痞满，胁腹胀痛或胁肋刺疼、嗳气不舒等证宜用。如肉豆蔻粥、薤白汤等。

2. 降气药膳：凡具有降逆作用，用于气逆呕吐、呃逆、喘急病证者，称降气药膳。如柿蒂汤、芹菜肉丝等。

七、理血法

凡血液运行失常或血量丧失较多，需要用调理血液为主的一类药膳，称为理血药膳。血为后天水谷所化生，主于心，藏于肝，统于脾，宣于肺，是五脏六腑生理活动的能量来源。血液运行失常主要表现为郁滞致瘀，或溢于脉外而出血、瘀肿，血量不足则表现为血虚等，归于补血类。故理血类主要为活血化瘀与止血。

1. 活血化瘀药膳：凡以消除或攻逐停滞于体内的瘀血为主要作用，能畅流血液、消散瘀滞的称活血化瘀药膳。用于血行不畅或瘀血内阻的各种状态，如经闭，痛经，恶露不行，积聚包块，跌打瘀肿，瘀阻经脉的肢体疼痛，气虚血瘀的半身不遂，瘀血内停的胸胁疼痛等情况。药膳常用红花当归酒、三七蒸鸡等。

2. 止血药膳：凡用于制止体内或体外各种出血，防止血液进一步损失的药膳称为止血药膳。出血有多种情况，凡血液离经上溢者，多为衄血、咳血、呕血；血从下溢者为便血、崩漏、尿血。损伤有血出于外或血积于内2种情况，无论何种情况，必须尽快制止血液损失。药膳常用血余藕片饮、槐叶茶、白茅根饮等。

八、祛湿法

凡具有化除湿邪、蠲除水饮、通淋泻浊等作用的药膳称为祛湿药膳。湿与水异名而同类，湿为水之渐，水为湿之积，弥漫者多以湿名，聚留者常以水称。感于外者，如淋雨涉水等所致为外湿；滞于内者，如湿酒冷饮等伤脾而致为内湿；流散于经脉肢体常与风、寒相合为风湿、寒湿；停于胸腹者为水饮、痰浊。水湿聚于体内常引起水肿、腹胀、小便不利、咳嗽、胸痞腹满、呕恶泻痢、黄疸等，故湿在体内宜化、宜祛、宜渗利。

1. **燥湿化浊药膳**：用于湿阻中焦、胸脘痞闷、食欲不振、呕恶泻痢等，如陈皮鸡块。

2. **利水渗湿药膳**：用于水湿壅聚所致腹胁胀满、面身浮肿、小便不利等，如薏苡仁粥。

3. **利水通淋药膳**：用于小便癃闭、淋漓点滴作痛等，如滑石粥、甘蔗白藕汁。

4. **利湿退黄药膳**：用于湿郁化热、湿热熏蒸引起的黄疸证，如茵陈粥。

第四章

药膳制作

第一节　药膳原料炮制

炮制是指对药膳原材料的加工准备，需要采用一些较为特殊的制备工艺。基本是结合了中药的炮制工艺和食物的准备过程，但与中药加工有所不同。

一、炮制目的

药膳所用药物和食物在制作及烹调之前，必须对所用原料进行加工炮制，使其符合食用、防病治病及烹调、制作的需要。

1. **除去杂质和异物，保障药膳卫生纯净。**未经炮制的原料多带有一定的泥水杂质、皮筋、毛桩等非食用部分，制作药膳前必须经过严格的分离、清洗，达到洁净的要求。

2. **矫味矫臭，增强药膳的美味。**某些原料有特殊的不良气味，为人所厌，如羊肉的膻味，龟鳖的腥味，鲜笋的苦涩味，必须经过炮制消除，方能制出美味药膳。

3. **选取效能部位，发挥更好的疗效。**很多原料的不同部分有不同作用，如莲子补脾止泻，莲心清心之邪热，莲房用之止血等。选取与药膳功效最相宜的部分，减少“药”对食物的影响，更好地发挥药膳的功效。

4. **增强原料功能，提高药膳的效果。**未经炮制的某些原料作用不强，需经炮制增强作用。如茯苓经乳制后可增强滋补功效；香附醋制后易入肝散邪；雪梨去皮，用白矾水浸制能保持色鲜，增强祛痰作用。

5. **减轻原料毒性，保证食用安全。**为防止毒性影响，必须对有毒原料进行炮制加工以消除或减轻其毒性。如半夏能使人呕吐，咽喉肿痛，炮制后可消除这些毒性作用。

6. **改变原料性能，有选择性地发挥作用。**如生地黄性寒，善于清热凉血、养阴生津，炮制成熟地黄后则性温，长于补血滋阴；花生生则性平，炒熟后性温。

7. **保持原料成分，利于工业化生产。**为了避免损失某些原料的有效成分，或适应工业化生产的需要，应采用科学技术汲取有效成分，以保持食品含量、质量稳定，或便于批量制作。如由金银花制取银花露，对冬虫夏草提汁，从鸡肉中提取鸡精等。

二、炮制方法

（一）净洗

选取原料应用部分，除去杂质与非药用部分以适应药膳要求。常用方法：

1. 筛选：拣或筛除泥沙杂质，除去虫蛀、霉变部分。

2. 刮：刮去原料表面的附生物与粗皮。如将杜仲、肉桂去粗皮，将鱼去鳞。

3. 火燎：在急火上快速烧燎，除去原料表面绒毛或须根，但不能使原料内质受损。如将鹿茸燎去绒毛，将禽肉燎去细毛。

4. 去壳：硬壳果类原料需除去硬壳，便于准确投料与使用，如白果、核桃、板栗等。动物原料去蹄爪或去皮。

5. 碾：除去原料表面非食用部分。如将刺蒺藜、苍耳碾去刺，或将原料碾细备用。

（二）浸润

用水对原料进行加工处理，但有些原料的有效成分溶于水，处理不当容易丢失，故应根据原料的不同特性选用相应的处理方法。

1. 洗：除去原料表面的泥沙、异物。绝大多数原料都必须清洗。

2. 泡：质地坚硬的原料浸泡后能软化，便于进一步加工。蔬菜类经浸泡可以除去残留的农药。

3. 润：不宜水泡的原料需用液体浸润，使其软化而又不至于丢失有效成分。浸润常用：①水润。如用清水润燕窝、贝母、虫草、银耳、蘑菇等。②奶汁润。多用牛、羊奶，如润茯苓、人参等。③米泔水润。常用于消除原料的燥性，如润苍术、润天麻等。④药汁润。常用于使原料具有某些药性，如用山楂汁浸牛肉干、用吴茱萸浸黄连等。⑤碱水润。常使用5%的碳酸钠溶液或石灰水，润发鱿鱼、海参、鹿筋、鹿鞭。

（三）漂制

为减轻某些原料的毒性和异味，常采用在水中较长时间和多次换水的漂洗法，如漂半夏。漂洗时间长短和换水次数需根据原料性质、季节、气候的不同来决定，冬季每日换1次水，夏季则宜换2~3次水，一般漂3~10d。

（四）焯制

用沸水对原料进行处理。除去种皮，将原料微煮，易搓去皮。常用于去杏仁、扁豆等皮；汆去血水，使食物味鲜汤清，常用于去鸡鸭等肉类血水；除腥膻味，如熊掌、牛鞭等多加葱叶、生姜、料酒同煮等。

（五）切制

将干品原料净选、软化，或将新鲜原料洗净后，根据不同性质、膳肴的差异，切制成一定规格的片、块、丁、节、丝等不同形状，以备制膳需要。切制要注意刀工技巧，其厚薄、大小、长短、粗细等均尽量均匀，方能保持良好美观的膳形。

原料经过上述准备过程后，尚须按要求进行炮制，以获药膳良好的味与效。

（六）炒制

将原料在热锅内翻动加热，炒至所需要的程度。

1. 清炒法：不加任何辅料，将原料炒至黄、香、焦的方法。

炒黄：将原料在锅内文火加热，不断翻动，炒至表面呈淡黄色，使原料松脆，便于粉碎或煎出药效，并可矫正异味。如将鸡内金炒至酥泡卷曲，使腥气溢出。

炒焦：将原料在锅内翻动，炒至外黑存性为度。如焦山楂。

炒香：将原料在锅内文火炒出爆裂声或香气。如炒芝麻、花生、黄豆。

2. 麸炒法：先将麦麸在锅内翻炒至微微冒烟，再加入药物或食物，炒至表面微黄或较原色深为度，筛去麸后冷却保存。此法可健脾益胃，减去原料中的油脂。如炒川芎、白术等。

3. 米炒法：将大米或糯米与原料在锅内同炒，使均匀受热，以米炒至黄色为度。主要为增强健脾和胃功效。如米炒党参。

4. 盐炒或沙炒法：先将油制过的盐或沙在锅内炒热，加入原料，炒至表面酥脆为度，筛去盐沙即成。本法能使骨质、甲壳、蹄筋、干肉或质地坚硬的原料去腥、松酥，易于烹调。如盐酥蹄筋、砂酥鱼皮。

（七）煮制

清除原料的毒性、刺激性或涩味，减少其不良反应。根据不同性质，将原料与辅料置于锅内加水漫过药面共煮。煮制时依据原料情况而定，一般煮至无白色或刚透心为度。如加工鱼翅、鱼皮等。

（八）蒸制

将原料置于适当容器内蒸至透心或特殊程度。如熊掌经漂刮后加酒、葱、姜蒸2h后进一步加工。

（九）炙制

将原料与液体辅料如蜂蜜或酒，或盐水、药汁、醋等共同加热翻炒，使辅料渗进原料内部。用蜜炒为蜜炙，可增加润肺作用，如蜜炙黄芪、甘草；酒与原料同炒为酒炙，如酒炙白芍；原料与盐水拌过，晾微干后炒为盐炙，如盐炙杜仲；原料与植物油同炒为油炙；加醋炒为醋炙，如醋炙元胡。

三、药液制备

药液是指烹制药膳所用的特殊液体类原料。通过一定的提取方法，把原料中的有效成分析出备用。原则是使用不同溶剂将所需成分尽可能提出，不提或少提其他成分。要求溶剂有良好的稳定性，不与原料起化学变化，对人体无毒无害。

常用溶剂有水、乙醇、苯、氯仿、乙醚等。水最常用，提取率高，但选择性不强。乙醇是常用的有机溶剂，选择性好，易回收，防腐作用强，但成本较高，易燃。苯、氯仿、乙醚等选择性强，不易提出亲水性杂质，但挥发性大，一般有毒，价格高，提取时间较长。

（一）提取

1. 煎煮法：多用水作溶剂，煮沸提出有效成分。提取率高，多数有效成分可提出。

2. 渗漉法：采用溶剂通过渗漉桶浸出原料的有效成分，常用乙醇、酸性或碱性溶液。

3. 蒸馏法：利用水蒸气加热原料，使其所含有效成分随水蒸气蒸馏出来，常用于挥发油的提取和芳香水的制备。

4. 回流法：采用有机溶剂加热提取原料中的有效成分，防止溶剂挥发。如提取川贝、冬虫夏草中的有效成分。

（二）过滤

滤除沉淀，获取澄明药液的方法。主要有：

1. 常压过滤法：多用于原料提取液首次过滤，滤过层多用纱布，滤器常用漏斗。

2. 减压过滤法：减小滤液下面的压力，增加滤液上下之间的压力差，使过滤速度加快。可用抽气机或其他抽气装置。

3. 瓷质漏斗抽滤法：将瓷质漏斗与抽滤瓶连接，塞紧橡皮塞；将2～3层滤纸平铺于漏斗内，加少量去离子水，抽紧滤纸，加入适量药液，即可开始抽滤。

4. 自然减压法：增加漏斗体长度，加长漏斗出口管，并于漏斗下盘绕一圈，使液体在整个过滤过程中充满出口管，以增加氯气上下压力差，提高滤速。

5. 助滤法：药液不易过滤澄清，或滤速过慢时，加注滤剂助滤的过滤方法。常用助滤剂有滑石粉、纸浆。用去离子水，将助滤剂调成糊状，安装好抽滤装置，将助滤剂加入瓷质漏斗内，加离子水抽滤，至洗出液澄明，不含助滤剂后，再正式过滤药液。

（三）浓缩

从原料中提取的药液。一般单位溶剂内有效成分含量相对比较低，需要提高浓度，以便精制。常用浓缩方法有：

1. 蒸发浓缩法： 通过加热使溶液水分挥发的方法。适用于有效成分不挥发，加热不被破坏的提取液。有直火蒸发与水浴蒸发。直火蒸发是将提取液先用武火煮沸后，改文火保持沸腾，不断搅拌，浓缩到一定量和稠度。此法温度高，蒸发快，但锅底容易发生焦煳与炭化。水浴蒸发是间接加热，将装提取液的小容器置于装水的大容器内，加热扩大容量，使提取液浓缩。此法克服了直火时的焦煳与炭化，但速度慢，故可先用直火，后改水浴蒸发。

2. 蒸馏浓缩法： 将原料液在蒸馏器内加热到汽化，通过冷凝回收剂回收溶剂，同时浓缩原料液。常用于有机溶剂溶液，以便回收溶剂，降低成本。其中常压蒸馏在正常气液下进行，适用于有效成分受热不易被破坏的提取液，减压蒸馏在降低蒸馏器内液面压力下浓缩。压力降低，沸点也降低，蒸发速度加快，故溶液受热温度低，受热时间短，效率高。适用于沸点高，有效成分遇高温易破坏的提取液。

第二节　药膳制作工艺

药膳制作是按膳食加工的基本技能，根据药膳的特殊要求，加工、烹饪、调制饮膳的过程。制作工艺既需要相应的熟练加工技能，又具有药膳制作的特点。

一、药膳制作特点

药膳不同于普通膳食，除具有一般膳食所具有的色、香、味、形以外，还具有治病强身、美容保健、延缓衰老等疗效，因此在选料、配伍、制作方面有其自身的特殊性。

（一）原料的选用特点

一般药膳的功能是提供能量与营养，需保持一定的质与量，同时为适应“胃口”的不同而需要不断改变膳食原料与烹调方法。药膳则是根据不同病证、不同体质状态，有针对性地选取原料，如羊肉、鹿鞭等具有温肾壮阳的功能，可用于体质偏于阳虚，畏寒怕冷、腰膝冷痛或者酸软，或者阳痿早泄等。尽管这些食品营养丰富，但并不适合所有人群。药膳原料的选用与组合，强调的是科学配伍，需要在中医药理论指导下选料与配方。如体弱多病的调理，须视用膳者体质所属选用或补气血或调阴阳或调脏腑的药膳；年老体弱的调理，需根据不同状态，选用或调补脾胃，或滋养阴血的药膳，以达到强壮体魄、延缓衰老的目的。

（二）药膳的烹调特点

由于药膳含传统的中药部分，即主要起“疗效”作用的原料，故对这一部分原料的烹饪，除了需要在原料准备过程中的科学加工以外，在烹饪过程中，必须尽可能地避免药的有效成分的丧失，以期更好地发挥药效，因而必须讲究烹饪形式与方法。传统的药膳加工以炖、煮、蒸、焖为主，这样使药物在加热过程中能最大限度地溶解出有效成分，增强功效；药膳常以汤为主，通过炖、煮使有效成分溶解并保存于汤中，以保证良好的疗效，如十全大补汤、鹿鞭壮阳汤、八珍鸡汤等。汤类约占药膳品类的一半以上。

（三）药膳的调味特点

药膳的调味是为获得良好的口感，以满足用膳者对美味的追求。但很多调味品具有浓烈的味感，在中医学中本身就具有相应的性味功能。在药膳烹调过程中，调味品的运用要讲究原则与方法。

一般而言，各种药膳原料经烹调后都具有自身的鲜美口味，不宜用调味剂改变其本味。因为各种药品的味是其功能组成的一部分，所以应当尽量地保持药膳的原汁原味。有些需经过调味才能为人们乐于食用，一般的调味品如油、盐、味精等，在药膳中也为常用品。但胡椒、茴香、八角、川椒、桂皮等，由于本身具有浓烈的香味，且性味多为辛、甘、温热类，在药膳烹调过程中应根据情况选用。一些有腥、膻味的原料，如龟、鳖、鱼、羊肉、动物鞭等，可用一定的调味品矫正异味。温阳类、活血养颜类药膳，可选用辛香类调味品。如果药膳功效以养血滋阴为主，用于偏阴虚燥热的用膳者，则应少用辛香类调味品。

但是，由于辛香类调味品本身多具有行气活血、辛香发散的功效，在药膳的配伍中可作为一个方面的药效成分考虑，将其视为药膳原料的组成部分。如用于风寒感冒的药膳，生姜既是调味剂又是药物；在活血类药膳中使用辛香调料，可以增强药膳行气活血的功效；在滋阴类药膳中，配伍辛香类调味品，可以达到滋而不腻、补中兼行的作用；调补脾胃类药膳配伍辛香调味品，具有芳香醒脾的作用。因此，在药膳烹调过程中，调味品的应用既有调味的作用，又有药理的功效。用与不用，多用少用，应在辨证施膳理论指导下灵活掌握，而不仅仅是迎合用膳者的口味。

二、药膳制作要求

作为特殊的药膳，药膳的制作除必须具备一般烹调的良好技能外，尚须掌握药膳烹调的特殊要求。

（一）既精于烹调技术又须有中医药知识

药膳原料必须有药物，而药物的性能、功效与药物的准备、加工过程常常有着密切的关系。如难以溶解的药宜久煮才能更好地发挥药效；易挥发的药物则不宜久熬，以防有效成分损失；气虚类药膳不宜多加芳香类调味品，以防耗气伤气；阴虚类药膳不宜多用辛热类调味品，以防伤阴助热等。如果对中药的性能不熟悉，或不懂中医理论，一味讲究口味，会导致药效减低，甚或引起相反的作用，失去药膳的基本功能。

（二）既要注意疗效又必须讲究色、香、味、形

药膳之所以不同于普通膳食，就在于其具有保健、防病、抗衰、美容、治疗等作用。首先应尽最大可能保持和发挥药食的这一功能。但作为膳食，它又具有普通膳饮的作用。而普通膳食必须在色、香、味、形诸方面制作加工出特点，才能激发用膳者的食欲。如果药膳体现出的全是“药味”，不讲究膳食的基本功能，影响食欲，不仅起不到药膳的功能，反而连膳食的作用也不能达到。因此，药膳的烹制，其功效与色泽、口味、香味、造型必须并重，才能达到药膳的基本要求。

（三）配料必须严谨，注意药食的性味组合

药物的选用与配伍，必须遵循中医理法方药的原则，注意药物与药物、药物与食物，以及药物与配料、调味品之间的性效组合。任何食物和药物都有其四性、五味，对人体五脏六腑功能都有相应的促进或制约关系，只是常用药物的性味更为人们所强调，因此，选料应当注意药与药、药与食之间的性味组合，尽量应用相互促进的协同作用，避免相互制约的配伍，更需避开配伍禁忌的药食配合，以免产生不良反应。

（四）隐药于食在感官上要保持膳食特点

由于药膳以药物与食物为原料，药膳烹调的感官感觉很重要。如果药膳表现为以药物为主体，用膳者会感觉到是在“用药”而不是“用膳”，势必影响食欲，达不到膳食营养的要求。因此，药膳的制作在某些情况下，还要求必须将药物“隐藏”于食物之中。

大多数的单味药或较名贵的药物，因本身形质色气很好，可以给用膳者以良好的感官刺激，如天麻、枸杞、人参、黄芪、虫草、田七等，可直接与食物共同烹调，作为“膳”的一部分展现于用膳者面前，这属于见药的药膳。

某些药物由于形、色、气味的原因，或者药味有较多的药膳，则不宜以药物本身呈现于药膳中，或由于药味太重，或由于色泽不良而影响食欲，则必须药食分制，取药物制作后的有效部分与一定的食物混合，这属于不见药的药膳。这类药膳的分制可有不同方法，或将药物煎后取汁，用药汁与食物混合制作；或将药食共烹后去除药渣，仅留食物供食用；或将药物制成粉末，再与食料共同烹制。这种“隐药于食”的方法，可使用膳者免受不良性质气味药物的影响，以达到药膳的作用。

普通膳食制作必须遵循的原则，如必须符合卫生法规的要求，选料必须精细，制作务必卫生，烹调讲究技艺，调味适当可口等，更是烹调药膳的基本要求。

第三节 药膳制作方法

药膳的品类繁多，根据不同的方法可制作出不同的药膳，以适应人们的不同嗜好及口味的变换。常用药膳可以分为热菜、凉菜、粥类、饮料和面点五大类。

一、药膳热菜制作方法

热菜类是药膳运用最多的品种，尤其对我们来说，热菜是必备菜肴。热菜的制作主要有以下方法。

1. **炖**：是将药物与食物加清水，放入调料，先置武火上烧开，再置文火上熬煮至熟烂，一般文火需要2～3h。特点是质地软烂，原汁原味，如雪花鸡汤、十全大补汤的制作。

2. **煮**：是将食物与药物同置于较多量的清水或汤汁中，先用武火烧开，再用文火煎煮至熟，时间比炖宜短。特点是味道清鲜，能突出主料滋味，色泽亦美观。

3. **熬**：是将药物与食物置入锅中，注入清水，武火煮沸后改用文火，熬至汤汁稠浓。烹制时间较炖更长，多需3h以上。适用于含胶质重的原料，特点是汁稠味浓。

4. **煨**：是将药物与食物置于煨锅之中，加入清水、调料，用文火或余热进行较长时间地烹制，慢慢煨至软烂。特点是汤汁稠浓，口味醇厚。如川椒煨梨。

5. **蒸**：利用水蒸气加热烹制。将原料置于盛器内，加入水或者汤汁、调味品，或不加汤水，置蒸笼内蒸至熟或者熟烂。特点是笼内温度高（可达120℃以上），原料水分不再蒸发，药膳可保持形状的完整，造型整齐美观，口味原汁原味。因原料不同，又有粉蒸、清蒸、包蒸的不同。

6. **炒**：将油锅烧热，药膳原料直接入锅，于急火上快速翻炒至熟，或断生。特点是烹制时间短，汤汁少，成菜迅速，鲜香入味，或滑嫩，或脆生。有生煸、回锅（熟炒）、滑炒、软炒、干煸的不同。

7. **爆**：多用于动物性原料。将原料初步热处理后，先用热油锅煸炒辅料，再放入主料，倒入芡汁快速翻炒至熟。特点是急火旺油，短时间内加热，迅速出锅后，成菜脆嫩鲜香。

8. **熘**：原料调味后，经炸、煮、蒸或上浆划油等初步加热，再以热油煸炒辅料，加入主料，然后倒入兑好的芡汁快速翻炒至熟。熘法必须勾芡。特点是成菜清亮透明，质地鲜嫩可口，有炸熘、滑熘、软熘的不同。

9. **炸**：将锅中置入较多量的油加热，再将药膳原料直接投入热油中加热至熟或黄脆。可单独烹制，也是多种烹制法的半成品准备方法。特点是清香酥脆。有清炸、干炸、软炸、酥炸、松炸、包炸等不同。

其他如烩、扒、烧、扒丝、挂霜等烹调法也是药膳热菜常用的加工方法。

二、药膳凉菜制作方法

凉菜类药膳是将药膳原料或经制熟处理，或生用原料，经加工后冷食的药膳菜类。

1. 拌：是将药膳原料的生料或已凉后的熟料加工切制成一定形状，再加入调味品拌和而成。拌法简便灵活，用料广泛，易调口味。特点是清凉爽口，能理气开胃。有生拌、熟拌、温拌、凉拌的不同。

2. 炝：是将原料切成所需形状，经加热处理后，加入各种调味品拌渍，或再加热花椒炝成药膳。特点是口味或清淡，或鲜咸麻香。有普通炝与滑炝的不同制法。

3. 腌：将原料浸入调味卤汁中，或以调味品拌匀，腌制一定时间以排除原料内部的水分，使原料入味。特点是清脆鲜嫩，浓郁不腻。有盐腌、酒腌、糟腌的不同制法。

4. 冻：将含胶质较多的原料投入调味品后，加热煮制达一定程度后停止加热，待其冷凝后食用。特点是晶莹剔透，清香爽口。但原料必须是含胶质多者，否则难以成冻。

很多凉菜必须前期加工后方能制作，卤、蒸、煮为常用前期制作方法。通常用于动物类药膳原料，如凉菜卤猪心、童子鸡等需先卤熟、蒸熟后再制作凉菜。

三、药膳粥类制作方法

药粥是药物与谷米类食物共同煮熬而成，具有制法简单、服用方便、易于消化吸收的特点。药粥被古人推崇为益寿防病的重要膳食。如南宋陆游说：“世人个个学长生，只将食粥致神仙。”药粥须根据药物与谷米的不同特点而制作。

1. 生药饮片与谷米同煮：将形、色、味均佳，且能食用的生药与米共同煮制。如用红枣、百合、淮山药、薏米、龙眼肉等与米煮粥，既使粥增加形、色的美观，又使味道鲜美而增强疗效。如薏米莲子粥。

2. 中药研末与谷米同煮：较大的中药块，或质地较硬的药物，难以煮烂时，将其粉碎为细末后与米同煮。如茯苓、贝母、天花粉等。多宜研末做粥。

3. 药物提汁与谷米同煮：不能食用或感官刺激太强的药物，如川芎、当归等，不宜与谷米同煮，须煎取汁与谷米同煮制粥。如麦门冬粥、参苓粥。

4. 汤汁类与谷米同煮：将动物乳汁，或肉类汤汁与谷米同煮制粥。如鸡汁粥、乳粥。

四、药膳饮料制作方法

药膳饮料包括药酒、保健饮料、药茶等。它们以药物、水或酒为主要原料加工制作成饮料，具有保健或治疗作用。

1. 药酒配制法：药酒是以白酒、黄酒为基料，浸泡或煎煮相应的药物，滤去渣后所获得的饮料。酒是最早加工而成的药品和饮料两用品，有“通血脉、行药力、温胃肠、御风寒”的作用。酒与药合可起到促进药力的作用，所以药酒是常用的保健治疗性饮料。制作有冷浸法、热浸法、煎煮法、酿造法等不同工艺。

2. 保健饮料制作法：以药物、水、糖为原料，用浸泡、煎煮、蒸馏等方法提取药液，再经沉淀、过滤、澄清，加入冰糖、蜂蜜等兑制而成。特点是生津养阴，润燥止渴。

3. 药茶的制作方法：将药物与茶叶相配，置于杯内，冲以沸水，盖闷15min左右即可饮用。也可根据习惯加白糖、蜂蜜等。或将药物煎煮后滤汁当茶饮，或将药物加工成细末或粗末，分袋包装，临饮时以开水冲泡。特点是清香醒神、养阴润燥、生津止渴。

五、药膳面点制作方法

药膳面点是将药物加入面点中制成的保健治疗食品。这类食品可作主食，也可作点心类零食。多是将药物制成粉末，或将药物提取液与面点共同合揉，按面点制作方法加工而成。主要制作工艺包括和面、揉面、下药、上馅等工艺流程。

第五章

药膳月子餐常用食材

药/膳/月/子/餐/常/用/食/材

药膳是在中医药理论指导下，通过中药和食物相互配伍，采用传统和现代科学技术制作的膳食品。其中所用的食物原料包括十大种类。

第一节　粮食类

粮食类食材，俗称“五谷”，指稻、黍、麦、稷、菽，是谷物、豆类等粮食作物的总称。

谷物即稻、麦、高粱、玉米等植物种仁，为我国人民的主食。南方以大米为主，北方以小麦为主。谷物含糖类、蛋白质、B族维生素，含脂肪较低，多集中于谷胚和谷皮部分，无机盐较少。谷物少数性味偏凉（荞麦、薏苡仁）或偏温（糯米），大多数性味甘平，能强壮益气，需按产妇产后身体寒热虚实辨证施用。谷芽和麦芽又是中医消食健脾的常用食物。

豆类包括大豆、豌豆、蚕豆、绿豆、红豆等，在我国人民膳食中占有特殊地位，有“植物肉”的美称。其含蛋白质的质和量可与各种肉食媲美，尤以大豆的蛋白质含量最为丰富，黑豆达40%以上，黄豆为30%以上，赤小豆最低达20%左右；蛋白质中氨基酸的成分亦与肉类食品相近似。豆类食法很多，可煮饭熬粥，加工成豆腐、豆浆、豆糕、腐乳等多种美食供作菜肴。所含脂肪为不饱和脂肪酸和磷脂，不含胆固醇，是产妇产后恢复不可缺少的食材。

粳米

异名 大米、白米、粳粟米、稻米、硬米

基原 为禾本科植物粳稻去壳的种仁

【性味归经】平、甘、无毒。入脾、胃、肺经。

【功效】健脾益气，和胃除烦，止泻止痢。

【主治】脾胃气虚，食少纳呆，倦怠乏力，心烦口渴，泻下痢疾。

【用法用量】内服：50～200g，煎汤、煮饭、熬粥均可，亦可做成糕饼，或将米煮熟后以文火烧成锅巴研粉用。

【药膳方选】

1. **治产后体虚，食少，乏力：**党参40g煎汁，粳米200g，用党参汁煮粥。每日1～2次温服。（民间验方）

2. **治脾虚泄泻，伤食，水泄或便稀，一日数次，不思饮食者：**粳米100g，将米炒焦，加水煮粥，根据患者需要随时使用。（《粥谱》）

【成分】粳米含碳水化合物、脂肪、蛋白质、粗纤维、钙、磷、B族维生素等。维生素的含量因稻谷的品种和产地而异。尚含有乙酸、延胡羧酸、琥珀酸、羟基代乙酸、枸橼酸、苹果酸等15种有机酸，以及葡萄糖、果糖、麦芽糖等单糖和双糖。

【使用注意】粳米营养丰富，但大多存在于谷皮中，故平时不宜多食加工过度的精米，避免由于谷皮的丢失而减少无机盐和维生素的摄入。粥饭虽补人，但亦不可过量。

小麦

异名 淮小麦

基原 为禾本科植物小麦的种子

【性味归经】甘、凉、无毒。入心、脾、肾经。

【功效】养心，益肾，除烦，止渴。

【主治】脏躁，烦热，消渴，泄利，痈肿，烫伤，外伤出血。

【用法用量】内服：煎汤50～200g；煮粥。做糕饼面食。

【药膳方选】

1. 治消渴：小麦淘净，不拘多少，煮粥或炊做成饭，空腹食。（《饮膳正要》）

2. 治妇人脏躁，喜怒无常善太息、数欠身：小麦1L、甘草150g，大枣10枚。以上3味，以水6L，煮取3L，分3次温服，亦补脾气。（《金匮要略》）

【成分】小麦种子含碳水化合物、蛋白质、糖类、糊精、脂肪、粗纤维、钙、磷、铁，尚含少量谷甾醇、卵磷脂、尿囊素、精氨酸、淀粉酶、麦芽糖酶、蛋白酶及维生素B族等。麦胚含植物凝集素。

【使用注意】小麦多食能壅气作渴，故气滞、口渴、病湿热者宜少食。

薏苡仁

异名 苡仁、薏米、尿珠子、米仁、起实

基原 为禾本科植物薏苡的种仁

【性味归经】甘、淡、微寒。入脾、胃、肺经。

【功效】利湿健脾，舒筋除痹，清热排脓。

【主治】水肿，脚气，小便淋漓，湿温病，泄泻，带下，风湿痹痛，经脉拘挛，肺痈，肠痈，扁平疣等。

【用法用量】内服：煎汤，10～30g；或入丸、散、浸酒、煮粥、做羹。健脾益胃，宜炒用；利水渗湿，清热排脓，舒筋除痹，均宜生用。

【药膳方选】

1. 治水肿喘急：郁李仁100g，研，以水滤汁，煮薏苡仁饭。日2次食之。（《独行方》）

2. 治风湿痹痛：薏苡仁粉，同曲米酿酒，或袋盛煮酒饮之。（《本草纲目》）

【成分】种仁含薏苡仁脂、粗蛋白、脂类，含有葡聚糖和酸性多糖，以及有降血糖作用的薏苡仁多糖。

【使用注意】本品力缓，宜多服、久服，脾虚无湿、大便燥结者以及孕妇慎服。

山药

异名 薯蓣、山芋、淮山药、白苕、白药子

基原 为薯蓣科植物山药的块茎

【性味归经】甘、平。入脾、肺、肾经。

【功效】补脾，养肺，固肾，益精。

【主治】脾虚泄泻，食少浮肿，肺虚咳嗽，消渴，遗精，带下，肾虚尿频。外用治痈肿、瘰疬。

【用法用量】内服：煎汤，15～30g，大剂量60～250g；或入丸、散。外用：适量，捣敷。补阴，宜生用；健脾止泻，宜炒黄用。

【药膳方选】

1. **治脾胃虚弱，不思饮食**：用山药、白术各1两，人参3分。以上3味捣罗为细末，煮白面糊为丸，如小豆大，每服30丸，空腹食前温米饮下。（《圣济总录》）

2. **治虚劳咳嗽**：山药捣烂半碗，加入甘蔗汁半碗，和匀，温热饮之，能起辅助治疗作用。（《师古斋汇聚简便单方》）

【成分】山药块茎含薯蓣皂甙元、多巴胺、盐酸山药碱、多酚氧化酶、尿囊素等。含糖蛋白，还包括氨基酸和胱氨酸等。另含具有降血糖作用的多糖，并含有甘露糖、葡萄糖和半乳糖的山药多糖，含钴、铬、铜、钾、锌等微量元素，以及氧化钠、氧化钾、氧化铝、氧化铁、氧化钙、氧化镁等。

【使用注意】湿盛中满或有实、邪积滞者禁服。

黄大豆

异名 大豆、黄豆

基原 为豆科植物大豆的种皮黄色的种子

【性味归经】平、甘。入脾、胃、大肠经。

【功效】宽中导滞，健脾利水，解毒消肿。

【主治】食积泻痢，腹胀食呆，脾虚水肿，疮痈出血。

【用法用量】内服：煎汤30～90g；外用：捣敷，或炒焦研末调敷。

【药膳方选】

1. **治脾气虚弱**：大豆30g，大米90g，先将黄大豆用清水浸泡过夜，淘洗干净，再与洗净的大米一同下锅，加水煮粥。（《粥谱》）

2. **治贫血**：黄豆、猪肝各60g，煮粥先煮黄豆到八成熟，再入猪肝共煮熟，每天2次分食，连服3周。（民间验方）

【成分】含蛋白、脂肪、糖、钙、磷、铁、胡萝卜素等。

【使用注意】大豆较难消化，每次食用不宜过量。

赤小豆

异名 赤豆、红豆、红小豆、红饭豆、米赤豆

基原 为豆科植物赤豆或赤小豆的种子

【性味归经】甘、酸、平。入心、小肠、脾经。

【功效】利水消肿退黄，清热解毒消痈。

【主治】水肿，脚气，黄疸，淋病，便血，疮痈，癣疹。

【用法用量】内服：煎汤10～30g；外用：适量，生研调敷。

【药膳方选】

1. **治水肿坐卧不得，头面身体悉肿：**桑枝烧灰淋汁，煮赤豆，代饭食。（《梅师集验方》）

2. **大腹水病：**赤豆3L，白茅根1大把，煮取干，去茅食豆。（《肘后备急方》）

【成分】含蛋白、脂肪、糖、钙、磷、铁、粗纤维、维生素B族等。

【使用注意】阴虚津伤者慎食。

白扁豆

异名 南扁豆、峨眉豆、羊眼豆、茶豆、小刀豆、梅豆

基原 为豆科植物扁豆的白色成熟种子

【性味归经】甘、淡、平。入脾、胃经。

【功效】健脾，化湿，消暑。

【主治】脾虚生湿，食少便溏，白带过多，暑湿吐泻，烦渴胸闷。

【用法用量】内服：煎汤10～15g；或生品捣研水绞汁；或入丸、散。外用：适量捣敷。

【药膳方选】

1. **治脾胃虚弱，饮食不进而呕吐泄泻：** 白扁豆1斤半（姜汁浸，去皮，微炒），人参（取芦）、白茯苓、白术、甘草（炒）、山药各2斤，莲子肉（去皮）、桔梗（炒令深黄色）、薏苡仁、缩砂仁各1斤。上为细末，每服2钱。枣汤调下，小儿视年龄加减服。（《太平惠民和剂局方》参苓白术散）

2. **治妇人赤白带下：** 白扁豆炒黄为末，米饮调下。（《妇人大全良方》）

【成分】种子含蛋白质、脂肪、碳水化合物、钙、磷、铁、泛酸、锌，并含胰蛋白抑制物、淀粉酶抑制物，血球凝集素A、B，含豆甾酸、磷脂、蔗糖、淀粉、酪氨酸等。

【使用注意】不宜多食，以免壅气伤脾。健脾止泻宜炒用，清暑养胃解毒宜生用。

第二节　蔬菜类

凡可做菜的植物统称为蔬菜，一般为人工栽培。蔬菜含大量水分、丰富的碳水化合物、植物纤维素、无机盐和芳香物质等，是人体维生素、无机盐、糖类等的重要来源。

蔬菜种类很多，可分为叶茎类，如芹菜、菠菜等；根茎类，如胡萝卜、藕等；瓜茄类，如冬瓜、南瓜、茄子等。蔬菜是防病治病的良品。少数蔬菜性温热（芫荽、大蒜），能起到温中散寒、开胃消食作用；大多数蔬菜性寒凉（苦瓜、芹菜、茭白等），以清热除烦、通利大小便、化痰止咳等功能多见。

南瓜

异名 番瓜、倭瓜、阴瓜、北瓜、金冬瓜

基原 为葫芦科植物南瓜的果实

【性味归经】平、甘。入肺、脾、胃经。

【功效】解毒消肿，杀虫。

【主治】肺痈，哮证，痈肿，烫伤，毒蜂蜇伤。

【用法用量】内服：适量，蒸煮或生捣汁。外用：适量，捣敷。

【药膳方选】

1. 治周身浮肿：南瓜瓤适量煎汤，频饮服。（民间验方）

2. 治糖尿病：南瓜250g（煮熟），每晚食。5d后，可早、晚各食250g。（民间验方）

【成分】含瓜氨酸、精氨酸、天冬酰胺、葫芦巴碱、腺嘌呤、葡萄糖、蔗糖、胡萝卜素、玉米黄素、维生素B、维生素C、黄体呋喃素、葫芦苦素B。

【使用注意】气滞湿阻者忌食，中寒吐泻及病后虚弱者禁服。

茄子

异名 落苏、昆仑瓜、白茄、紫茄、黄茄

基原 为茄科植物茄的果实

【性味归经】甘、凉。入脾、胃、大肠经。

【功效】清热，活血，消肿。

【主治】肠风下血，热毒疮痈，皮肤溃疡。

【用法用量】内服：煎汤，15～30g。外用：适量，捣服。

【药膳方选】

1. 治肠风便血：经霜茄连蒂，烧存性研末，每日空腹，温酒送服；或茄子煨熟，酒浸，暖酒空心服。（《圣济总录》茄子酒）

2. 治小便不利，水肿：茄子晒干研粉，开水送服，6～9g，每日3次。（民间验方）

【成分】含葫芦巴碱、水苏碱、弹碱、龙葵碱等多种生物碱。果皮含色素茄色甙、紫苏甙，以及酚酞草素。还含有7种必需氨基酸、少量苹果酸和枸橼酸。

【使用注意】茄子性寒，可配温热的葱、姜、蒜等。体质虚寒、慢性腹泻者不宜多食。

番茄

异名 小金瓜、西红柿、洋柿子、番柿

基原 为茄科植物番茄的新鲜果实

【性味归经】酸、甘、微寒。入肝、脾、胃经。

【功效】生津止渴，健脾消食。

【主治】口渴，食欲不振。

【用法用量】内服：煎汤，适量；或生食。

【药膳方选】

1. 治热病口渴：番茄去皮后生食。（民间验方）

2. 治贫血：番茄2个，鸡蛋1枚，炒食，每日1次。（民间验方）

【成分】含蛋白质、脂肪、碳水化合物、粗纤维、钙、铁、磷、钠、胡萝卜素，维生素A、B_1、B_2、C，烟酸，苹果酸、柠檬酸、腺嘌呤、葫芦巴碱、胆碱和少量番茄碱。

【使用注意】番茄性寒，胃寒者忌食生冷番茄。

辣椒

异名 番椒、辣茄、海椒、辣子、牛角椒

基原 为茄科植物辣椒的果实

【性味归经】辛、热。入脾、胃经。

【功效】温中散寒，下气消食。

【主治】胃寒气滞，脘腹胀痛，呕吐，泻痢，风湿痛，冻疮。

【用法用量】内服：入丸、散，1～3g。外用：适量，煎水熏洗或捣敷。

【药膳方选】

1. 治痢疾水泻：辣子1个，为丸。清晨热豆腐皮裹，吞下。（《医宗汇编》）

2. 治胃脘冷痛：辣椒1个，生姜5片，加红糖煎水服。（民间验方）

【成分】果实含辛辣成分为辣椒碱、二氢辣椒碱、高辣椒碱、高二氢辣椒碱；色素为隐黄素、辣椒红素；含微量辣椒玉红素、胡萝卜素，维生素C、柠檬酸、酒石酸、苹果酸。

【使用注意】阴虚火旺及诸出血证者禁服。

莱菔

异名 芦菔、萝卜、地灯笼、寿星头

基原 为十字花科植物莱菔的鲜根

【性味归经】辛、凉，煮熟甘、平。入脾、胃、肺、大肠经。

【功效】消食，下气，化痰，止血，解渴，利尿。

【主治】消化不良，食积胀满，吞酸，吐食，腹泻，痢疾，便秘，痰热咳嗽，咽喉不利，咳血，吐血，衄血，便血，消渴，淋浊。外治疮疡，损伤瘀肿，烫伤及冻疮。

【用法用量】内服：生食，捣汁饮，30～100g；或煎汤、煮食。

【药膳方选】

1. 治反胃吐食：萝卜捶碎，蜜煎，细细嚼咽。（《普济方》）

2. 消渴：大萝卜5个，煮熟，绞汁加粳米200g煮粥食。（《饮膳正要》萝卜粥）

【成分】含葡萄糖、蔗糖、果糖、香豆酸、咖啡酸、维生素C、钙、锰、硼、莱菔甙等。

【使用注意】脾胃虚弱、大便溏薄者不宜多食、生食。

胡萝卜

异名 黄萝卜、红萝卜、红芦菔、金笋

基原 为伞形科植物胡萝卜的根

【性味归经】甘、辛、平。入脾、肝、肺经。

【功效】健脾和中，滋肝明目，化痰止咳，清热解毒。

【主治】脾虚食少，体虚乏力，泻痢，雀目，疖肿，烫火伤，痔漏。

【用法用量】内服：煎汤，30～120g；或生吃，捣汁；或煮食。外用：适量，煮熟捣敷。

【药膳方选】

1. 治胃痛：胡萝卜50g，麻黄150g。先将胡萝卜用慢火烘焦，与麻黄共研细末。每服3g，每日2次，热酒冲服。（民间验方）

2. 治雀目：胡萝卜6个，煮熟连食10d。或与猪肝同炒食。（民间验方）

【成分】含胡萝卜素、花色素、糖、脂肪、挥发油、维生素B等。

【使用注意】胡萝卜素为脂溶性维生素，忌与醋酸同食。

百合

异名 重迈、摩罗、百合蒜、夜合花、白花百合

基原 为百合科植物百合、卷丹、山丹、川百合等的鳞茎

【性味归经】甘、微苦、微寒。入心、肺经。

【功效】养阴润肺，清心安神。

【主治】阴虚久咳，痰中带血，热病后期余热未清，或情志不遂所致的虚烦惊悸、失眠多梦、精神恍惚，痈肿，湿疮。

【用法用量】内服：煎汤，6～12g；或入丸、散；亦可煮食、煮粥。外用：适量，捣敷。

【药膳方选】

1. 治咳嗽不已或痰中带血： 款冬花、百合（焙、蒸）等份。上为细末，炼蜜为丸，如龙眼大，每服1丸，食后临卧，细嚼姜汤咽下。噙化尤佳。（《济生续方》百花膏）

2. 治支气管扩张，咯血： 百合60g，白及100g，蛤粉60g，百部300g。共为细末，炼蜜为丸，丸重6g，每次1丸，日3次。（民间验方）

【成分】百合鳞茎含秋水仙碱等多种生物碱及淀粉、蛋白质、脂肪等，卷丹的花含灰粉、蛋白质、脂肪、淀粉、还原糖、维生素B_1、维生素B_2、泛酸、维生素C、胡萝卜素等。

【使用注意】风寒咳嗽及中寒便溏者禁服。

藕

异名 光旁、莲藕

基原 为睡莲科植物莲的肥大根茎

【性味归经】甘、寒。入心、肝、脾、胃经。

【功效】清热生津，凉血，散瘀，止血。

【主治】热病烦渴，吐衄，下血。

【用法用量】内服：生食，捣汁或煮食，适量。外用：适量，捣敷。

【药膳方选】

1. **治消渴，口干，心中烦热：**生藕汁半盏，生地黄半盏。以上2味相和，温暖，分为3剂服用。（《圣济总录》生藕汁饮）

2. **治肺、胃出血：**藕250g，侧柏叶60g。捣汁，冷开水冲服。（民间验方）

【成分】根茎含淀粉、蛋白质、天门冬素、维生素C，焦性儿茶酚、新绿原酸、无色矢车菊素、过氧化物酶。

【使用注意】性偏凉，平素脾胃虚寒之人忌食生藕。煮熟食用忌选铁锅铁器。

韭菜

异名 起阳草、懒人草、长生韭、壮阳草、扁菜

基原 为百合科植物韭菜的叶

【性味归经】辛、温。入肾、胃、肺、肝经。

【功效】补肾，温中，行气，散瘀，解毒。

【主治】肾虚阳痿，胃寒腹疼，噎膈反胃，胸痹疼痛，衄血，吐血，尿血，痢疾，痔疮，痈疮肿毒，跌打损伤。

【用法用量】内服：捣汁，60～120g；煮粥、炒熟、做羹。外用：适量捣敷，熏洗热熨。

【药膳方选】

1. **治阳虚肾冷，阳道不振，或腰膝冷痛，遗精梦泄：**韭菜白8两，胡桃肉（去皮）2两，同置麻油炒熟，日食之，服1月。（《方氏脉症正宗》）

2. **治疥疮：**鲜韭菜60～90g，捣烂敷患处或煎汤洗之。（《普济方》）

【成分】叶含硫化物、甙类和苦味素、类胡萝卜素、抗坏血酸、大蒜辣素、蒜氨酸、丙氨酸、谷氨酸、天冬氨酸等。

【使用注意】阴虚内热及疮疡、目疾患者慎食。

芫荽

异名 胡荽、香菜、胡菜、园荽、满天星

基原 为伞科植物芫荽的带根全草

【性味归经】辛、温。入肺、脾、肝经。

【功效】发表透疹，消食开胃，止痛解毒。

【主治】风寒感冒，麻疹、痘疹透发不畅，食积，脘腹胀满，呕吐，脱肛，丹毒，蛇咬伤。

【用法用量】内服：煎汤9～15g，鲜品15～30g；或捣汁。外用：适量，煎汤洗；或捣敷，或捣汁敷。

【药膳方选】

1. **治风寒感冒，头疼鼻塞：**紫苏叶6g，生姜60g，芫荽9g，水煎服。（民间验方）

2. **治小儿疹痘：**欲令速出，芫荽3两细切，以酒2大盏，煎令沸。沃芫荽，便以物合定，不令气出，候冷去滓，微微从项以下，喷背膂及两脚胸腹令遍，勿喷于面。（《太平圣惠方》胡荽酒）

【成分】全草含壬醛和芳樟醇等；地上部分及叶含香柑内酯、欧前胡内酯、伞形花内酯、东莨菪素、异槲皮甙、芸香甙、维生素C、铝、钡、铜、铁、锂、锰、硅、钛等。

【使用注意】疹出已透，或虽未透出而热毒壅滞，非风寒外袭者禁服。

大葱

异名 葱白、葱茎白、葱白头、火葱

基原 为百合科植物葱的鳞茎

【性味归经】辛、温。入肺、胃经。

【功效】发表，通阳，解毒，杀虫。

【主治】风寒感冒，阴寒腹痛，二便不通，痢疾，疮痈肿痛，虫积腹痛。

【用法用量】内服：煎汤，9～15g；或酒煎。煮粥食，每次可用鲜品15～30g。外用：适量，捣敷，炒熨，水煎洗，蜂蜜或醋调敷。

【药膳方选】

1. 治风寒感冒：葱白头与豆豉合煎服。（《补缺肘后方》葱豉汤）

2. 治时疾头疼：连根葱白20根，和米煮粥，入醋少许，熟食，取许即解。（《济生秘览》）

【成分】鳞茎含黏液质、粗纤维、粗脂肪、粗蛋白质、无氮浸生物、戊戌糖、多糖类、挥发油、大蒜辣素、二烯丙基硫醚，根含铝。

【使用注意】表虚多汗者慎服。

第三节　野菜类

野菜通常是野生于自然界、不为人工栽培的植物。自古以来，野菜为我国人民所喜爱，早在《诗经》中就有“参差荇菜，左右采之”等采野菜的诗。常食的野菜有枸杞菜、马齿苋、蕨、苜蓿、荠菜等。

大多数野菜性味寒凉，具有清热解毒、凉血利尿的作用。野菜营养丰富，含有维生素类、无机盐、纤维素和酶类。所含纤维素在体内不被吸收利用，可促进肠道蠕动，有通便作用，同时可阻止或减少胆固醇的吸收，增加胆固醇的排出量，故适合高脂血症、动脉粥样硬化、习惯性便秘等人群食用。

荠菜

异名 荠、护生草、净肠草、鸡心菜、清明菜、地米菜

基原 为十字花科植物荠菜的全草

【性味归经】甘、淡、凉。入肝、脾、膀胱经。

【功效】凉血止血，平肝明目，清热利湿。

【主治】吐血，衄血，咯血，尿血，崩漏，目赤疼痛，眼底出血，高血压病，赤白痢疾，肾炎水肿，乳糜尿。

【用法用量】内服：煎汤15～30g，鲜品60～120g；或入丸、散。外用：适量，捣汁。

【药膳方选】

1. 治崩漏及月经过多：荠菜30g，水煎服。（民间验方）

2. 治高血压：荠菜、夏枯草各60g，水煎服。（民间验方）

【成分】全株含草酸、酒石酸、苹果酸、丙酮酸等有机酸及多种氨基酸，山梨醇、甘露醇、钙、钠、磷、锰等。

【使用注意】性味平和，无禁忌。

马齿苋

异名 马齿草、马苋、马齿菜、长寿菜、耐旱菜

基原 为马齿苋科植物马齿苋的全草

【性味归经】酸、寒。入大肠、肝经。

【功效】清热解毒，凉血止痢，除湿通淋。

【主治】热病泻痢，热淋，尿闭，赤白带下，崩漏，痔血，疮疡，丹毒，湿癣，白秃。

【用法用量】内服：煎汤10～15g，鲜品30～60g；或绞汁。外用：适量，捣敷。

【药膳方选】

1. 治血痢：马齿苋2大握（切），粳米3合。以上水和马齿苋煮粥，不着盐醋，空腹淡食。（《太平圣惠方》马齿粥）

2. 治小便尿血、便血：鲜马齿苋绞汁，每次半杯（约60g），以米汤和服。（民间验方）

【成分】全草含大量去甲肾上腺素和多量钾盐，多巴胺、甜菜素、异甜菜素、甜菜甙、异甜菜甙、草酸、苹果酸、柠檬酸、谷氨酸、天冬氨酸、丙氨酸，以及葡萄糖、果糖、蔗糖等。

【使用注意】脾虚便溏及孕妇慎服。

枸杞叶

异名 甜菜、枸杞尖、枸杞苗、枸杞菜、枸杞头

基原 为茄科植物枸杞及宁夏枸杞的嫩茎叶

【性味归经】苦、甘、凉。入肝、脾、肾经。

【功效】补虚益精，清热明目。

【主治】虚劳发热，烦渴，目齿昏疼，障翳夜盲，崩漏带下，热毒疮肿。

【用法用量】内服：煎汤，鲜品60～240g，或煮食，或捣汁。外用：适量，煎水洗或捣汁滴眼。

【药膳方选】

1. **治阳气衰，腰脚疼痛，五劳七伤**：枸杞叶1斤，羊肾1对（细切），米3合，葱白14茎。以上4味细切，加五味子煮粥，如常法，空腹食。（《圣济总录》枸杞羊肾粥）

2. **治急性结膜炎**：枸杞叶60g，鸡蛋1只，稍加调味，煮汤食用，每日1次。（民间验方）

【成分】鲜品含蛋白质、脂肪、碳水化合物、粗纤维、钙、磷、铁、胡萝卜素、硫胺素、核黄素、烟酸、抗坏血酸。

【使用注意】大便滑泻者忌食。据前人经验，枸杞叶忌与乳酪同食。

第四节　食用菌

食用菌包括香菇、蘑菇、猴头菌、黑木耳、银耳等，味道鲜美，历来受到大众的喜爱，被誉为“山珍之王”“庖厨珍品”。

食用菌富含对人体代谢有非常重要作用的氨基酸，其所含蛋白质、维生素也是食物中的“优质品”。食用菌脂肪含量较低，并且多系不饱和脂肪酸，食后不会引起身体发胖。食用香菇、猴头菇、银耳等可以改善机体神经系统功能，提高机体免疫力，强壮身体，延年益寿。食用菌被国际上公认为“营养食品”“保健食品”。

香菇

异名 香蕈、石蕈、台菌、香信、冬菇、菊花菇

基原 为白蘑科真菌香菇的子实体

【性味归经】甘、平。入肝、胃经。

【功效】扶正补虚，健脾开胃，化痰理气，解毒，抗癌。

【主治】正气衰弱，纳呆，消化不良，贫血，佝偻病，高血压，高脂血症，慢性肝炎，盗汗，小便不禁，水肿，麻疹透发不畅，荨麻疹，毒菇中毒，肿瘤。

【用法用量】内服：煎汤6～9g，鲜品15～30g。

【药膳方选】

1. 治急、慢性肝炎：选蘑菇水煎或做菜食用。（民间验方）

2. 治水肿：香菇干品16g，金樱子根30g。水煎服，每日2次。（民间验方）

【成分】含酵母氨酸、三磷三腺甙、香菇嘌呤、香菇多糖、牛磺酸、甲醛、丁酸、葡聚糖。

【使用注意】脾胃寒湿气滞者禁食。

木耳

异名 蕈耳、树鸡、黑木耳、木菌、云耳、耳子

基原 为木耳科真菌木耳或皱木耳的子实体

【性味归经】甘、平。入肺、脾、大肠、肝经。

【功效】补气养血，润肺止咳，止血，降压，抗癌。

【主治】气虚血亏，肺虚久咳，咯血，衄血，血痢，痔疮出血，妇女崩漏，高血压，眼底出血，子宫颈癌，阴道癌，跌打损伤。

【用法用量】内服：煎汤，3～10g，或炖汤，或烧炭存性研末。

【药膳方选】

1. 治血痢，日夜不止，腹中痛，心神麻闷：黑木耳1两，水2大盏，煮木耳令熟，先以盐、醋食木耳尽，后服其汁，日2服。（《太平圣惠方》）

2. 治贫血：黑木耳30g，红枣30枚，煮熟服食，加红糖调味。（民间验方）

【成分】含木耳多糖，菌丝体含外多糖。有麦角甾醇，黑刺菌素。生长在棉壳上的木耳含蛋白质、脂质、糖、纤维素、胡萝卜素、维生素A、维生素B族，钾、钠、钙、镁、铁、锌等。

【使用注意】虚寒溏泄者慎服。

银耳

异名 白木耳、白耳、桑鹅、五鼎芝、白耳子

基原 为银耳科真菌银耳的子实体

【性味归经】甘、淡、平。入肺、胃、肾经。

【功效】滋补生津，润肺养血。

【主治】虚劳咳嗽，痰中带血，津少口渴，病后体虚，气短乏力。

【用法用量】内服：煎汤3～10g，或炖冰糖、肉类服。

【药膳方选】

1. **治虚劳咳嗽，痰中带血，阴虚口渴：** 干银耳6g，糯米100g，冰糖10g，加水煮粥食用。（《粥谱》）

2. **热病伤津，口渴引饮：** 银耳10g，芦根10g，水煎，取银耳，去芦根，饮汤，食银耳，每日1剂。（民间验方）

【成分】含蛋白质、脂肪、碳水化合物、粗纤维。灰粉中含硫、磷、铁、镁、钙、钾、钠等。银耳子实体含多种银耳多糖、甾醇、脂肪酸和磷脂。

【使用注意】风寒咳嗽及湿热酿痰致咳者禁用。

第五节　果品类

凡可食用的大部分植物的果实、种子及少部分植物的根茎，均归入果品类食物。

果品类食物含有丰富的维生素和无机盐等人体必需营养素，是人们日常生活中必不可少的食物。果品按性质和食用习惯，可分为鲜果，如苹果、梨等；瓜果，如西瓜、甜瓜等；干果，如白果、花生、芡实等。果品的药用在2000多年前的《黄帝内经》中就有“五果”（桃、李、杏、栗、枣）的记载，《神农本草经》收载食用果品类如葡萄、龙眼等，《五十二病方》也有大枣、杏仁等药用记载。证明果品类食物在食疗中占有非常重要的地位。近代有关食物药用的研究更多，使果品药用范围得到了更大地扩展。

梨

异名 玉乳、蜜父、甘棠、杜梨、快果

基原 为蔷薇科植物白梨或秋子梨的新鲜果实

【性味归经】甘、微酸、凉。入肺、胃、心经。

【功效】清热降火生津，润肺化痰止咳，去燥养血生肌，解除酒毒。

【主治】热病伤津或温病热病后期，阴虚烦渴，消渴症，燥咳，痰热惊狂，噎膈，失声，目赤肿疼，消化不良，便秘。

【用法用量】鲜食，100～120g；或榨汁饮；或炖食。

【药膳方选】

1. 治热病及酒后烦渴：取梨汁、荸荠汁、芦苇根汁、冬麦汁、莲藕汁等各等份和匀，凉服或温服。（《温病条辨》）

2. 治消渴：生梨切碎，捣取汁饮服。或熬成雪梨膏，每次10～15g，每日2～3次。或将梨蜜熬，用瓶盛，不拘时用热水或冷开水调服，亦可直接嚼食。（《名医类案》）

【成分】主要含有苹果酸、柠檬酸、果糖、蔗糖、葡萄糖等有机成分，含有维生素B_1、B_2、C等，含钾、钠、钙、镁、铁、锰等及膳食纤维、蛋白质、脂肪、碳水化合物等。

【使用注意】过食伤脾胃，故脾胃虚寒、大便溏泄、风寒咳嗽者及产妇不宜食用。

橘

异名 黄橘、橘子

基原 为芸香科植物橘及其栽培变种的成熟果实

【性味归经】甘、酸、平。入肺、胃经。

【功效】开胃理气，生津润肺。橘饼：止咳，止痢，疏肝解郁。

【主治】咳嗽痰多，胸闷，消渴，呃逆，呕吐。

【用法用量】鲜食，适量；或用蜜煎；或制成橘饼。

【药膳方选】

1. **治伤食生冷水果，泄泻不止：**橘饼1个，切成薄片，放碗内冲入沸水，盖住碗，泡出汁，饮汤食饼。一饼可做数次服。（《经验广集》）

2. **治胸闷，咳嗽痰多：**取鲜橘2000g，去皮核绞汁，火上煎熬至浓糊状，加入1000g蜂蜜搅匀煎至膏状，冷却装瓶，每次20mL，日2次，连服数日。（民间验方）

【成分】含少量蛋白质、脂肪及丰富的葡萄糖、果糖、蔗糖、苹果酸、柠檬酸，以及胡萝卜素、硫胺素、核黄素、烟酸、抗坏血酸等。

【使用注意】不可多食，阴虚燥咳及咯血、吐血者慎用。

【备注】橘子的皮、核、络、实皆可入药。橘皮色红日久者为佳，名红皮、陈皮，燥湿化痰，用于喉痒咳嗽、痰多不利；橘白通络化痰、顺气和胃，用于痰滞咳嗽、胸痛；橘核理气止痛，用于疝痛、睾丸肿痛、乳痈；橘络可通络、理气、化痰，用于气滞、胸胁胀满。

苹果

异名 蔡子、频婆、频果、天然子、柰子等

基原 为蔷薇科植物苹果的果实

【性味归经】甘、酸、凉。入脾、胃、心经。

【功效】益胃生津，除烦，醒酒。

【主治】脾胃虚弱，食后腹胀，泄泻，津液不足，口干口渴，饮酒过多。

【用法用量】鲜食，适量；或捣汁，熬膏食用。

【药膳方选】

1. **治轻度腹泻和便秘**：苹果去皮核，捣烂为泥即成，每日50g，分4次服，连续服3～5d。（民间验方）

2. **治卒食饱气壅不通**：苹果适量捣汁服。（《食疗本草》）

【成分】果实含苹果酸、延胡索酸、琥珀酸、丙酮酸等。果皮含叶绿素，维生素A、B，脱镁叶绿素、胡萝卜素等。

【使用注意】过食易致腹胀。

大枣

异名 壶、木蜜、干枣、美枣、良枣

基原 为鼠李科植物枣的成熟果实

【性味归经】甘、平。入心、脾、胃经。

【功效】补中益气，养血安神，调和药性。

【主治】脾虚体弱，倦怠乏力，食欲不振，气血不足，心烦不寐等。作为调和诸药的药品，能缓和药物的药性，减少药物的毒副作用。

【用法用量】水煎服，9～15g；或做丸用。

【药膳方选】

1. 治妇女脏躁：大枣、甘草、浮小麦各等量，适量，水煎服。（《金匮要略》）

2. 治过敏性紫癜：红枣60g，洗净，加水煎熬成浓汤即成。食枣饮汤，早晚各1次，连服2～4周。（民间验方）

【成分】果实含光千金藤等生物碱，含白桦酯酮酸、齐敦果酸等三萜酸类化合物，含大枣皂甙等化合物，含环磷腺甙和环磷酸鸟甙。果实水溶性浸出物中含果糖、葡萄糖、蔗糖等。

【使用注意】味甘助湿，食不当可致脘腹痞满，故湿盛苔腻、脘腹作胀者需忌用。

【备注】将大枣制成乌黑色即“黑枣”，又名“南枣”，功效与红枣相似而滋补作用较好。

山楂

异名 山里红果、北山楂、东山楂、红果、胭脂果

基原 为蔷薇科植物山里红或山楂的成熟果实

【性味归经】酸、甘、微温。入脾、胃、肝经。

【功效】消食健胃，行气散瘀，活血止痛。

【主治】肉食积滞，胃脘胀满，泻痢腹痛，瘀血经闭，产后瘀阻，疝气疼痛。

【用法用量】水煎服，6～10g；或入丸、散。焦山楂消食导滞作用强。

【药膳方选】

1. **治气滞血瘀疼痛**：山楂1味煎汤饮。（《方氏脉症正宗》）

2. **治产妇恶露不尽，腹痛**：山楂百余个打碎煎汤，入砂糖少许，空心服用。（《日用百草》）

【成分】果实含儿茶精、槲皮素、金丝桃甙、枸橼酸、可溶性糖类等。

【使用注意】脾胃虚而无积滞者禁食，孕妇慎服。

黑芝麻

异名 胡麻、巨胜、乌麻、黑脂麻、乌芝麻、小胡麻

基原 为胡麻科植物芝麻的种子

【性味归经】甘、平。入肝、脾、肾经。

【功效】补益肝肾，养血益精，润肠通便。

【主治】肝肾不足所致的头昏耳鸣、腰脚萎软，须发早白，肌肤干燥，肠燥便秘，妇人乳少，痈疮湿疹，痔疮。

【用法用量】内服，煎汤，9～15g；或入丸、散。外用：适量，煎水洗浴或捣敷。

【药膳方选】

1. **治肝肾不足，时发目疾，大便闭坚：**桑叶（经霜者去梗筋，晒枯）、黑芝麻（炒）等份为末，以糯米饮捣丸（或炼蜜为丸）。口服四五钱，勿间断，自效。（《医级》桑麻丸）

2. **治白发还黑：**乌麻，九蒸九爆，末之，以枣膏丸服之。（《备急千金要方》）

【成分】含油酸、亚麻酸、棕榈酸、硬脂酸、花生酸、芝麻素、芝麻粉、维生素E、卵磷脂、叶酸、芝麻甙、蛋白质、车前糖、芝麻糖、磷、钾、多量草酸钙。

【使用注意】脾弱便溏者禁服。

核桃仁

异名 虾蟆、胡桃穰、胡桃肉、胡桃仁

基原 为胡桃科植物胡桃的种仁

【性味归经】甘、涩、温。入肾、肝、肺经。

【功效】补肾益精，温肺定喘，润肠通便。

【主治】腰痛脚软，尿频，遗尿，阳痿，遗精，久咳喘促，肠燥便秘，石淋及疮疡。

【用法用量】内服：煎汤5～15g，嚼服10～30g；或入丸、散。外用：适量，研末调服。

【药膳方选】

1. **治肾虚耳鸣，遗精：**核桃仁3个，五味子7粒，蜂蜜适量，睡前嚼服。（民间验方）

2. **治久咳不止：**核桃仁50个（煮熟、去皮），人参250g，杏仁350个（麸炒，汤浸去皮）。研匀，入炼蜜，丸梧子大。每空心细嚼1丸，人参汤送下，临卧再服。（《本草纲目》）

【成分】含粗蛋白、粗脂类、中性脂类、糖类、多种游离的必需氨基酸，钙、钾、铁、锰、锌、铜等多种微量元素。未成熟果实富含维生素C。

【使用注意】痰火积热、阴虚火旺及大便溏泄者禁服。不可与浓茶同服。

白果

异名 银杏、鸭脚子、灵眼、佛指甲、佛指柑

基原 为银杏科植物银杏的种子

【性味归经】甘、苦、涩、平，有小毒。入肺、肾经。

【功效】敛肺定喘，止带缩尿。

【主治】哮喘痰咳，白带，白浊，遗精，尿频，无名肿毒，渣鼻，藓疮。

【用法用量】内服：煎汤，3～9g；或捣汁。外用：适量，捣敷；或切片涂。

【药膳方选】

1. **治赤白带下，下元虚惫：**白果、莲肉、粳米各5钱，胡椒1.5钱为末，用乌骨鸡1只，去肠盛药，瓦器煮烂，空心食之。（《濒湖集简方》）

2. **治梦遗：**银杏3粒，煮酒食，连服4～5d。（民间验方）

【成分】种子含有有毒物质银杏毒素，含有腰果酸和钾、磷、镁、钙、锌、铜等25种元素。种仁含蛋白质、脂肪、碳水化合物。

【使用注意】有食邪者禁服。生食或炒食过量可导致中毒，小儿误服尤为常见。

莲子

异名 藕实、水芝丹、莲实、莲蓬子、莲肉

基原 为睡莲科植物莲的成熟种子

【性味归经】甘、涩、平。入脾、肾、心经。

【功效】补脾止泻，益肾固精，养心安神。

【主治】脾虚久泻，肾虚遗精，小便不禁，妇人崩漏带下，心神不宁，惊悸，不眠。

【用法用量】内服：煎汤，6～15g；或入丸、散。

【药膳方选】

1. **治久痢不止：**老莲子2两（去心）为末，每服1钱，陈米汤调下。（《世医得效方》）

2. **治小便白浊，梦遗泄精：**莲肉、益智仁、龙骨（五色者）各等份。上为细末，每服2钱，空心用清米饮调下。（《奇效良方》莲肉散）

【成分】含碳水化合物、蛋白质、脂肪、钙、磷、铁。果实含和乌胺，果皮含荷叶碱、原荷叶碱等。

【使用注意】中满痞胀、大便燥结者禁服。

芡实

异名 卵菱、鸡头实、鸡头、鸡头果、刺莲藕

基原 为睡莲科植物芡的种仁

【性味归经】甘、涩、平。入脾、肾经。

【功效】固肾涩精，补脾止泻。

【主治】遗精，白浊，带下，小便不禁，大便泄泻。

【用法用量】内服：煎汤，10～15g；或入丸、散。亦可适量煮粥食。

【药膳方选】

1. 治梦遗漏精：鸡头肉末、莲花心末、龙骨（别研）、乌梅肉（焙干取末）各1两。上件煮山药糊为丸，如鸡头大，每服1粒，温酒、盐汤服下，空心。（《杨氏家藏方》玉锁丹）

2. 治慢性泄泻或五更泻：芡实、百合各100g，煮稀饭共食。（民间验方）

【成分】种子含淀粉、蛋白质及脂肪，钙、磷、铁和维生素B_1、B_2、C，胡萝卜素。

【使用注意】大小便不利者禁服，食滞不化者慎服。

罗汉果

异名 拉汉果、假苦瓜、光果木鳖

基原 为葫芦科多年生攀缘草本植物罗汉果的果实

【性味归经】甘、凉。入肺、脾经。

【功效】清热润肺，生津止渴，滑肠通便。

【主治】肺火燥咳，咽痛失音，津伤口渴，肠燥便秘。

【用法用量】水煎服，10～30g；或单用，加蜂蜜泡服；或做成年糕、糖果、饼干等。

【药膳方选】

1. 治痰火咳嗽：罗汉果、猪精肉各适量，煎汤服之。（《岭南采药录》）

2. 治扁桃体炎，咽炎：罗汉果 15 ～ 20g，开水泡，当茶饮。（民间验方）

【成分】果中含三萜甙类：罗汉果甙Ⅴ、罗汉果甙Ⅵ，甜度是蔗糖的256～344倍；含大量葡萄糖，果糖；含铁、锰、钼、锌等26种无机元素及甘草酸、蛋白质、维生素。种仁含油脂、亚油酸、油酸、棕榈酸、肉豆蔻酸等。

【备注】近年在食品调味上应用较广泛，如炖鸡、鸭、猪肉和牛肉时放入少许罗汉果，菜、汤会变得更加清醇溢香。不仅风味独特，且具有补益作用。

西瓜

异名 寒瓜

基原 葫芦科一年生蔓生草本植物西瓜的瓜瓤

【性味归经】甘、寒。入心、胃、膀胱经。

【功效】清热解暑，除烦止渴，利小便。

【主治】暑热烦渴，热病伤津，小便不利，咽喉肿痛，口疮，目赤肿痛。

【用法用量】鲜食，适量。

【药膳方选】

1. **治阳明热盛，舌燥烦渴者，或神情昏冒，不寐，语言懒出者：**用好西瓜剖开，取汁1碗，徐徐饮之。（《本草汇言》）

2. **口疮甚者：**用西瓜浆水徐徐饮之。（《丹溪心法》）

【成分】含瓜氨酸、丙酸、丙氨酸、谷氨酸、精氨酸、磷酸、苹果酸、乙二醇、甜菜碱、腺嘌呤、果糖、葡萄糖、蔗糖、盐类、维生素C、西红柿烃、六氢西红柿烃等。

【使用注意】中寒湿盛者慎用。

葡萄

异名 蒲桃、草龙珠、菩提子

基原 为葡萄科植物葡萄的果实

【性味归经】甘、酸、平。入肺、脾、肾经。

【功效】益气补血，强壮筋骨，通利小便。

【主治】气血不足，心悸盗汗，肺虚咳嗽，烦渴，风湿痹痛，水肿。

【用法用量】鲜食，适量；或加工成葡萄干、葡萄汁、葡萄酱、葡萄脯、葡萄罐头、葡萄酒等。

【药膳方选】

1. **治热淋，小便涩少，沥血：**用葡萄汁、藕汁、生地黄汁、蜜蜂等份，和匀，煎为稀汤，每于食前服。（《太平圣惠方》）

2. **治烦渴：**生葡萄适量，捣滤取汁饮用。（民间验方）

【成分】含葡萄糖、果糖、少量蔗糖，酒石酸、草酸、柠檬酸、苹果酸，蛋白质、矿物质、葡萄糖甙，维生素C、P，胡萝卜素、核黄素、烟酸，10余种钙、磷、铁等微量元素。

【使用注意】阴虚内热、胃肠湿热或痰热内盛者慎服。

桑葚

异名 葚、桑实、乌椹、桑椹、桑枣

基原 为桑科植物桑的成熟果穗

【性味归经】甘、酸、寒。入肝、肾经。

【功效】滋阴养血，补肝益肾，生津润肠。

【主治】精血亏损，须发早白，脱发，头晕眼花，耳鸣失聪，失眠多梦，神疲健忘，津伤口渴及消渴，肠燥便秘。

【用法用量】生食，适量。或加蜜熬膏、浸酒用。

【药膳方选】

1. **治须发早白：**常食桑葚。（《备急千金要方》）

2. **治头昏脑涨，眼花干涩，视物模糊：**酿桑龙酒。桑葚、龙眼肉各120g，浸于2000mL白酒中，密封，经10d后开封即可饮之以治之。（《良朋汇集》）

【成分】含糖、鞣酸、苹果酸及维生素B_1、维生素B_2、维生素C及胡萝卜素。桑葚油的脂肪酸主要由亚麻酸和少量硬脂酸、油酸等组成。

【使用注意】因其有滋阴生津润肠之力，故脾胃虚寒而大便溏者忌食。

龙眼肉

异名 龙眼、桂圆、龙眼干、龙目、圆眼

基原 为无患子科植物龙眼的假种皮

【性味归经】甘、温。入心、脾经。

【功效】补益心脾，养血安神。

【主治】气血两虚，面色无华，头昏眼花，心脾两虚，气短心悸，失眠健忘，食少泄泻。

【用法用量】水煎服，10～15g；补虚可用至30～60g；或浸酒、熬膏。

【药膳方选】

1. 治思虑过度，劳伤心脾，气血不足，心悸怔忡，失眠健忘：龙眼肉250g浸泡于1500mL白酒中，经1个月后开封饮用。（《万病回春》）

2. 产后气虚浮肿：龙眼干、生姜、大枣等量，煎汤服。（民间验方）

【成分】干果肉含葡萄糖、蔗糖、腺嘌呤、灰粉、蛋白质、脂肪，维生素B_1、维生素B_2、维生素P、维生素C等。

【使用注意】腹胀或有痰火者不宜服用。

第六节　禽肉类

凡人工饲养或野生的鸟类食物称为禽肉。“禽”为鸟类的通称。《本草纲目》中收载的禽类食物有80多种，常做菜肴的有鸡、鸭、鹅、雀、鹌鹑等。

禽肉类食品以甘平性味较多，其次为甘温。甘平益气，甘温助阳，甘淡渗湿通利。禽肉肉质细嫩，营养非常丰富，所含蛋白质多、脂肪少、胆固醇低，结缔组织少，维生素多，食后比猪肉等畜肉更容易消化吸收，可做成美味的菜肴，亦可做粥食。病后、产后及老幼人群皆宜。

鸡肉

异名 丹雄鸡、烛夜

基原 为雉科动物家鸡的肉

【性味归经】甘、温。入脾、胃经。

【功效】温中益气，补精填髓。

【主治】虚劳羸瘦，食少，泄泻，下痢，消渴，水肿，小便频数，崩漏带下，产后乳少。

【用法用量】煮食或炖汁，适量。

【药膳方选】

1. 治产后虚羸：黄雌鸡1只，去毛及肠肚，生百合洗净，择1颗，白粳米饭1盏。上3味，将粳米饭、百合放入鸡腹内，以线缝定。用五味汁煮鸡令熟。开肚取出百合、粳米饭，和鸡汁调合食之，鸡肉食之亦妙。（《圣济总录》黄雌鸡饭方）

2. 治脾虚滑痢：黄雄鸡1只，以盐、醋涂，煮熟干燥，空心食之。（《食医心镜》）

【成分】含蛋白质、脂肪、灰分、钙、磷、铁、硫铵素、核黄素、烟酸、维生素A、胆甾醇。

【使用注意】实证、邪毒未清者慎用。

鸭肉

异名 白鸭、鹜肉

基原 为鸭科动物家鸭的肉

【性味归经】甘、平、微咸。入肺、脾、肾经。

【功效】补气益阴，利水消肿。

【主治】虚劳病，骨蒸劳热，咳嗽，水肿。

【用法用量】煨烂熟，适量。

【药膳方选】

1. 治病后浮肿：选家鸭之年久者3只，加厚朴适量蒸之，食之，极有效，唯体虚者勿服。（《华佗神医秘传》）

2. 治慢性肾炎，水肿：取3年以上绿头老鸭1只，去毛，剖腹去肠杂，填入大蒜4～5头，煮至烂熟，不加或略加糖，吃鸭、蒜并喝汤。可隔若干日吃1只。（民间验方）

【成分】含蛋白质、脂肪、碳水化合物、灰粉、钙、磷、铁、硫氨素、核黄素、烟酸等。

【使用注意】外感未清、脾虚便溏、肠风下血者禁食。

鹌鹑

异名 鹑、罗鹑、红面鹌鹑

基原 为雉科动物鹌鹑的肉或去羽毛及内脏的全体

【性味归经】甘、平。入脾、胃经。

【功效】补中益气，强壮筋骨，止泻痢。

【主治】脾胃虚弱，泄泻，下利，小儿疳积，风湿痹痛，咳嗽。

【用法用量】煮食，1～2只；或烧存性，研末。

【药膳方选】

1. 治小儿疳积：鹌鹑1只，加少量油盐，煮熟吃。（民间验方）

2. 治水肿：鹌鹑2只，去毛及内脏，加少量酒，不加盐，炖熟吃。每日吃1次，连吃3次。（民间验方）

【成分】含蛋白质、脂肪、维生素A、维生素B_1、维生素B_2、维生素C、维生素P、维生素E等。

第七节　畜肉类

大部分人工饲养的牲畜及野生兽类动物的肉及内脏均属畜肉类食物。肉类食品是为人类提供动物脂肪和蛋白质的主要来源，为人体正常生理代谢及增强机体免疫力的重要的物质基础。畜肉富含优质蛋白质、脂类物质、碳水化合物、无机盐、B族维生素，其化学成分与人体组织化学成分相近，必需氨基酸的组成接近人体组成，人体对其吸收率和利用率很高，加之味道鲜美，是人类生存不可缺少的物质。我国大多数人以食猪肉为主，一些少数民族以牛或羊肉为主，兼食野生动物肉。

畜肉性味以甘、咸、温为多，甘能助阳益气；咸入血分、阴分，可益阴血；温以祛寒。因此，畜肉营养价值较高，阴阳气血俱补，适用于先天、后天不足或诸虚百损之人。但不宜过食，过食某些肉类易引起高脂血症、糖尿病的发生。脾虚、脾湿之人慎食。

猪肉

异名 豕肉、豚肉

基原 为猪科动物猪的肉

【性味归经】甘、咸、微寒。入脾、胃、肾经。

【功效】补肾滋阴，益气养血，润燥消肿。

【主治】虚劳羸瘦，血燥津枯，燥咳，消渴，便秘，虚肿。

【用法用量】煮或炒食，适量。

【药膳方选】

1. 治乳汁少：用净猪肉，或猪蹄煮清汁，和美味，调益元散15~20g，食后连服三五服，更用木梳梳乳周回，乳汁自下。（《卫生易简方》）

2. 治上气咳嗽：用猪肉500g，连骨煮之，酒和3合服之，日2次。（《普济方》）

【成分】肥、瘦肉中均含水分、蛋白质、脂肪、碳水化合物、灰分、钙、磷、铁等。

【使用注意】湿热、痰湿内蕴者慎食。

羊肉

基原 为牛科动物山羊或绵羊的肉

【性味归经】甘、热。入脾、胃、肾经。

【功效】健脾温中，补肾壮阳，益气养血。

【主治】脾胃虚寒，气血亏虚，虚劳羸瘦，肾阳亏虚，腰膝酸软，阳痿，寒疝，产后虚羸少气，缺乳。

【用法用量】煮食或煎汤，125～250g；或入丸剂。

【药膳方选】

1. **治脾胃气冷，入口即吐：** 肉羊250g，去脂膜，切作片，以蒜齑食之。（《食医心镜》）

2. **治产后腹中痛及腹中寒疝，虚劳不足：** 羊肉500g，当归30g，生姜150g。上3味，以水8L，煮取8L，温服7合，日3服。（《金匮要略》）

【成分】山羊或绵羊的肉，因种类、年龄不同，营养状况、部位等而有差异。瘦肉中含有蛋白质、脂肪、碳水化合物、灰分、钙、磷、铁、硫氨素、核黄素。

【使用注意】外感时邪或有宿热者禁食，孕妇不宜多食。

驴肉

异名 毛驴肉

基原 为马科动物驴的肉

【性味归经】甘、酸、平。入脾、胃、肝经。

【功效】益气补血。

【主治】劳损，心烦，风眩。

【用法用量】煮食，适量。

【药膳方选】

1. **治风狂，忧愁不乐：**乌驴肉不计多少，切，干豆豉中煮烂熟，入五味，空心食之。（《饮膳正要》）

2. **治脾胃气虚，食少乏力，形体消瘦：**驴肉500g，大枣10枚，山药60g。将驴肉先洗净，切块，大枣去核，山药切片，同炖熟后，调味食之。（民间验方）

【成分】驴肉中含蛋白质、脂肪、钙、磷、铁等。

鹿肉

基原 为鹿科动物梅花鹿的肉

【性味归经】甘、温。入脾、肾经。

【功效】补肾助阳，益气养血，祛风。

【主治】虚劳羸瘦，腰膝酸软，阳痿，中风。

【用法用量】煮食，煎汤或熬膏，适量。

【药膳方选】

1. 治产后无乳汁：鹿肉120g（切、洗），用水3碗煮，入五味任意食之。（《寿亲养老新书》）

2. 治中风口僻不正：生鹿肉和生椒捣薄之，正则急去之。（《本草纲目》）

【成分】含水分、粗蛋白、粗脂肪、灰分等。

【使用注意】素有痰热、胃中有火、阴虚火旺、吐血者慎服。

第八节　蛋奶类

蛋奶类是蛋类和奶类食品的总称。此类食品营养丰富，含有最优良的蛋白质，易于消化吸收，尤其对婴幼儿生长有重要作用。

常用蛋类有鸡蛋、鸭蛋、鹅蛋、鹌鹑蛋、鸽蛋。蛋类食品除含有丰富的蛋白质外，还含有钙、磷、铁、维生素等多种物质，特别是所含脂肪存在于蛋黄之中，呈液态，易消化吸收，是人们日常生活中不可缺少的必需食品。

常用奶类有牛奶、羊奶。牛奶性味甘平，为平补的甘润之品；羊奶性味甘温，为温补之品，作用与牛奶类似，更适合虚寒体质之人。

牛奶

基原 为牛科动物黄牛或奶牛的乳汁

【性味归经】甘、微寒。入心、肺、胃经。

【功效】补虚损，益肺胃，养血，解毒，生津润燥。

【主治】虚弱劳损，反胃噎膈，血虚便秘，气虚下痢，消渴，黄疸。

【用法用量】煮饮，适量。

【药膳方选】

1. 产后虚劳：粳米100g做粥，半熟时加生牛乳1盅，煮熟食之。（《丹溪心法》）

2. 延年益寿：牛乳1瓶，干山药（末）120g，好黄酒1大盅，童子尿（去头尾）1大盅，共和一处，重汤煮至浮沫出。每用1小盅温服，每日服3次。（《鲁府禁方》神仙不老丹）

【成分】因牛的种类、年龄、饲养方法、采集时间、生活及健康状况、气温不同而异。含水分、蛋白质、脂肪、碳水化合物、灰分、钙、磷、铁、镁、钾等，还有硫胺素、核黄素、烟酸、抗坏血素、维生素A、生物素、叶酸、肌醇、乳清酸等。

【使用注意】脾胃虚寒、冷痰积饮者慎饮。

羊奶

基原 为牛科动物山羊的乳汁

【性味归经】甘、微温。入心、肺经。

【功效】补虚润燥，和胃，解毒。

【主治】虚劳羸瘦，消渴，反胃，呕逆，口疮。

【用法用量】煮沸或生饮，200～500mL。

【药膳方选】

1. 治小儿口烂疮：取羊乳，细细沥口中。（《外台秘要》）

2. 补肾虚：羊乳合脂作羹食。（《食疗本草》）

【成分】含有水分、蛋白质、脂肪、碳水化合物、灰分、钙、磷、铁，尚有硫胺素、核黄素、烟酸、抗坏血酸、维生素A等。

【使用注意】有痰湿积饮者慎服。

鸡蛋

异名 鸡子、鸡卵

基原 为雉科动物家鸡的卵

【性味归经】甘、平。入肺、脾、胃经。

【功效】滋阴润燥，养血安胎。

【主治】热病烦闷，燥咳声哑，目赤咽痛，胎动不安，产后口渴，小儿痢疾，虚劳羸瘦。

【用法用量】煮或炒食1~3枚。

【药膳方选】

1. **治产后虚劳**：白面120g，羊肉120g，鸡蛋120g。煎饼，空腹食之。（《太平圣惠方》）

2. **治妊娠胎动不安**：鸡子1枚，阿胶（炒令燥）30g。以上2味，以清酒2L，微火煎胶令消后，入鸡子1枚，盐3g，和之，分作3服，相次服。（《圣济总录》）

【成分】含蛋白质、脂肪、碳水化合物、钙、磷、铁、维生素。

【使用注意】有痰饮、积滞及宿食内停者不宜多食，老人少食蛋黄。

第九节　水产类

水产类包括淡水鱼、海水鱼和介壳、蛙、蛇等类动物，海藻、紫菜、海带等海洋植物也属水产类。这类食物大多肌肉纤维细松，味道鲜美易消化，又含丰富的维生素和无机盐、人体必需的氨基酸和不饱和脂肪酸等，多量食用无增加胆固醇之忧。

鱼类药用有悠久的历史，一般认为淡水鱼中的有鳞鱼和鳝鱼性平或略偏温，适于体质偏寒之人服食，疖肿、麻疹及热病后患者不宜多食；无鳞鱼类性平偏凉，适于体质偏热者食用。海产品类普遍含碘较多，对于缺碘性疾病有很好的治疗作用。很多海鱼的肝脏是提取鱼肝油的重要来源。介壳类中的龟、鳖更是滋阴佳品，适于阴虚火旺体质者食用。但因鱼肉中含嘌呤类物质，故痛风患者不宜食用；结核病人服用异烟肼期间应慎食。食鱼虾中毒后，生姜、紫苏煎服可解。

鳖

异名 甲鱼、水鱼、团鱼、元鱼、圆鱼

基原 为鳖科动物中华鳖的肉

【性味归经】甘、平。入肝、肾经。

【功效】滋阴补肾，清退虚热。

【主治】虚劳羸瘦，骨蒸痨热，疟疾，久痢，崩漏，带下，癥瘕。

【用法用量】煮食或炖汤食，250～500g；或入丸剂。

【药膳方选】

1. 阴虚诸损：鳖肉加冰糖炖服，其脂尤佳。（《本草备要》）

2. 产后骨蒸：鳖1只（约500g，宰杀，去内脏），地骨皮25g，生地黄15g，牡丹皮15g。共炖汤，分数次食肉喝汤，连食数剂。（民间验方）

【成分】含17种氨基酸及钙、钠、铝、钾、锰、铜、锌、磷、镁等。

【使用注意】脾胃阳虚者及孕妇不宜多食。

虾

异名 明虾、大虾、海虾、对虾

基原 为对虾科动物对虾的全体或肉

【性味归经】甘、咸、温。入肝、肾经。

【功效】补肾壮阳，滋阴息风。

【主治】肾虚阳痿，阴虚风动，中风半身不遂，乳疮，乳疡日久不敛。

【用法用量】炒食，煮汤，浸酒或做虾酱。

【药膳方选】

1. **治产后乳汁不下及乳少：**海虾适量，微炒，用黄酒煮食，连服3d。（民间验方）

2. **治肾虚阳痿：**海虾100g，浸酒中醉死后取出，炒食。（《本草纲目拾遗》）

【成分】含蛋白质、脂肪、碳水化合物、维生素A、维生素B_1、维生素B_2，钙、磷、铁；体肌内含原肌球蛋白、副肌球蛋白，肌肉及消化系统含镉、铜、铅、镍、铬；甲壳肌含铜。

【使用注意】阴虚火旺、疮肿及皮肤病者禁食。

鲤鱼

异名　赤鲤鱼、鲤拐子、鲤子

基原　为鲤科动物鲤鱼的肉或全体

【性味归经】甘、平。入脾、胃、肾、胆经。

【功效】健脾和胃，利水下气，通乳，安胎。

【主治】胃痛，泄泻，水湿肿满，小便不利，脚气，黄疸，咳嗽气逆，胎动不安，妊娠水肿，产后乳汁稀少。

【用法用量】煮汤或炖食，100～240g。

【药膳方选】

1. 治产后乳汁不足：鲤鱼200g，木瓜250g。煎汤，吃鱼喝汤。（民间验方）

2. 治水病身肿：鲤鱼500g，赤小豆50g，共煮熟烂，去滓饮汁。（《外台秘要》）

【成分】含丰富的谷氨酸、甘氨酸、组氨酸及蛋白质、脂肪、维生素A、维生素B_1、维生素B_2、烟酸、钙、磷、铁，组织蛋白酶A、B、C。

【使用注意】风热者慎服。

海带

异名 海草、海马蔺、昆布

基原 为海带（昆布）科植物昆布及翅藻科植物黑昆布、裙带菜的叶状体

【性味归经】咸、寒。入肝、胃、肾经。

【功效】消痰软坚，利水退肿。

【主治】瘿瘤，疝气，噎膈，脚气水肿。

【用法用量】煎汤，5～15g；或研末入丸、散。

【药膳方选】

1. 治瘿瘤：海带60g，每日1剂煮食。（民间验方）

2. 治脚气水肿：海带、海藻、泽泻、桑白皮、防己各30g，水煎服。（民间验方）

【成分】含多糖化合物、氨基酸、甘露醇、牛磺酸、棕榈酸、油酸、亚油酸、亚麻酸、挥发油、胡萝卜素，维生素B_1、B_2、C、P，硫、钾、镁、钙、铁、锰、铝等微量元素。

【使用注意】海带性寒，脾胃虚寒者忌食，孕妇及哺乳期妇女忌食。

第十节　调味品

调味品是指在加工主、辅食品过程中，使用量较少，但对食品的色、香、味、质等风味特点起重要调配作用的原料。常用的调味品有大蒜、生姜、胡椒、茴香、桂皮、蜂蜜、糖、油、酱油、醋、酒、味精等。

调味品是形成主、辅食品口味特点，在食品的制作中起重要作用的辅助用品，能给本身不显味的原料赋味，确定食品的口味，祛除原料的异味，增进食物的色泽，增加食物的营养，杀菌、消毒，延长保存期，增进食欲，促进消化吸收等。

大蒜

异名 胡蒜、独头蒜、葫、独蒜

基原 为百合科植物大蒜的鳞茎

【性味归经】辛、温。入脾、胃、肺、大肠经。

【功效】温中行滞，解毒，杀虫。

【主治】脘腹冷痛，痢疾，泄泻，肺痨，感冒，肿毒，肠痈，癣疮，蛇虫咬伤，钩虫病，绦虫病，带下阴痒，喉痹，水肿。

【用法用量】生食，绞汁服；煎服或拌入食物1～50g。

【药膳方选】

1. **治脘腹冷痛，虚寒泻痢：**陈年醋浸大蒜。食数瓣。（《随息居饮食谱》）

2. **治肠毒下血：**用独头蒜煨捣，和黄连末为丸，日日米汤服之。（《济生方》）

【成分】大蒜含挥发油（其中有多种含硫挥发油性化合物），以及硫代亚磺酸酯类、谷氨酸多肽、甙类、多糖、脂类、酶等。

【使用注意】阴虚火旺及目、口、喉疾者慎用，胃及十二指肠溃疡或慢性胃炎者忌食。

生姜

异名 姜、鲜姜

基原 为多年生草本植物姜的新鲜根茎

【性味归经】辛、温。入脾、胃、肺经。

【功效】散寒解表，降逆止呕，化痰止咳。

【主治】风寒感冒，恶寒发热，头疼鼻塞，痰饮喘咳，呕吐，胀满，泄泻。

【用法用量】煎汤，绞汁，3～10g。

【药膳方选】

1. 治风寒感冒：生姜6g，紫苏叶30g，水煎顿服。（《本草汇言》）

2. 治月经不调，产后血瘀，恶露不尽，吐血、尿血、咳血、便血：鲜益母草汁10g，鲜生地黄汁40g，鲜藕汁40g，生姜汁20g，蜂蜜10g，粳米100g。先以粳米煮粥，待米粥熟时，加入上述诸药汁及蜂蜜，煮成稀粥即成，温服。（《太平圣惠方》）

【成分】含挥发油，主要为姜醇、姜烯、水芹烯、柠檬醛、方樟醇等成分。生姜还含有天冬氨酸、谷氨酸、丝氨酸等多种氨基酸。

【使用注意】阴虚内热及实热证者禁服。

花椒

异名 大椒、秦椒、蜀椒、汉椒、巴椒

基原 为芸香科植物花椒、青椒的果皮

【性味归经】辛、温、有小毒。入脾、胃、肾经。

【功效】温中止痛，除湿止泻，杀虫止痒。

【主治】脾胃虚寒之脘腹冷痛，蛔虫腹痛，呕吐泄泻，肺寒咳喘，龋齿牙疼，阴痒带下，湿疹，皮肤瘙痒。

【用法用量】煎汤，3～6g；或入丸、散。

【药膳方选】

1. 治脘腹寒痛呕吐：川椒3～6g，白面粉100g，生姜3片。先将川椒为末，与面糊和匀，入水煮粥，后加生姜稍煮即可。（民间验方）

2. 治冷痢：川椒（微炒出汗）3分，捣罗为末，炼蜜合丸，如绿豆大。每服以粥饮下5丸，日三四服。（《太平圣惠方》）

【成分】花椒果皮挥发油的主要成分为柠檬烯、月桂烯、香草木宁碱、单叶芸香碱等，花椒果实含挥发油最多的是松油烯醇、蜡辣薄荷酮、芳樟醇等，花椒籽含挥发油主要是芳樟醇、月桂烯和叔丁基苯。青椒果皮含挥发油爱草脑、月桂烯、柠檬烯、香叶木甙、苯甲酸等。

【使用注意】阴虚火旺者禁服，孕妇慎服。多食宜动火、耗气、损目。

茴香

异名 小茴香、土茴香、谷茴香

基原 为伞形科植物茴香的果实

【性味归经】甘、辛、温。入肝、肾、膀胱、胃经。

【功效】温肾暖肝，行气止痛，和胃。

【主治】脘腹冷痛，寒疝腹痛，腹冷痛经，肾虚腰痛。

【用法用量】煎汤，3～6g；或入丸、散。

【药膳方选】

1. 治小腹冷痛胀满：茴香10g，胡椒10g。研末酒糊为丸，每次3～6g，温酒送下。（《三因极一病证方论》）

2. 治肝胃气滞，脘腹胁下胀痛：茴香30g，枳壳15g。微炒研末，每次服6g，微开水送下。（《神珍方》）

【成分】含挥发油和脂肪酸，挥发油中包括小茴香酮、棕榈酸、花生酸、豆甾醇、伞形花内酯等。

【使用注意】阴虚火旺者禁服。

第六章

药膳月子餐常用药材

药/膳/月/子/餐/常/用/药/材

药膳月子餐常用的药物均为天然药材，包括植物的根和根茎、果实和种子、叶、全草、花、皮及动物、矿物质等。药膳月子餐常用药物与食物相比，大多具有明显的寒、热、温、凉之性。其性味的偏性较食物更为显著，个别药物含有小毒，使用时需严格注意炮制、剂量及用法。常用药材在配伍宜忌、用法用量、烹调加工等方面均有严格的要求，必须全面掌握。药膳月子餐常用药材根据其基原不同，可以分为八大类。

第一节　根茎类

根茎类指以储藏根或地下茎为主的药物，一般在秋后春初这段时间采收。因为这时植物的地上枝叶已经枯萎，而新芽尚未发出，养分多聚集在根部或根茎部，药效最高。如人参、黄芪、白术、当归等。此类大多具有滋补作用，常浸泡润透后使用，制作、烹饪时间较长。

人参

异名 红参、野山参

基原 为五加科植物人参的根

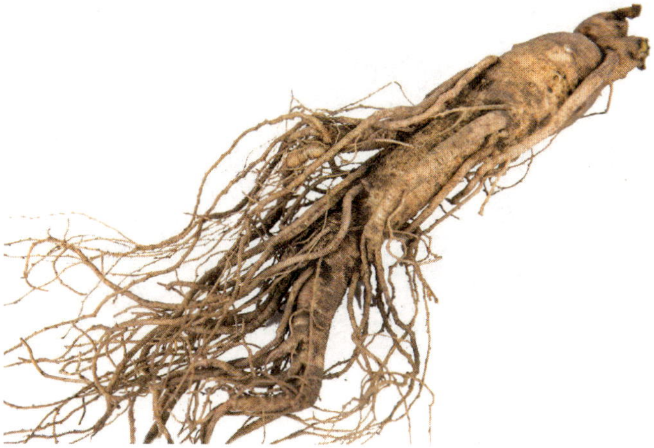

【性味归经】甘、微苦、温。入肺、脾经。

【功效】大补元气，固脱生津，安神益智，延缓衰老。

【主治】劳伤虚损，久虚不复，一切气血津液不足之证，食少，倦怠，虚咳，自汗，惊悸，健忘，眩晕，尿频，妇女崩漏，男子阳痿，小儿慢惊。

【用法用量】泡、炖、蒸、焖、煨、煮、熬，1～10g。

【药膳方选】

1. **治崩漏便血**：红参6g，粳米50g，冰糖适量。用参、米先煮粥，待熟后加入冰糖搅匀，分多次食之。（《食鉴本草》）

2. **治虚羸不思食**：人参30g，白茯苓15g，粳米100g，生姜6g。先将人参、白茯苓、生姜，水煎取汁，后入米煮粥。临熟下鸡子白1枚及盐少许，搅匀，空心食之。（《圣济总录》）

【成分】含人参皂甙、人参二醇、人参三醇、各种氨基酸、肽类、葡萄糖、果糖、麦芽糖、维生素B_1、维生素B_2，烟酸、泛酸等。

【使用注意】阴虚阳亢、骨蒸潮热、咳嗽吐衄、肝阳上亢、火郁内实之证忌服。

黄芪

异名 黄耆、王孙、绵黄芪

基原 为豆科植物蒙古黄芪和膜荚黄芪的根

【性味归经】甘、微温。入脾、肺经。

【功效】补气升阳，益卫固表，托毒生肌，利水消肿，补益五脏。

【主治】神倦乏力，食少便溏，气短懒言，自汗，久泻脱肛，内脏下垂，浮肿，小便不利，疮疡内陷，面色萎黄，神倦脉虚。

【用法用量】浸泡、炖、蒸、焖、煮、熬，10～30g。

【药膳方选】

1. **治产后气虚浮肿**：黄芪30g，人参10g，粳米90g，白糖适量。黄芪、人参切片，冷水浸泡30min，入砂锅煎汁，同粳米煮粥，粥成入白糖，早晚空腹服食。（《圣济总录》）

2. **治产后体虚，气血双亏**：母鸡1只（1000～1500g），黄芪15g，粳米100g。将母鸡剖洗干净，浓煎鸡汁，将黄芪煎汁，同粳米煮粥，早晚趁热服食。（《经验方》）

【成分】本品含甙类、多糖、氨基酸及微量元素等。

【使用注意】表实邪盛、内有积滞、阴虚阳亢、疮疡阳证者不宜使用。

白术

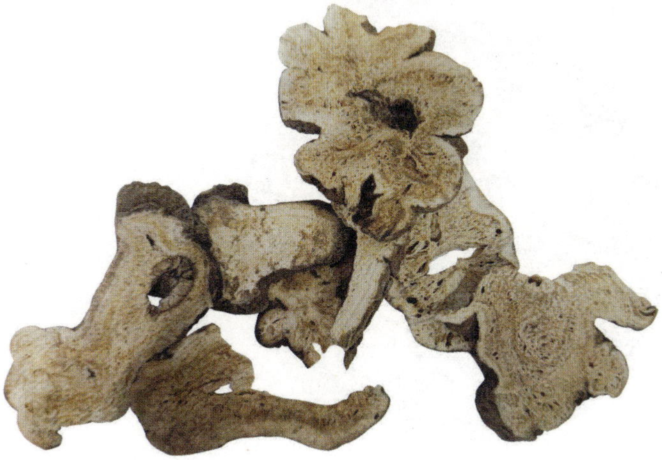

异名 于术

基原 为菊科植物白术的根茎

【性味归经】苦、甘、温。入脾、胃经。

【功效】补气健脾，燥湿利水，止汗安胎。

【主治】食少便溏，脘腹胀满，肢软神疲，痰饮，水肿，小便不利，多汗，胎动不安。

【用法用量】浸泡、煎、炖、蒸，10～15g。

【药膳方选】

1. 治滑胎：白术10g，南瓜适量，饴糖少许。将白术煎水取汁，兑入南瓜粥内，加饴糖1勺食用。（民间验方）

2. 治小儿流涎：生白术30g，绵白糖50g。将白术研粉过筛，然后用白糖和匀，加水适量，调成糊状，隔水蒸或置饭锅上蒸熟食之。（民间验方）

【成分】含挥发油，主要成分为苍术醇、苍术酮等。还含有维生素A及糖类。

【使用注意】燥湿化阴，如阴虚内热或津液亏耗便秘者不宜使用。

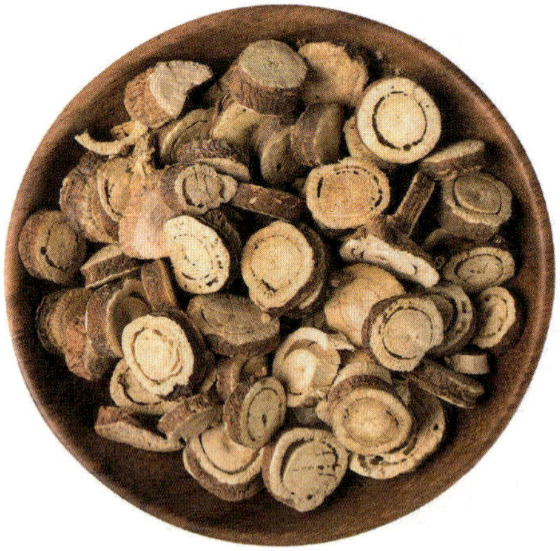

甘草

异名 国老

基原 为豆科植物甘草、光果甘草、胀果甘草的根及根茎

【性味归经】甘、平。入心、肺、脾、胃经。

【功效】补脾益气，润肺止咳，缓急止痛，调和药性。

【主治】心悸，倦怠乏力，食少便溏，痰多咳嗽，脘腹挛急，热毒疮痈，脉结代。

【用法用量】浸酒、炖、蒸、煮，3～10g。

【药膳方选】

1. **治胃脘疼痛：**甘草20g，杭芍30g。水煎服。（民间验方）

2. **治中风热毒：**甘草30g，乌豆80g，生姜15g。以水400mL，煎取200mL，去渣，徐徐服之。（《寿亲养老新书》）

【成分】含甘草酸及多种黄酮成分。

【使用注意】湿盛而胸腹胀满及呕吐者忌服。久服大剂量易引起浮肿。

当归

异名 干归、秦归

基原 为伞形科植物当归的根

【性味归经】甘、辛、温。入肝、心、脾经。

【功效】补血止痛，活血调经，祛痰止咳，润燥通便。

【主治】眩晕心悸，面色萎黄，月经不调，痛经，跌打损伤，痈疽疮疡，肠燥便秘。

【用法用量】浸酒、炖、蒸、焖、煮，5～15g。

【药膳方选】

1. 治月经不调：红花10g，当归10g，丹参15g，糯米100g。先煎诸药，去渣取汁，后入米煮作粥，空腹食用。（民间验方）

2. 治久病体虚：鳝鱼500g，当归15g，党参15g。鳝鱼去头、骨、内脏，洗净切丝，当归和党参洗净切片，用纱布包扎，一并加入锅中，加水适量，煎煮60min，捞出药包，加适量盐、葱、姜等调料，分顿佐餐食用，吃鳝喝汤。（《本经逢原》）

【成分】含挥发油、当归多糖、多种氨基酸、维生素A及多种人体必需元素等。

【使用注意】湿盛中满、大便溏泻者忌用。

熟地

异名 熟地黄

基原 为玄参科植物地黄的根，经加工炮制而成

【性味归经】甘、微温。入肝、肾经。

【功效】养血滋阴，补精益髓。

【主治】萎黄，眩晕，心悸失眠，月经不调，崩漏，潮热骨蒸，盗汗遗精，消渴，腰膝酸软，眩晕耳鸣，须发早白。

【用法用量】浸泡、炖、蒸、煮，10～30g。

【药膳方选】

1. 治月经量少色淡：熟地黄15g，粳米60g，冰糖适量。将熟地黄切片，用纱布包裹，文火煎至药汁呈棕黄色，入粳米，煮熟后去熟地黄，加冰糖融化即成。（民间验方）

2. 治肝肾虚所致不孕：熟地黄60g，枸杞60g，沉香6g，白酒1000g。上药浸泡于酒中，封盖10d即可服用。（民间验方）

【成分】含梓醇、地黄素、甘露醇、维生素A类物质、糖类及氨基酸等。

【使用注意】脾胃虚弱、气滞痰多、腹满便溏者禁服。

黄精

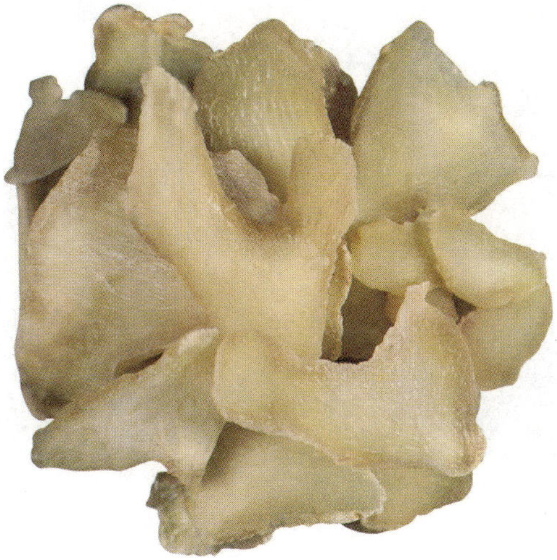

异名　龙衔、野生姜

基原　为百合科植物黄精、多花黄精、滇黄精的根茎

【性味归经】甘、平。入脾、肺、肾经。

【功效】润肺滋阴，补脾益气。

【主治】干咳少痰，久咳久嗽，腰膝酸软，须发早白，消渴，倦怠乏力，食欲不振，口干食少、饮食无味。

【用法用量】浸泡、炖、蒸、煮、熬，10～30g。

【药膳方选】

1. **治妇女低热，白带**：黄精30g，冰糖50g。取黄精用水洗净，以水泡发后，加水1碗。放入冰糖，用小火煎煮60min，出锅放温，吃黄精并喝汤。（民间验方）

2. **治消渴**：黄精30g，玉竹15g，猪胰脏1具，炖煮汤食用，每日1剂，连服7d。（民间验方）

【成分】含黏液质、淀粉及糖分。

【使用注意】中寒泄泻、痰湿痞满气滞者禁服。

干姜

异名 白姜

基原 为姜科植物姜的干燥根茎

【性味归经】辛、热。入脾、胃、心、肺经。

【功效】温中，回阳，温肺化饮。

【主治】脘腹冷痛，寒呕冷泻，亡阳厥逆，寒饮咳喘，形寒肢冷，痰多清稀。

【用法用量】浸泡、炖、煮、蒸、熬，3～10g。

【药膳方选】

1. **治产后气虚、血虚崩漏：**当归、生地黄各15g，干姜10g，肥羊肉500g，酱油、食盐、糖、黄酒适量。肥羊肉洗净切块，置于砂锅中，将当归、生地黄、干姜、酱油、食盐、糖、黄酒加入清水中，小火红烧，熟烂即可食用。（《备急千金要方》）

2. **治急性腹泻、肠鸣腹痛，大便清稀：**干姜3g，炒车前子10g。上共研末，加红糖1勺，沸水冲泡，待少凉饮之。（《验方汇编》）

【成分】含挥发油，主要为姜烯、姜醇、水芹烯、柠檬醛、芳樟醇、姜辣素等。

【使用注意】阴虚有热、血热妄行者禁服。

第二节　果实种子类

果实种子类指以植物的果实和种子作为药用，一般应在成熟时采收，如五味子、女贞子、枸杞子、沙苑子、菟丝子、杏仁等。此类药物多含油脂，烹饪时间较长。

枸杞子

异名 西枸杞、甜菜子

基原 为茄科植物宁夏枸杞的果实

【性味归经】甘、平。入肝、肾、肺经。

【功效】滋补肝肾，明目润肺。

【主治】肝肾不足所致的腰膝酸软，头晕目眩，视力减退，遗精，消渴。

【用法用量】浸泡、煎、煮、熬，10～15g。

【药膳方选】

1. **治视物模糊，肾虚腰疼：**枸杞子、熟青笋各100g，瘦猪肉500g，猪油100g，白糖、调料各适量。猪肉洗净去筋膜，切7cm长丝，青笋切同样细丝，枸杞洗净待用。炒锅入油烧热，将肉丝、青笋同时下锅划散，料酒、白糖、酱油、食盐、汤、味精搅匀，与枸杞一同加入锅中颠翻几下，淋入芝麻油，推匀装盘即成，佐餐食用。（民间验方）

2. **肾虚眩晕、腰膝足软：**山药50g，枸杞子15g，猪脑1具。猪脑漂洗干净，淮山药、枸杞子洗净同放砂锅，入葱、姜、清水适量，将砂锅置武火上煮沸后，文火煮熟即可。食用时加食盐、味精调匀，分3顿食用。（民间验方）

【成分】含甜菜碱、多糖、粗脂肪、粗蛋白、硫胺素、核黄素、胡萝卜素、抗坏血酸、烟酸及钙、磷、铁、锌等。

【使用注意】脾虚便溏者慎服。

菟丝子

异名 吐丝子、黄藤子、菟丝石

基原 为旋花科植物菟丝子或南方菟丝子的种子

【性味归经】辛、甘、平。入肝、肾经。

【功效】补阳益阴，固精缩尿，明目止泻。

【主治】肾虚腰疼，阳痿遗精，尿频，带下诸症，目昏目暗，视力减退，胎动不安。

【用法用量】浸酒、煮、煎、熬，10~15g。

【药膳方选】

1. **治带下不止，胎动不安：**麻雀肉5g，覆盆子粉2g，菟丝子粉2g，五味子粉2g，枸杞子粉2g，粳米60g，生姜、葱白、食盐各适量。将麻雀去毛及内脏，洗净后用酒炒。然后与粳米一同煮粥，临熟时加入药末及调味品，煮至粥成，空腹食用。（《太平圣惠方》）

2. **治妇女带下，习惯性流产：**菟丝子30g，粳米60g，白糖适量。将菟丝子洗净捣碎，加水煎煮取汁去渣，入米煮粥，粥将熟时加白糖稍煮即可，日分2次空腹服。（《粥谱》）

【成分】含树脂甙、糖类、黄酮类化合物等。

【使用注意】阴虚火旺、阳强不痿及大便燥结之证禁服。

莱菔子

异名 萝卜子

基原 为十字花科植物萝卜的种子

【性味归经】辛、甘、平。入脾、胃、肺经。

【功效】消食化积，降气化痰。

【主治】食积气滞，咳喘痰多，胸闷食少。

【用法用量】浸泡、炒、生用、煎、煮、熬，6～10g。

【药膳方选】

1. **治小儿伤食腹胀**：莱菔子10～15g，大米30～50g。莱菔子炒至香熟，研细末。大米淘净后煎粥，待粥煮成时，调入炒莱菔子末5～7g，稍煮，热食粥1碗，连服2d。（民间验方）

2. **治咳嗽**：莱菔子、杏仁（去皮）各25g，为末，粥丸服。（《丹溪心法》）

【成分】含少量挥发油及芥碱、莱菔子素、生物碱、黄酮等。

【使用注意】辛散耗气，气虚及无食积、痰滞者慎用。

山茱萸

异名 枣皮

基原 为山茱萸科植物山茱萸的果实

【性味归经】酸、微温。入肝、肾经。

【功效】补益肝肾，收敛固涩。

【主治】头晕目眩，腰膝酸软，崩漏下血，月经过多，大汗不止，气虚欲脱。

【用法用量】浸泡、煎、煮、熬，5～30g。

【药膳方选】

1. **治肝肾不足所致遗精、自汗、盗汗：**山茱萸1盏，蜜2匙，精米适量，炖服。（《遵生八笺》）

2. **治子宫脱垂：**山茱萸9g，何首乌30g，鸡蛋3个。水煮何首乌、山萸肉，去渣后加入鸡蛋。（民间验方）

【成分】含山茱萸甙、皂甙、鞣质、熊果酸、草果酸、酒正酸及维生素A等。

【使用注意】有湿热、小便淋涩者不宜使用。

补骨脂

异名 破谷纸

基原 为豆科植物补骨脂的果实

【性味归经】苦、辛、大温。入肾、脾经。

【功效】补肾壮阳，固精缩尿，温脾止泻。

【主治】阳虚泄泻，腰膝冷痛，阳痿，遗精，尿频，虚喘。

【用法用量】浸酒、煎、煮、熬，6～15g。

【药膳方选】

1. **治腰胁疼痛**：补骨脂20g，胡桃肉30g，枸杞8g，小茴香6g，猪、羊腰子各2枚，柚子1个。将前4味药研末，腰子切片，拌盐适量，柚子去心，再将药末及腰片装入去心柚子壳内，火煨熟，吃腰子。（《草木便方》）

2. **治妊娠腰疼**：补骨脂60g，炒香为末。先嚼核桃半个，空腹温酒调下6g。（《妇人大全良方》）

【成分】含脂肪酸、挥发油、树脂及补骨脂素、异补骨脂素、补骨脂甲素、补骨脂乙素等。

【使用注意】阴虚内热者禁服。

桃仁

异名 桃核仁

基原 为蔷薇科植物桃的种子

【性味归经】苦、平。入心、肝、肺、大肠经。

【功效】活血祛瘀，润肠通便。

【主治】多种瘀血证，经闭，痛经，产后瘀滞腹痛，跌打损伤，肠燥便秘，肺痈，肠痈，咳嗽气喘。

【用法用量】捣碎，浸泡、煎、煮、熬，5～10g。

【药膳方选】

1. 治瘀血心痛：桃仁10g，红米50g，将桃仁去皮尖研末，以水投取汁，以桃仁汁煮红米为粥食之。（《食医心鉴》）

2. 治气血亏虚致的习惯性便秘：芝麻、松子仁、胡桃仁、桃仁（去皮尖、炒）、甜杏仁各10g，粳米200g。将五仁混合碾碎，入粳米共煮粥。食用时加白糖适量，分顿食用。（《经验方》）

【成分】含苦杏仁甙、苦杏仁酶、乳糖酶、维生素B_1、挥发油、脂肪油等。

【使用注意】孕妇忌服，便溏者慎用。

砂仁

异名 缩砂蜜、缩砂仁

基原 为姜科植物阳春砂仁、绿壳砂仁、海南砂仁的成熟果实或种子

【性味归经】辛、温。入脾、胃经。

【功效】化湿，行气，温中，安胎。

【主治】脾胃虚寒，气滞吐泻，妊娠恶阻，胎动不安。

【用法用量】浸泡、煎，5~10g。

【药膳方选】

1. 治小儿消化不良：砂仁3g，大米50~75g。砂仁捣碎为细末。米淘洗后放入锅内，加水适量如常法煮粥。粥将熟时调入砂仁末，烧煮即可。早晚餐温热服。（《养生随笔》）

2. 治腹痛泄泻：砂仁6g，大鲫鱼2条，陈皮、荜茇各3g，小茴香6g，花生油1000g，调料适量。鲫鱼去鳃、鳞、鳍，剖腹去内脏，洗净沥干。胡椒捣碎同辣椒、陈皮、砂仁、荜茇、小茴香、葱段、姜、蒜用食盐和匀，装入鱼腹内。锅中放花生油，烧至七成热时将鲫鱼下油锅煎至鱼色黄至熟，捞出沥去油，锅内放少许油，煸炒姜、葱，注入清汤，调好味，放入炸熟的鲫鱼，待汤沸后，即可起锅，装盘即成，佐餐食用。（《饮膳正要》）

【成分】含挥发油，其中含樟脑、龙脑、柠檬烯等。

【使用注意】阴虚有热者禁服。

酸枣仁

异名 枣仁、酸枣核

基原 为鼠李科植物酸枣的种子

【性味归经】甘、平。入心、肝经。

【功效】养心安神，敛汗。

【主治】心悸失眠，体虚多汗。

【用法用量】浸泡、煎、煮、熬，研末，10～20g。

【药膳方选】

1. 治心烦不眠：酸枣仁10g，熟地黄10g，粳米30～60g。将酸枣仁微炒捣碎，与熟地黄共煎取药汁，再以药汁煮粥，每日服3次。（《太平圣惠方》）

2. 治心肝血虚，心悸怔忡：猪心1具，茯神10g，酸枣仁15g，远志6g。猪心剖开洗净，置砂锅内，将洗净打碎的酸枣仁及茯神、远志一并放锅内，加水适量，先武火煮沸打去浮沫后，改文火炖至猪心熟透。食猪心喝汤，食时加食盐少许。（民间验方）

【成分】含多量脂肪酸和蛋白质、酸枣仁皂甙、维生素C等。

【使用注意】有实邪及滑泄者慎服。

胖大海

异名 安南子

基原 为梧桐科植物胖大海的种子

【性味归经】甘、寒。入肺、大肠经。

【功效】清宣肺气，清肠通便。

【主治】肺热声哑，喉咙疼痛，咳嗽，便秘，头疼目赤。

【用法用量】浸泡、煮、煎，2~4枚。

【药膳方选】

1. **治喉痛音哑，干咳无痰：**胖大海10g，枇杷叶6g。沸水冲服，代茶饮。（《经验方》）

2. **治干咳：**胖大海5枚洗净，放碗内，加冰糖适量调味，冲入沸水，加盖闷0.5h即可。慢饮，隔4h再泡1次，每天2次。（民间验方）

【成分】含胖大海素、西黄花胶黏素、戊聚糖及收敛性物质。

【使用注意】脾胃虚寒泄泻者慎服。

第三节　茎叶类

茎、叶类指以植物的茎或叶作为药用。一般当花含苞欲放或盛开时采收。因为这时是植物生长的最旺时期，叶较茁壮。如肉苁蓉、石斛、艾叶等。也有例外，如桑叶需在秋后见霜采收。此类药物有效成分容易析出，烹饪时当用武火速炒。

肉苁蓉

异名 肉松蓉、纵蓉、地精、金笋、大芸

基原 为列当科植物肉苁蓉的肉质茎

【性味归经】甘、咸、温。入肾、大肠经。

【功效】补肾阳，益精血，润肠通便。

【主治】阳痿遗精，尿频，腰膝酸软，耳鸣眼花，月经愆期，宫寒不孕，肠燥便秘。

【用法用量】内服：煎汤，10～15g；或入丸、散；或浸酒。

【药膳方选】

1. **治命脉火衰，腰膝冷痛：**肉苁蓉15g，羊肉50g（切细），煎汤，去渣取汁，入粳米100g煮粥，空腹食用。（《陶隐居药性论》肉苁蓉粥）

2. **治阳气衰乏，身体羸弱，畏寒止冷，宫冷不孕：**肉苁蓉15g，精羊肉100g，葱白7根，同煎去渣，入鹿角胶10g，粳米100g，煮粥，空腹食用。（《太平圣惠方》）

【成分】含肉苁蓉甙A、B、C，海胆甙、胡萝卜甙、谷甾醇、甘露醇、氨基酸、多糖等。

【使用注意】相火偏旺、大便滑泻、湿热便结者禁服。

艾叶

异名 艾、冰苔、艾蒿、医草、灸草

基原 为菊科植物艾的叶

【性味归经】辛、苦、温。入脾、肝、肾经。

【功效】温经止血，散寒止痛，祛湿止痒。

【主治】吐血，衄血，咯血，便血，崩漏，月经不调，痛经，胎动不安，心腹冷痛，久泻久痢，带下，湿疹，疥疮，痔疮。

【用法用量】内服：煎汤3～10g；或入丸、散，或捣汁。外用：适量，捣绒作炷或制成艾条熏灸，捣敷、煎水熏洗或炒热温熨。

【药膳方选】

1. **治妊娠卒下血不止，手足逆冷欲死**：生艾叶捣汁，加阿胶、蜜适量，煎汁去渣温服。（《圣济总录》）

2. **治虚寒痛经，崩漏带下，宫寒不孕**：鲜艾叶30g（干艾叶15g），煎汤去渣后加入粳米50g、红糖适量煮粥，月经后3d始至月经来前3d停用，早晚热食。（民间验方）

【成分】含挥发油、樟脑、龙脑、紫苏醛、丁香油酚、香荆芥酚等。

【使用注意】阴虚血热者慎用。

荷叶

基原 为睡莲科植物莲的叶片

【性味归经】苦、涩、平。入肝、脾、胃经。

【功效】清暑利湿，升阳止血。

【主治】暑热病证，脾虚泄泻和多种出血证。

【用法用量】内服：煎汤，3~10g。

【药膳方选】

1. **治暑热，吐、衄、便、崩漏等多种出血证：**鲜荷叶1张洗净切细，煎浓汁入粳米50g，冰糖适量，米开汤未稠时调入干荷叶末20g，文火煮数沸，稍温服食。（民间验方）

2. **治下痢赤白：**荷叶适量烧研，每服6g，红痢用蜜、白痢用砂糖，汤下。（《本草纲目》）

【成分】含莲碱、荷叶碱、莲甙、酒石酸、苹果酸、草酸、葡萄糖酸、琥珀酸、鞣质等。

【使用注意】气虚不能摄血之失血证者禁用。

桑叶

异名 铁扇子、蚕叶

基原 为桑科植物桑树的叶

【性味归经】苦、甘、寒。入肺、肝经。

【功效】疏散风热，清肺明目。

【主治】风温初起，发热头疼，汗出恶风，肺燥干咳无痰，咽干口渴，目齿肿疼。

【用法用量】内服：煎汤，5~9g；或入丸、散。

【药膳方选】

1. 治燥热伤肺，肺阴虚损，干咳无痰：桑叶10g，杏仁、沙参各5g，象贝母3g，梨皮15g。煎汁，调入冰糖19g，搅匀，代茶饮。（民间验方）

2. 治眩晕证：桑叶、菊花、枸杞子各9g，水煎取汁，代茶饮。（民间验方）

【成分】含挥发油、芸香甙、槲皮素、氨基酸、维生素B、维生素C、异槲皮甙、菜油甾醇，溶血素、丁香油酚、琥珀酸、柠檬酸、酒石酸、棕榈酸、叶酸、胆碱等。

第四节　全草类

全草类是指以植物的地上茎部分作为药用。一般在开花期进行采收。多年生草本植物，通常割取地上茎部分；如需带根入药的植物，则连根拔取，个别需采嫩苗植物，也以花期较为适时。如藿香、佩兰、淫羊藿、益母草、鱼腥草等。此类药物用法同根茎类。

藿香

异名 排香草、野藿香、土藿香、苏藿香、杜藿香

基原 为唇形科植物藿香的地上部分

【性味归经】辛、微温。入脾、胃、肺经。

【功效】祛暑解表，化湿和胃。

【主治】夏令感冒，寒热头疼，胸脘痞闷，呕吐泄泻，妊娠呕吐，鼻渊，手足癣。

【用法用量】内服：煎汤，6～10g；或入丸、散。

【药膳方选】

1. **治口臭：**藿香洗净，煎汤，时时噙漱。（《摘元方》）

2. **治夏季头晕，恶心：**茶叶、藿香、佩兰各9g，冲泡，代茶饮。（民间验方）

【成分】含挥发油、茴香醛、柠檬烯、刺槐素、藿香甙、藿香精、胡萝卜甙等。

【使用注意】不宜久煎，阴虚火旺者禁服。

淫羊藿

异名 刚前、仙灵脾、千两金、三叉骨、肺经草

基原 为小檗科植物淫羊藿、箭叶淫羊藿、柔毛淫羊藿、巫山淫羊藿、朝鲜淫羊藿的茎叶

【性味归经】辛、甘、温。入肝、肾经。

【功效】补肾壮阳，强筋健骨，祛风除湿。

【主治】宫寒不孕，尿频失禁，肾虚喘咳，腰膝酸软，风湿痹痛，半身不遂，四肢不仁。

【用法用量】内服：煎汤，3～9g；或浸酒、熬膏；或入丸、散。

【药膳方选】

1. **治丈夫阳痿，腰膝酸冷**：淫羊藿500g，酒10L，浸3d，每饮30mL。（《食医心镜》）

2. **治肾阳虚，阳痿，宫寒不孕**：淫羊藿100g，肉苁蓉50g，好酒或好米酒1000mL。药浸酒中，封7d，每饮1小杯，每日3次。（民间验方）

【成分】含淫羊藿黄酮甙、淫羊藿黄酮次甙、油酸、亚油酸、钾、钙等。

【使用注意】阴虚而相火易动者禁服。

益母草

异名 茺蔚、益明、苦低草、臭秽、贞蔚

基原 为唇形科植物益母草和细叶益母草的全草

【性味归经】苦、辛、微寒。入肝、肾、心包经。

【功效】活血调经，利水消肿，清热解毒。

【主治】月经不调，产后血晕，胎漏难产，胞衣不下，跌打损伤，小便不利，痈肿疮疡。

【用法用量】内服：煎汤，10～15g；熬膏或入丸、散。

【药膳方选】

1. 治产后虚劳，瘀血内阻：益母草、生地黄各15g，藕汁约50mL，生姜6g，小米50～100g，蜂蜜适量。先煎益母草、生地黄、生姜，去渣入米煮粥，临熟加入藕汁及蜂蜜。（《太平圣惠方》）

2. 治妇女经闭：益母草30g，乌豆60g，红糖适量，米酒1～2汤匙。将益母草、乌豆加水3碗煮至1碗，放入红糖、米酒。每天1次饮用，连服7d为1个疗程。（民间验方）

【成分】含益母草碱、益母草啶、益母草宁、苯甲酸、亚麻酸、油酸、甾醇、芸香甙等。

【使用注意】阴虚血少、月经过多、瞳仁散大者均禁服。

紫苏

异名 苏、苏叶、紫菜

基原 为唇形科植物紫苏的叶或带叶小软枝

【性味归经】辛、温。入肺、脾、胃经。

【功效】散寒解表，宣肺化痰，行气和中，安胎，解鱼蟹毒。

【主治】风寒表证咳嗽痰多，胸脘胀满，恶心呕吐，胎动不安，妊娠恶阻，食鱼蟹中毒。

【用法用量】内服：煎汤，5～10g。

【药膳方选】

1. **治鱼蟹中毒引起的吐泻、腹痛等证：**紫苏、生姜各30g，煎汤服。（民间验方）

2. **治孕后呕恶不食，浑身无力：**紫苏9g，生姜6g，陈皮6g，红糖适量，大枣10枚。共煎取汁，代茶饮。（民间验方）

【成分】含挥发油、紫苏醛、左旋柠檬烯、紫苏甙等。

【使用注意】阴虚、气虚及温病患者慎服。

第五节　花类

花类是指以植物幼嫩的花蕾作为药用，如丁香花、菊花、金银花等。此类用法同茎叶类。

丁香

异名 丁子香、支解香、雄丁香、公丁香

基原 为桃金娘科常绿乔木丁香的花蕾

【性味归经】辛、温。入脾、胃、肾经。

【功效】温中降逆，温肾助阳。

【主治】胃寒所致呃逆、脘腹冷痛、食少吐泻，肾虚所致的阳痿、腰膝酸软、阴疽。

【用法用量】内服：煎汤，2～5g；或入丸、散。

【药膳方选】

1. **治久心痛不止**：丁香25g，桂心50g，为末。每于食前以热酒调服。（《太平圣惠方》）

2. **治呕吐，寒疟**：大黑枣7个，去核，每枚黑枣入丁香1只，入水中煮烂，去丁香。食枣饮汤，空腹服，7d 1个疗程。（《种福堂公选良方》）

【成分】含丁香油酚、乙酰丁香油酚、甲基正戊基酮、苯甲醛、苄醇、间甲氧基苯甲醛、乙酸苄酯、依兰烯、丁香酮、番樱桃素、水杨酸甲酯、胡椒酚等。

【使用注意】热病及阴虚内热者禁服。

红花

异名 红蓝花、刺红花、草红花

基原 为菊科一年生草本植物红花的花

【性味归经】辛、温。入心、肝经。

【功效】活血通络，祛瘀止痛。

【主治】经闭，痛经，产后瘀滞腹痛，胸痹心痛，癥瘕积聚，跌打损伤，关节疼痛，中风偏瘫，瘀斑。

【用法用量】内服：煎汤，3～10g。养血活血宜少用，活血化瘀宜多用。

【药膳方选】

1. 治产后血晕、心烦闷：红花100g，紫葛50g，芍药50g，上粗捣筛。每服25g，水1盏半，煎至八分，去渣后再入生地黄汁拌和，更煎六七沸，温服不拘时。（《普济方》）

2. 治郁闷痞结：红花每服1朵，冲汤下。忌食油荤、食盐，宜食淡粥。（《本草纲目拾遗》）

【成分】含红花黄色素、红花甙、红花油、绿原酸、儿茶酚、咖啡酸、油酸、亚油酸、棕榈酸、氨基酸等。

【使用注意】孕妇及月经过多者禁用。

金银花

异名 二花、忍冬花、鹭鸶花、二宝花

基原 为忍冬科植物忍冬、华南忍冬、菰腺忍冬、黄褐毛忍冬的花蕾

【性味归经】甘、寒。入肺、心、胃经。

【功效】清热解毒，消痈散肿，凉血止痢。

【主治】温病发热，热毒血痢，痈肿疔疮，喉痹及多种感染性疾病。

【用法用量】内服：煎汤，10～20g；或入丸、散。

【药膳方选】

1. **治咽痛**：金银花、白糖各10g，开水浸泡，稍凉后代茶饮。（民间验方）

2. **治痈疽发背初起**：金银花250g，水10碗煎至2碗，入当归100g同煎至1碗，一气服之。（《洞天奥旨》）

【成分】含绿原酸、异绿原酸、白果酸、丁香油酚等。

【使用注意】脾胃虚寒及疮疡属阴证者慎服。

菊花

异名 节华、金精、真菊、金蕊、药菊

基原 为菊科多年生草本植物菊的头状花序

【性味归经】甘、苦、微寒。入肺、肝经。

【功效】疏风清热，平肝明目，解毒消肿。

【主治】外感风热或风温初起，见发热头疼，眩晕，目赤肿痛，疔疮肿毒。

【用法用量】内服：煎汤，10～15g；或入丸、散或泡茶饮。

【药膳方选】

1. **治热毒上攻所致目赤头眩，眼花面肿：** 菊花（焙）、排风子（焙）、甘草（炮）各50g。上3味捣罗为散，夜卧时温水调下15g。（《圣济总录》）

2. **治风热初起或肝阳上亢致头痛眩晕：** 菊花15g，沸水冲泡当茶饮。（民间验方）

【成分】含挥发油、橘甙、氨基酸、黄酮类、微量维生素B_1及二酸二甲基酰肼，挥发油含龙脑、樟脑、菊油黄酮等，黄酮类有木樨草素-7-葡萄糖甙、大波司菊甙、刺槐甙。

【使用注意】气虚胃寒、食少泄泻者慎服。

第六节　树皮根皮类

树皮根皮类是指以植物的外层表皮或根皮作为药用，如杜仲、五加皮、牡丹皮等。此类药物用法同根和根茎类。

杜仲

异名 思仙、思仲、木绵、石思仙

基原 为杜仲科植物杜仲的树皮

【性味归经】甘、微辛、温。入肝、肾经。

【功效】补肝肾，强筋骨，安胎。

【主治】腰膝酸痛，阳痿，尿频，小便余沥，风湿痹痛，胎动不安，习惯性流产。

【用法用量】内服：煎汤，6～15g；浸酒或入丸、散。

【药膳方选】

1. 治肾虚腰疼，阳痿遗精，胎动不安：杜仲末10g，猪肾1枚。猪肾洗净切片，椒盐腌去腥水，拌入杜仲末，以荷叶包裹，煨熟后食用。（《本草权度》）

2. 治妊娠三两月胎动不安：杜仲（去皮，锉，姜汁浸，炒去丝）、川续断（酒浸）各50g。上为细末，枣肉煮烂，杵和为丸如梧桐大。每服70丸，空心米饮下，日3服。（《普济方》）

【成分】含丁香树脂酚、杜仲胶、糖甙、生物碱、果胶、脂肪、树脂、有机酸、酮糖、维生素C、醛糖、绿原酸、氨基酸等。

【使用注意】阴虚火旺者慎服。

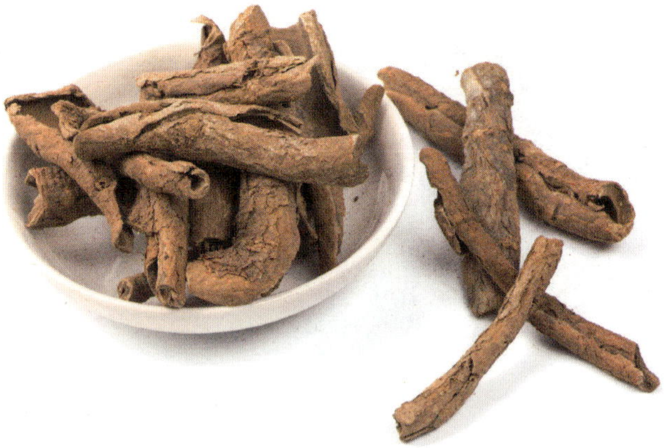

五加皮

异名 南五加皮、五谷皮、红五加皮

基原 为五加科植物细柱五加、无梗五加的根皮

【性味归经】辛、苦、微甘、温。入肝、肾经。

【功效】祛风湿，补肝肾，强筋骨，和血脉。

【主治】风寒湿痹见腰膝疼痛，筋骨萎软，跌打损伤，骨折，水肿，脚气，阴下湿痒。

【用法用量】内服：煎汤，6～9g；鲜品加倍，浸酒或入丸、散。

【药膳方选】

1. 治小儿行迟证：五加皮粉3g，粳米30g。将粳米煮稀粥，粥稠后调入五加皮粉，加白糖适量调味，1d分2次服用。（《全幼心鉴》）

2. 治风痹不仁，四肢拘挛疼痛：五加皮（切细）1L，以清酒1斗渍10d，温服1中盏，日3服。（《太平圣惠方》）

【成分】细柱五加含丁香甙、刺五加甙、棕榈酸、亚麻酸以及挥发油等，无梗五加含芝麻素、无梗五加甙、多糖、菜油甾醇、强心甙等。

【使用注意】阴虚火旺者慎服。

牡丹皮

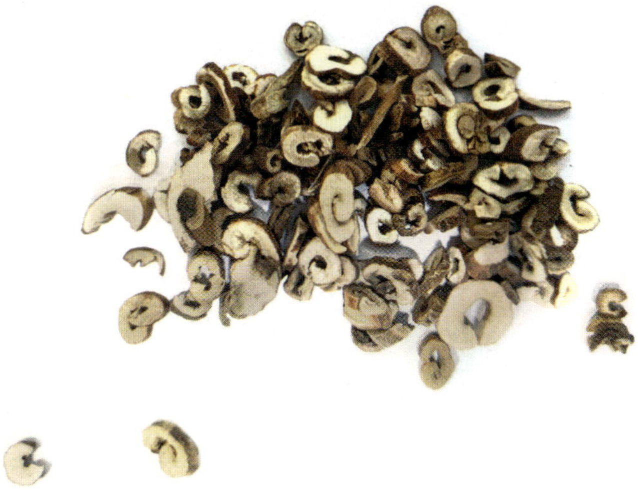

异名 牡丹根皮、丹皮、丹根

基原 为芍药科植物牡丹的根皮

【性味归经】苦、辛、微寒。入心、肝、肾经。

【功效】清热凉血，活血散瘀。

【主治】温热病热入血分见发斑，吐衄；热病后期热伏阴分发热；阴虚骨蒸潮热；血滞经闭，痛经；痈肿疮毒，跌扑伤痛，风湿热痹。

【用法用量】内服：煎汤，6~9g；或入丸、散。

【药膳方选】

1. **治产后血晕，血崩，经水不调：** 红花、干荷叶、牡丹皮、当归、黄蒲草各等份，共为细末，每服25g，酒煎，连渣温服。（《保命集》）

2. **治胎前衄血：** 丹皮、黄芩、蒲黄、白芍、侧柏叶各等份，共为细末，米糊为丸。空心白汤下百丸。（《秘传内府经验女科》）

【成分】含牡丹酚、牡丹酚甙、牡丹酚原甙、芍药甙、挥发油及植物甾醇等。

【使用注意】有血虚、血寒诸证者，孕妇及月经过多者禁服。

第七节　菌类

菌类是指各种朽木、腐草上繁殖生长的菌孢子植物，如灵芝、茯苓、冬虫夏草等。此类药物多有补益作用，烹饪时要用文火慢烹。

茯苓

异名 茯菟、松腴、松薯、松木薯、松苓

基原 为多孔菌科真菌茯苓的菌核

【性味归经】甘、淡、平。入心、脾、肺、肾经。

【功效】利水渗湿，健脾和胃，宁心安神。

【主治】小便不利，痰饮咳逆，呕吐，泄泻，心悸不安，失眠健忘，遗精白浊。

【用法用量】内服：煎汤，10～15g；或入丸、散。宁心安神用朱砂拌。

【药膳方选】

1. **治各种失眠**：白茯苓（去黑皮取末）15g，粳米100g。先以粳米煮粥，半熟即下茯苓末，熟后食用。（《圣济总录》）

2. **治单纯性肥胖，体倦怠动**：白茯苓120g，精白面60g，黄蜡适量。将茯苓粉碎成极细末，与白面混合均匀，加水调成稀糊状，以黄蜡代油，制成煎饼，当主食食用。每周1～2次。（《儒门事亲》）

【成分】含茯苓聚糖、三萜类化合物、乙酰茯苓酸、茯苓酸、树胶、甲壳质、蛋白质、脂肪、卵磷脂、葡萄糖、腺嘌呤、组氨酸、胆碱、脂肪酶、蛋白酶等。

【使用注意】阴虚而无湿热、虚寒滑精、气虚下陷者慎服。

灵芝

异名 三秀、芝、灵芝草

基原 为多孔科真菌灵芝或紫芝的子实体

【性味归经】甘、平。入肺、心、脾经。

【功效】益气血，安心神，健脾胃。

【主治】虚劳，心悸，失眠，神疲乏力，久咳气喘，冠心病，硅肺，肿瘤。

【用法用量】内服：煎汤，10～15g；研末：2～6g；或浸酒饮用。

【药膳方选】

1. **治脾胃气虚，反胃泄泻：**家鸡1只，去毛及内脏，放入蒸钵加灵芝30g及姜、葱、盐、料酒、胡椒粉适量。注清水500mL大火蒸2h，至鸡肉熟烂，入味精即成。（民间验方）

2. **治神经衰弱、失眠、消化不良、咳嗽气喘：**灵芝30g，洗净切碎，置瓶中注入白酒50mL，封口，放置7d后即可饮用。（民间验方）

【成分】紫芝含麦角甾醇、有机酸、氨基葡萄糖、多糖类、树脂、甘露醇等，赤芝含麦角甾醇、树脂、脂肪酸、甘露醇和多糖类、生物碱、内酯、香豆精、水溶性蛋白质和多种酶。

【使用注意】实证者慎服。

冬虫夏草

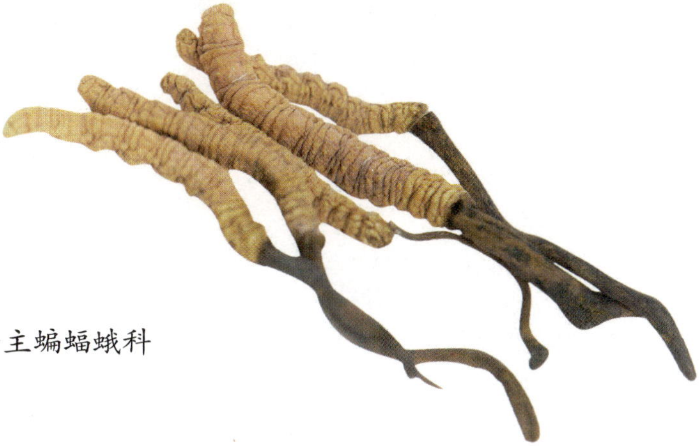

异名 夏草冬虫、虫草、冬虫草

基原 为麦角菌科真菌冬虫夏草菌的子座及其寄主蝙蝠蛾科昆虫蝙蝠蛾的幼虫体（菌核）的复合体

【性味归经】甘、温。入肺、肾经。

【功效】保肺气，实腠理，补肾益精，益肾壮阳，补肺平喘，止血化痰。

【主治】肺虚所致咳嗽、劳嗽痰血、自汗盗汗，肾亏所致的阳痿、遗精、腰膝酸痛。

【用法用量】内服：煎汤，15g；或入丸、散；或与鸡、鸭炖服。

【药膳方选】

1. 治病后虚损：冬虫夏草3枚，老雄鸭1只，去肚杂，将鸭头劈开，纳药于中，仍以线扎好，酱油、醋如常蒸烂食之。（《本草纲目拾遗》）

2. 治肾虚阳痿：冬虫夏草9g，虾仁30g，生姜少许，加水煎到水沸30min后取汤，温服。（民间验方）

【成分】含脂肪、粗蛋白、粗纤维、虫草酸、奎宁酸、冬虫夏草素、维生素A、维生素C、维生素B_{12}、烟酸、麦角甾醇等。

【使用注意】有表邪者慎用。

第八节　动物类

动物类指以动物的幼角、甲壳、外生殖器或虫类动物的干体或除内脏的全体作为药用，如鹿茸、鳖甲、鹿鞭、海狗肾、蛤蚧、白花蛇等，也包括水生海洋动物等。此类药物需严格炮制后使用，并根据该类药物的性能特征决定其烹饪方法。

阿胶

异名 傅致胶、盆覆胶、驴皮胶

基原 为马科动物驴的皮去毛后经熬制而成的胶

【性味归经】甘、平。入肝、肺、肾经。

【功效】补血，止血，滋阴，润燥。

【主治】血虚证见虚劳的咯血、吐血、尿血、便血、血痢，妊娠下血，崩漏，心烦失眠，肺虚燥咳，虚风内动，惊厥抽搐。

【用法用量】内服：烊化兑服，5～10g；炒阿胶可入汤剂或入丸、散。滋阴补血多生用，清热化痰蛤粉炒，止血蒲黄炒。

【药膳方选】

1. 治崩漏、胎动：阿胶、桑白皮各15g，糯米100g，红糖8g。先煎桑白皮去渣取汁，用清水煮糯米10min后，入药汁、阿胶、红糖煮成粥。（民间验方）

2. 治体虚大便秘结：阿胶6g，连根葱白3根，蜜2匙。先煎葱，入阿胶、蜜溶开。食前温服。（《仁斋直指方》）

【成分】由胶原蛋白及部分水解产物组成，基本上是蛋白质。水解产生多种氨基酸。

【使用注意】脾胃虚弱、消化不良者慎服。

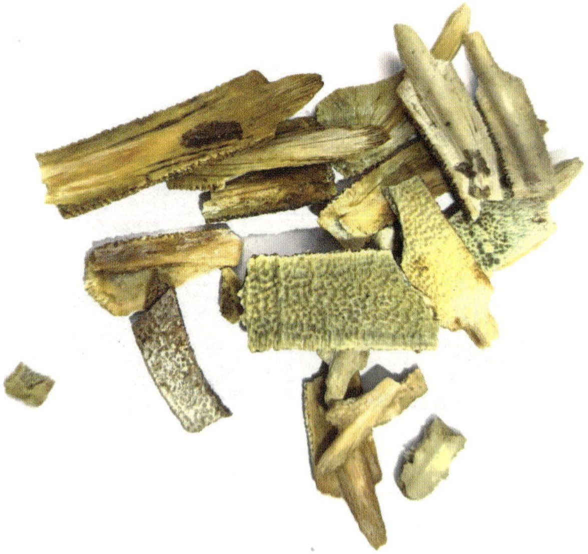

鳖甲

异名 上甲、鳖壳、团鱼甲、鳖盖子

基原 为鳖壳动物中华鳖、山瑞鳖的背甲

【性味归经】咸、微寒。入肝、肾经。

【功效】滋阴清热，潜阳息风，软坚散结。

【主治】阴虚发热，骨蒸劳热，热病伤阴，虚风内动，小儿惊痫，久疟，癥瘕，经闭。

【用法用量】内服：煎汤，15～30g，先煎；熬膏或入丸、散。

【药膳方选】

1. 治小儿癫痫：鳖甲炙令黄，捣末取5g，乳服，亦可蜜丸如小豆大服。（《子母秘录》）

2. 治久患劳疟：鳖甲150g，酥炙令黄为末。临发时温酒调下10g。（《太平圣惠方》）

【成分】含骨胶原、多种氨基酸及微量元素等。

【使用注意】脾胃虚寒、食减便溏者或孕妇禁服。

鹿茸

异名 斑龙珠

基原 为鹿科动物梅花鹿或马鹿的雄鹿头上未骨化密生茸毛的幼角

【性味归经】甘、咸、温。入肾、肝经。

【功效】壮肾阳，益精血，强筋骨，托疮毒。

【主治】肾阳虚衰所致的阳痿滑精，宫寒不孕，虚劳羸瘦，神疲畏寒，眩晕，耳鸣耳聋，腰背酸痛，筋骨萎软，小儿五迟，女子崩漏、带下。

【用法用量】内服：研末冲服，1～3g；或入丸剂；亦可浸酒服。

【药膳方选】

1. 治阳痿尿频：鹿茸15g，山药30g。薄绢裹，酒蒸7d，饮酒日3盏为度。（《普济方》）

2. 治眩晕、屋转眼花：鹿茸1.5g，酒煎，去滓，入麝香少许服之。（《秘传证治要诀》）

【成分】含胶质、微量元素、氨基酸、亚麻酸、棕榈酸等，含少量卵泡激素“雌酮”。

【使用注意】凡阴虚阳亢、血分有热、胃火盛或肺有痰热及外感热病者均禁服。

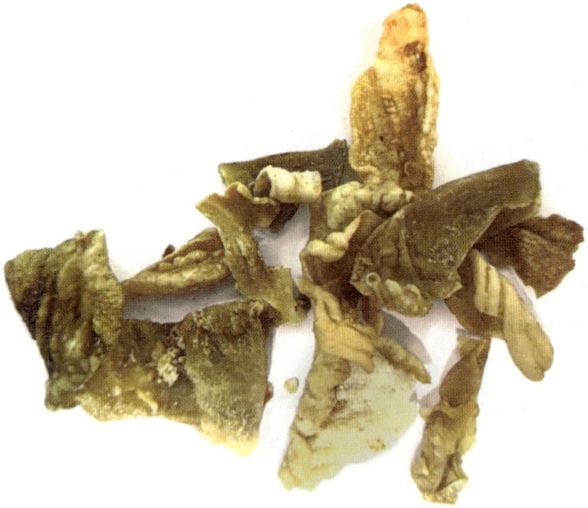

鸡内金

异名 鸡肫胵里黄皮、鸡肫胵、鸡肫内黄皮、鸡肫皮、鸡黄皮

基原 为雉科动物家鸡的砂囊内膜

【性味归经】甘、平。入脾、胃、肾、膀胱经。

【功效】健脾消食，涩精止遗，消癥化石。

【主治】消化不良，饮食积滞，呕吐反胃，泄泻下痢，小儿疳积，遗精，遗尿，小便频数，泌尿系结石及胆结石，癥瘕经闭，喉痹乳蛾，牙疳口疮。

【用法用量】内服：煎汤，3～10g；研末服，每次1.5～3g；或入丸、散。

【药膳方选】

1. **治食积腹满**：鸡内金为末，乳服。（《本草求原》）

2. **治反胃，食即吐出**：鸡内金烧灰，酒服。（《备急千金要方》）

【成分】含胃激素、角蛋白、胃蛋白酶、淀粉酶、维生素、18种氨基酸、微量元素。

【使用注意】脾虚无积者慎服。

乌梢蛇

异名 乌蛇、剑脊乌梢、黑花蛇、乌峰蛇、青蛇

基原 为游蛇科动物乌梢蛇除去内脏的全体

【性味归经】甘、平。入肺、脾、肝经。

【功效】祛风，通络，止痉。

【主治】风湿顽痹，肌肤麻木，肢体瘫痪，破伤风，麻风，风疹疥癣。

【用法用量】内服：煎汤，6～12g；研末，1.5～3g；或入丸，浸酒服。

【药膳方选】

1. **治破伤风见项颈紧硬，身体强直：**乌梢蛇、白花蛇各2寸（颈后取，先酒浸，去骨，并酒炙），蜈蚣1条。上3味为细散。每服10～15g，煎酒小沸调服。（《圣济总录》）

2. **治面上疮，皮肤暗斑或黑斑：**乌梢蛇60g，烧灰，细研如粉，以腊月猪脂调涂之。（《太平圣惠方》）

【成分】含多种氨基酸、蛋白质及脂肪。

【使用注意】血虚生风者慎服。

第七章

月子餐用水

水是包括人类在内，所有生命续存的重要资源，也是生物体最重要的组成部分。饮水重要到已成为人们日常生活不可或缺的生命活动，却因是日常活动而常常被人们忽视，只有当饮水不足或水液代谢出现问题时才会引起人们的注意。古往今来，人们天天饮水，但对饮水的研究缺乏深度。在所有养生、饮食、营养著作中，饮水常常与食物相提并论，被称作“饮食”，且常常被摄食冲淡，因而专题研究饮水用水十分必要。所以，本书列专章研究月子餐用水，并把正确、合理用水列为月子期养护第一要务，把正确的饮酒、品茶、喝咖啡等作为日常饮水的一部分予以阐述。

第一节　水与饮用水

饮水是指饮用合乎人体需要的饮用水，是人类维持生命活动重要的生活方式之一。

一、水是生命之源

对人类来说，水是仅次于氧气的重要物质。对生命而言，断水比断食的威胁更严重。如果一个人断食而只饮水，依靠自己体内贮存的营养物质或消耗自体组织，可以存活数周以上，直至所有体内脂肪和组织蛋白消耗50%以上时，人才会死亡，如果不喝水，连1周时间也很难度过，断水至体内失水10%就会威胁健康和生命。可见，水对生命非常重要。

水是人体中含量最多的成分，人的体液总量（总体水）可因年龄、性别、体型、肥瘦而存在明显的个体差异。新生儿的体液总量约占体重的80%；婴幼儿次之，约占体重的70%；随着年龄的增长，体液总量逐渐减少，青春期后接近成人水平。成人男子体液总量约为体重的60%，女子为体重的50%～55%；40岁以后随着肌肉组织含量的减少，体液总量也会进一步减少，一般60岁以上的男性为体重的51.5%、女性为体重的45.5%。人体的体液总量还随脂肪含量的增多而减少，因为脂肪组织含水量较少，仅占10%～30%，而肌肉组织中含水量较多，可以达到75%～80%。水在人体内主要分布于细胞内和细胞外，细胞内液约占2/3，细胞外液约占1/3。各组织器官的含水量差别很大，以血液中最多，占80%～83%；脂肪组织中较少，女性体内脂肪组织较多，所以含水量不如男性高。所以，水是生命之源，也是生命续存时刻都不能缺少的基础物质。

二、水的分类

水是由氢、氧2种元素组成的物质，在常温常压下为无色无味的透明液体。古代养生非常重视水质的优劣，认为“天水”是最好的水。“天水”是指从天空降下，没有落地，未经污染的雨或雪，也被称作“上池之水”“无根水”。但当今由于大气污染，天上刚下的雨水中含有大量尘埃，特别是在工业污染严重的城市，天上下“酸雨”，成分相当复杂，甚至可能含有致病性微生物。古人同时将地水分为山泉水、江河水、井水，依次列为上、中、下三等。认为山泉水含矿物质多，很少污染，最宜饮用；江河水较复杂；井水矿化度较高，所以江河水、井水皆非理想的饮用水。尤其是城市附近处的江河水，往往受人为因素影响而致水质污染，井水也有被污染的。

现代根据不同分类方法，将水分为：

1. 天然水与人工制水：天然水是指河流、湖泊、大气水、海水、地下水等，人工制水是通过化学反应使氢氧原子结合得到的水。

2. 地下水与地表水：地下水是指有机物和微生物污染较少，离子溶解较多，藏于地下的水；地表水是指雨雪降于地面未渗入地下的地球表面水。

3. 原水与净水：原水通常指水处理设备的进水，如常用的城市自来水、城郊地下水、野外地表水等，常以水中溶解性总固体含量（TDS）值检测其水质。中国城市自来水TDS值通常为（100～400）$\times 10^{-6}$。净水是指原水经过水处理设施处理后的水。

4. 纯净水与蒸馏水：纯净水是指原水经过反渗透和杀菌装置等成套水处理设施后，除去了原水中绝大部分无机盐离子、微生物和有机物杂质，可以直接生饮的纯水；蒸馏水则是以蒸馏方式制备的纯水，通常不用于饮用。

5. 纯化水与注射用水：纯化水是指医药行业所用的纯水；注射用水是指纯化水经多效蒸馏、超滤法再次提纯，去除热原后可以配制注射剂的水。

三、饮用水与非饮用水

1. 饮用水：是指各种理化指标达到国家相关标准，可以直接饮用的水。人体将以液态摄入的物质统称为“饮水”，包括饮用水和以液态摄入的其他物质。

2. 非饮用水：是指各种理化指标没有达到国家相关标准，不可直接饮用的水。

四、含酒精饮料与不含酒精饮料

以水为基质，用不同的配方和工艺生产出来供人们直接饮用的液体，统称“饮料”或“饮品”。所以，饮料是经加工制造的适合人、畜饮用的液体。养生学认为，“茶、酒、汤、羹、浆、酪之属，皆饮料也”。我国将饮料分为含酒精和不含酒精两大类。

（一）含酒精饮料

乙醇含量0.5～65（m/v）饮料，包括各种发酵、蒸馏及配制酒。

（二）不含酒精饮料

称软饮料，是乙醇含量小于0.5（m/v），以补充水分为主的饮料。国家标准按原料或产品性状，将软饮料分为10类。

1. **碳酸饮料：**又称汽水，是在一定条件下充入二氧化碳气的制品。成品中二氧化碳气的含量（20℃时体积倍数）不低于2.0倍。分为果汁型、果味型、可乐型、低热量型及其他几个亚型。

2. **果汁、果酱及果汁饮料：**是用新鲜或冷藏水果为原料，经加工而成的制品。包括果汁、果浆、浓缩果汁、浓缩果浆、果肉饮料、果汁饮料、果粒果汁饮料、水果饮料浓浆、水果饮料等单味和混合的类型。

3. **蔬菜汁及蔬菜汁饮料：**是用新鲜或冷藏蔬菜（包括可食的根、茎、叶、花、果实，食用菌，食用藻类及蕨类）等为原料，经加工而成的制品。可分为蔬菜汁、复合果蔬汁、发酵蔬菜汁、食用菌、藻类、蕨类等亚型。

4. **含乳饮料：**以鲜乳或乳制品为原料（经发酵或未经发酵），经加工而成的制品。包括配制型和发酵型含乳饮料2种。

5. **植物蛋白饮料：**是以蛋白质含量较高的植物的果实、种子或核果类、坚果类的果仁等为原料，经加工制成的制品。成品中蛋白质含量不低于0.5%（m/V）。包括豆乳类饮料、椰子乳（汁）饮料、杏仁乳（露）饮料、其他植物蛋白饮料。

6. **瓶装饮用水：**指密封于塑料瓶、玻璃瓶或其他容器中，不含任何添加剂，可直接饮用的水。包括饮用天然矿泉水、饮用纯水、其他饮用水。

7. **茶饮料：**是用水浸泡茶叶，经抽提、过滤、澄清等工艺制成的茶汤，或在茶汤中加入水、糖液、酸味剂、食用香精、果汁或植（谷）物抽提液等调制加工而成的制品。包括茶汤饮料、果汁茶饮料、果味茶饮料、其他茶饮料。

8. **固体饮料：**以糖、食品添加剂、果汁或植物抽提物等为原料，加工制成的粉末状、颗粒状或块状的制品。成品水分不高于5%（m/m）。包括果香型固体饮料、蛋白型固体饮料、其他型固体饮料。

9. **特殊用途饮料：**通过调整饮料中天然营养素的成分和含量比例，以适应某些特殊人群营养需要的产品。包括运动饮料、营养素饮料、其他特殊用途饮料。

10. 其他饮料：除上述9种类型以外的软饮料。包括果味饮料、非果蔬类的植物饮料、其他水饮料。

第二节　水的养生功能

水作为生命之源，在养生理论和实践中作用巨大。概括而言，水的养生功能主要有：

一、组成人体体液

人体体液集中分布在细胞内部、组织之间和各种管道、腔体中，是构成细胞内液、细胞外液、血浆等的重要物质，水是体液的主要组成部分。水是体内一切生理过程中生物、化学变化必不可少的介质，脂肪和蛋白质也能在适当条件下溶解于水中，构成乳浊液或胶体溶液。溶解或分散于水中的物质，有利于体内化学反应的有效进行。食物必须依靠消化器官分泌出的非常丰富的消化液进行消化，包括唾液、胃液、胰液、肠液、胆汁等，消化液中水含量高达90%以上。食物进入口腔、胃肠道后，主要通过消化液才能被消化吸收。月子期产妇要恢复到产前状态，体内须有足够的水满足组成人体各种体液的需要。

二、参与新陈代谢

在新陈代谢过程中，人体内物质交换和化学反应都是在水中进行的。水的溶解力很强，有较大电解力，可使水溶性物质以溶解状态和电解质离子状态存在。水有较大的流动性，在消化、吸收、循环、排泄过程中，可加速营养物质的运送和废物的排泄，不仅是体内生化反应的介质，其本身也参与体内氧化、还原、合成、分解等化学反应，是各种化学物质在体内正常代谢的保证。如产妇体内缺水，代谢功能就会减缓，从而堆积过多的能量和脂肪而发胖。水能改善体液组织循环，调节肌肉张力并维持机体渗透压和酸碱平衡。

三、充当运输载体

水包含于体内各个组织器官，其良好的溶解性和流动性，充当了体内各种营养物质和代谢产物的载体和运输工具，在营养物质的运输和吸收、气体的运输和交换、代谢产物的运输与排泄中都起着极其重要的作用。如血液在循环全身的过程中，将氨基酸、葡萄糖、氧气、酶、维生素、激素等营养物质运送至全身，把尿素、尿酸、二氧化碳等代谢废物运往肾脏，随尿排出体外。这种作用对于恢复期的产妇十分重要。

四、调节体温恒定

水的比热值较大，有调节人体体温的作用。1g水升高或降低1℃需要约4.2J的能量，只有在水的存在和帮助下，利用氧气，摄入体内的碳水化合物、脂肪和蛋白质三大宏量营养素才能代谢分解，释放热能而维持人体的体温。大量的水可以吸收代谢过程中产生的能量，使体温不至于显著升高。水的蒸发热大，在37℃体温的条件下，蒸发1g水可以带走2.4kJ的能量。因此在高温气温下，体热可以随水分经皮肤蒸发散失，维持人体体温恒定。所以，产妇多饮水可以促进代谢废物随尿排出，保持和增加血容量，补充出汗损耗的水分。人体摄入的产能营养素在水的参与下，利用氧气进行氧化代谢，释放能量，再通过水的蒸发，散发大量能量，避免体温升高。夏季身体缺水时，多余的能量难以及时散出，从而引发中暑。

五、润滑滋润器官

人体内胸腔、腹腔、关节、韧带、肌肉、筋膜等部位都存在一定量的水作为润滑剂，对器官、关节、肌肉、组织起到缓冲、润滑、保护作用。水的黏度小，可使体内摩擦部位润滑，减少体内脏器摩擦，防止损伤，使器官运动灵活。所以缺水情况下运动有风险，因组织器官缺少了水的润滑，很容易造成磨损。产妇在月子期做适度运动前，最好先补充足够的水。由于水有滋润功能，使身体细胞经常处于湿润状态，才能保持肌肤丰满柔软。定时定量补水会让产妇的皮肤特别水润、饱满、有弹性，所以，水是美肤佳品。

六、稀释排泄毒素

没有足够的水，人体的各种代谢产物，即百姓所说的毒素就难以有效排出，淤积在体内影响健康。水不仅有很好的溶解能力，而且有重要的稀释功能。肾脏排泄水的同时可将体内代谢废物、毒素及食入的多余的药物等一并排出，减少肠道对毒素的吸收，防止有害物质在体内慢性蓄积而引发中毒。因此，产妇应喝足够的水以有效地消除药物、毒素带来的副作用。

第三节　月子期饮水安全

饮水必须有利于健康，不能饮用对身体有害的污染水是月子期饮水安全的底线。

一、安全饮水

安全饮水指供人们长期饮用，不会对健康产生明显危害的饮用水；还应包含日常个人卫生用水，包括洗澡用水、漱口用水等。如果水中含有害物质，这些物质可能在洗澡、漱口时通过皮肤接触、吸收等方式进入人体，对人体健康产生影响。我国居民饮用水主要有自来水、纯净水、人造矿化水、矿泉水和天然水等。

二、自来水的安全饮用

自来水直接取自天然水源，即地表水或地下水经系列处理工艺净化消毒后输送到各用户，是目前国内最普遍的生活饮用水。一是确保自来水的流行病学安全：防止介水传染病的发生和传播，微生物污染仍是目前饮用水安全的最大威胁，安全饮水要确保人群终身饮用不会引发急、慢性中毒和潜在的远期危害。二是控制自来水的毒理学指标：化学物质引起健康问题往往是长期接触致有害作用产生，特别是蓄积性毒物和致癌物的危害。三是确保自来水感官性状良好：水质的感官性状即水的外观、色、嗅和味，是人们判断水质及可接受程度的首要和直接指标。如果水的浑浊度很高，有异色或令人厌恶的臭味，会使饮用者感到不安全而拒绝。四是自来水必须消毒：目的是杀死或灭活致病性微生物。

三、安全饮水化学指标

与饮水安全紧密相关的化学指标包括总硬度、铁、锰、铜、锌、挥发酚类、硫酸盐、氯化物和溶解性总固体。

1. pH值：表示水的酸碱度，清洁天然水的pH值应为中性7.0左右。pH值是水质净化的控制性指标，过低的pH值会腐蚀管道和容器，过高容易引起结垢，影响加氯消毒效果。我国饮用水pH值为6.5～8.5，饮用水pH值在正常范围对人体健康没有影响。

2. 硬度：由溶解于水中的钙，镁组成，并折合成碳酸钙的毫克/升作为计量单位。饮用水的硬度过高，烧开水时壶内会结垢影响口感；硬度过低，容易腐蚀管道。我国饮用水硬度标准值为450mg/L。饮水硬度对健康没有不良影响，水中较高硬度对预防心血管病有好处。

3. 氟化物：饮水是摄入氟的主要途径。人体摄入过量氟化物会使牙齿染上色斑，严重时会使骨骼变形丧失劳动力。饮水中氟化物浓度在1.0mg/L以下，儿童出现氟斑牙的发病率低于30%，程度比较轻。每个个体对氟的耐受程度不同，并可能与其他摄入成分（如钙、锰）的量有关。适量的氟化物可有效预防龋齿发生。

四、桶装水的安全饮用

桶装水包括桶装纯净水、饮用矿物质水、矿泉水等。纯净水一般以城市自来水为水源，在把有害物质过滤的同时，也去除了钾、钙、镁、铁、锌等人体所需的矿物质元素，不宜多喝；饮用矿物质水是通过人工添加矿物质改善水的矿物质含量，这样的水虽补充了纯净水中部分矿物质元素的不足，但添加的矿物质能否被人体吸收、利用，需进一步研究；矿泉水指从地下深处自然涌出或人工开采的未受污染的天然地下水，含一定的矿物盐、微量元素和二氧化碳气体，易被人体吸收。适量饮用矿泉水对身体健康有益。

卫生检疫合格的桶装水即使是装桶后立即（0h），采样微生物仍显著超标，说明饮水机是桶装水二次污染的直接原因。饮水机二次污染主要来自储水胆、水道、聪明座等，这些部位如长期不清洗或消毒，就会沉积污垢，成为细菌和病毒滋生的温床。经饮水机后的桶装水，常温水样的微生物污染率随时间推移而上升，另一重要因素是饮水机每次放水时，都会通过透气吸入空气，即使在清洁的环境中，每立方米的空气中也有4000个细菌，这些细菌随着桶内水的减少、空气的增加而增多，并随着时间推移繁殖增生。高温是杀灭致病性微生物的有效手段，但人们尤其是年轻人喜欢饮用饮水机流出的常温水，很少饮用热水。因此，合格的桶装水也在被大多数人饮用时变成了不合格的水。

五、不适合饮用的水

饮水安全看似简单，完全做到十分不易。当人们不能完全达到安全、合理地饮水时，最起码的底线是尽量不饮用或少饮用不安全、不适合人体饮用的水。

1. **生水**：未经洁制、消毒的水，如河、溪、井、水库水等。生水含各种对人体有害的细菌、病毒和人畜共患的寄生虫，易引起急性胃肠炎、病毒性肝炎、伤寒、痢疾及寄生虫感染。特别是现今大小河流、水库、井水都不同程度地遭受工厂废液、生活废水、农药残余等污染，如不是遇到威胁生命的自然灾害，绝不可随意饮用生水。

2. **老化水**：俗称“死水”，就是长时间贮存不动的水。这种水会使细胞新陈代谢明显减慢，影响身体新陈代谢；许多地方食管癌、胃癌的发病率日益增高，与长期饮用老化水有关。老化水中有毒物质随水贮存时间增加而增加。如条件允许，产妇尽量不用长期贮存的地窖水，少用贮存过久的潭水、井水，尽量饮用流动的活水。

3. **千滚水**：是在炉上沸腾了很长时间，或在电热壶中反复煮沸的水。这种水因煎煮过久，水中不挥发性物质如钙、镁等重金属和亚硝酸盐含量增高，久饮影响健康。

4. **蒸锅水**：是蒸饭、蒸馒头等的剩锅水。多次反复使用的蒸锅水，因加热时间长，重金属和亚硝酸盐浓缩，饮用或用这种水熬稀饭，会引起亚硝酸盐中毒；水垢经常随水进入人体，会引起消化、神经、泌尿和造血系统病变，引起早衰。

5. **未沸水**：自来水都是经氯化消毒灭菌处理过的。氯处理过的水中可分离出13种有害物质，其中卤代烃、氯仿还具有致癌、致畸作用。当水温达到90℃时卤代烃含量由原来的每千克53μg上升到177μg，超过国家饮用水卫生标准的2倍。饮用未煮沸的水患膀胱癌、直肠癌的可能性增加21%～38%。当水温达到100℃时，这2种有害物质会随蒸汽蒸发而大大减少，如继续沸腾3min左右则饮用安全。

6. **重新煮沸的水**：有人习惯把热水瓶中剩余的温开水重新烧开再饮，目的是节水、节煤（气）、节时。但这种“节约”因水烧了又烧，使水分再次蒸发，亚硝酸盐浓度升高，常喝这种水，亚硝酸盐会在体内积聚，引起中毒。

六、饮水的误区

饮水是为了养护生命，然而由于商品的逐利性，市场上有许许多多不正确的饮水指导，形成了一些饮水的误区，一定要予以纠正，避免误导人们，造成不良后果。

1. 水是越纯净越好：有人认为饮水越纯越好，也有人倡导只饮纯净水。纯净水是指原水经过反渗透和杀菌装置等成套水处理后，除去了原水中绝大部分无机物、微生物和有机物杂质可直接生饮的纯水。生活中长期饮用纯净水会导致身体营养失调，特别是各种无机离子下降，降低免疫力，增加钙的流失。产妇、婴儿、孕妇更不宜饮用纯净水。

2. 饮水就是为了解渴：人们往往忽略了水的养生功能，认为口渴才需喝水。事实上当人体口渴时已缺水了，水在体内能将脂肪、碳水化合物、蛋白质、无机盐、矿物质等稀释，便于人体吸收。只有让人体细胞、组织含有足够的水，才能促进新陈代谢，提高人体免疫力，保持皮肤的色泽和弹性。特别是母乳哺育新生儿的产妇，为了及时、足量生成乳汁，每天要饮足够的汤和水。

3. 夸大矿物质作用：矿泉水确实含有人体所需要的某些矿物质，但有些人夸大水中矿物质的作用，不科学地宣扬其含量越高越好。饮用水中应含有适量的矿物质，但含量过高并不能说明水的活力强，且会危害人体健康。如饮用水中的碘化物含量在0.02～0.05mg/L时对人体有益，大于0.05mg/L时则会引发人体碘含量超标而影响健康。

4. 各种饮料当水喝：不少人特别是年轻产妇喜欢把饮料当作饮用水，其实二者功能并不能等同。大多数饮料中含有糖和蛋白质，添加了不少香精和色素，饮用后不易使人产生饥饿感，不但起不到“补水”作用，还会降低食欲，影响消化和吸收。长期饮用碳酸性饮料会导致热量过剩，刺激血脂上升，增加心血管负担。

第四节　月子期饮水量的平衡

饮水量的平衡是指人体水的进入量和排出量要保持基本平衡。如果感到口渴，表明人体已经丢失了大量体液，人的生理功能在下降，所以要随时随地保持人体有足够的体液。

“弹指欲破”是对好皮肤的上佳形容，那些“水灵灵的美女”和“奶油样的小生”，一定是因为细胞内液和组织间液中的水分含量高、皮肤弹性好而富有光泽才有“水色”的。有“水色”的人才能表现出自己“精足、气满、神旺”的生命特征。

一、人体水液代谢平衡

正常人体每日水的需要量和排出量应该处于动态平衡之中。

人体水的需要量主要受代谢情况、年龄、体力活动、温度、膳食等因素的影响，故人体水的需求量的变化很大。一般成人每消耗4.184kJ能量，水的需要量为1～1.5mL。正常人每天水的需要量和排出量应维持在2500mL左右。水进入人体可以通过游泳、沐浴、熏蒸等从皮肤进入，通过鼻饲、灌肠等手段从消化道进入，通过注射从皮下、肌肉、静脉进入，但大量、正常的都是通过饮、食从口腔进入的。水的来源，正常情况下包括饮水、食物中的水分和内生水三大部分。

通常成人每人每天的饮水大约为1200mL，食物中所含的水分约1000mL，内生水约300mL。内生水主要来源于蛋白质、脂肪和碳水化合物代谢时产生的水，每克蛋白质产生的代谢水为0.42mL，每克脂肪产生的代谢水为1.07mL，每克碳水化合物产生的代谢水为0.6mL。因而，每人每天的饮水量不能少于1200mL，早晨起床后应饮水500～800mL，补充一夜之间的水消耗；上午10时左右饮水，以补充流汗及尿液排出的水分；下午3时左右饮水，再度补充体内排出的水分，也可使体内囤积的废物顺利排出，防止人体体液酸性化；晚上8时左右是饮水的最佳时间，因睡眠时血液浓度增高，睡前饮水可以冲淡血液，加速血液循环。

人体排泄水分主要是通过小便、皮肤蒸发、呼吸、大便和体液分泌排泄，以从肾脏通过小便排出为主，约占60%，其次是经过肺、皮肤和粪便排出。一般正常成人每日尿量为500～4000mL，最低量为300mL左右，低于最低量可引起代谢产物在体内堆积，影响细胞的功能。皮肤以出汗的形式排出体内水分，出汗分为显性和非显性出汗2种，非显性出汗为不自觉地出汗，很少通过汗腺的活动产生；显性出汗是汗腺的活动产生的结果。一般成年人经非显性出汗排出的水分为300～500mL，婴幼儿体表面积相对较大，非显性出汗失水相对较多。显性出汗量与运动量、劳动强度、环境温度和湿度等因素有关，特殊情况下，每日出汗量可以达到10000mL以上；产妇因虚弱，常常排汗较多，需要及时补水。经肺和粪便排出的水分，在正常情况下，占比相对比较少。但在特殊情况下，如高温、高原环境下及胃肠道炎症引起的呕吐、腹泻时，可能造成大量的失水。

人体内水的正常平衡受口渴中心、垂体后叶分泌的抗利尿激素及肾脏调节。口渴中心是调节体内水平衡的重要环节，当血浆渗透压过高时，可以引起口渴中心神经兴奋，激发饮水行为；抗利尿激素通过改变肾脏远端小管和集合小管对水的通透性，以影响水分的重吸收而调节水的排出，其分泌也受血浆渗透压、循环血量和血压等的调节；肾脏是水分排出的主要器官，通过排尿多少和对尿液的稀释和浓缩功能，调节体内水的代谢平衡。人体失水时，肾脏排出浓缩型尿，使水液保留在人体，防止有效循环血量减少和循环衰竭；体内水液含量过高时，排尿增加，减少人体内水液的潴留量。

电解质与水的平衡有着依存关系，钠离子主要存在于细胞外液，钾离子主要存在于细胞内液，都是构成渗透压，维持细胞内、外水分恒定的重要因素。因此，钾、钠含量的平衡是维持水液代谢平衡的根本条件。当细胞内的钠离子含量增多时，水进入人体细胞引起水肿；反之，丢失的钠离子过多时，人体水含量减少，引起人体缺水。钾离子在人体内与钠离子呈拮抗作用。

二、人体水液代谢失衡

人体水液的需求供给量要和排出量保持相对的平衡。如果供给过多或来源不足，水的排泄不及时，无法排出或排出过多，都会导致人体水液代谢的平衡失调，称为人体水液代谢失衡。凡是因为水的来源过多，排出不足而导致身体内水液过多的称为“水潴留”；凡是因为水的来源不足，排出过多而导致身体内水液过少的称为“脱水”。

（一）水潴留

机体在组织间隙里积存了过多的水并且无法通过排尿等方式将其排出，会导致身体的某个部位肿胀。水潴留最明显的一个特征就是下肢水肿，尤其是足部和踝部水肿。下肢水肿可能表现得并不明显，但在起床活动数小时后便开始逐渐显现出来，并且随着时间的推移而加重。如果用手指用力按压踝部，皮肤上立即就会出现一个小凹，要等较长的一段时间才恢复正常。医学称这种现象为凹陷性水肿，如果全身多个部位出现水肿则称为全身性水肿。

导致水潴留的原因很多，最常见的有肾功能受损、高血压及高血钾。同时，水潴留也是免疫抑制剂，如糖皮质激素的副作用之一。激素首先导致机体钠潴留，而水是时刻伴随着钠离子而存在的，由此产生水钠潴留，所以水潴留亦称“钠水潴留”或“水钠潴留”。水潴留也是肾功能严重受损的标志。

（二）脱水

如果水的摄入不足，或水丢失太多，如大汗、大出血、呕吐、腹泻时，会导致人体失水，也称作脱水。根据水和电解质丧失比例的不同，脱水可分为3种类型。

1. 高渗性脱水：其特点是以水的流失为主，电解质流失相对较少。当失水占人体体重的2%～4%时，为轻度脱水，表现为口渴、尿少、尿比重增高及工作效率降低等；当失水占人体体重的4%～8%时，为中度脱水，除口渴、尿少外，可见皮肤干燥，口舌干裂，声音嘶哑及全身软弱等表现；当失水占人体体重的8%以上时，为重度脱水，可见皮肤黏膜干燥、高热、烦躁、精神恍惚等；当失水占人体体重的10%时，则可危及生命。

2. 低渗性脱水：其特点是以电解质流失为主，水的流失相对较少。这种脱水的特点是循环血量下降，血浆中蛋白的浓度增高，细胞外液低渗，可以引起脑细胞水肿，肌肉细胞内水分过多并导致肌肉痉挛，早期多尿，晚期少尿或无尿，尿比重降低，尿中钠离子、氯离子浓度降低或缺乏。

3. 等渗性脱水：此类脱水是水和电解质按比例同时流失，体液渗透压不变，临床上较为常见。其特点是细胞外液减少，细胞内液一般不减少，血中钠离子浓度正常，兼有高渗性和低渗性脱水的特点，有口渴和尿少的表现。

人在剧烈运动时，体内产热增加，出汗调节体温。然而，出汗过多会引起脱水，导致血容量减少，进一步减少皮肤血流量，从而引起排汗量降低，机体散热能力下降，体温上升。科学的做法是运动前、中、后都应注意及时补水。运动前2h补水500mL；运动中采用少量多次的方式，以防止胃部不适，每15～20min补水125～250mL，补充血糖，延缓疲劳发生；运动结束2h内补水500～1000mL，可加速恢复体内失去的水分、糖分、无机盐和微量元素的平衡。

第五节　月子期饮水成分合理

月子期饮水成分合理是要求在月子期内，产妇的饮用水、饮料中所含的营养成分一定要符合人体生命活动的需要。

一、饮水营养成分必须均衡

任何饮用水、饮料都含有一定的营养成分，就是喝白开水，其中也含有人体需要的各种矿物质的离子，这些离子的比例也应该符合人体的需要。月子餐由于产妇恢复，新生儿哺乳的需要，大多数以汤水类饮食为主，基本是流食半流食，这种饮食结构中成分合理、营养全面十分重要。其中，营养物质的成分一定要均衡（详见第十二章，药膳月子餐的应用）。

白开水是符合人体需要的月子期饮用水。烧开水的最佳时间是水开后再小火维持沸腾3～5min。研究显示，加氯消毒的水随着温度的升高，所生成的卤代烃等致癌物质的含量也不断升高。烧到90℃和刚烧开的水，潜在危险最大。沸腾后再加热3～5min，这些有害物质可迅速挥发。但烧水时间太长，水分蒸发，水中亚硝酸盐含量增高危及人体健康。产妇喝白开水的水温以25～30℃为宜，水温太低会引起肠胃不适，过高可致口腔、咽部、食管及胃的黏膜烫伤而引起充血和炎症。煮沸后自然冷却的白开水不仅解渴，而且最容易透过细胞促进新陈代谢，调节体温，增加血液中血红蛋白含量，增强机体免疫功能，提高人体抗病能力。温开水能提高脏器中乳酸脱氢酶的活性，有利于较快降低累积于肌肉中的使人容易感到疲劳的“乳酸”，从而达到消除疲劳、焕发精神的目的。

二、不宜过量饮用成品饮料

月子期有些产妇或家人，出于省事或感觉口感好，饮用大量成品饮料。出于调节饮食多样性，月子期适度饮用一些适合产妇口味的成品饮料是可以的，但是饮料不能替代正常月子餐的流食半流食的汤汤水水。常见饮料包装上显示的配方，常有天然果汁、香精、维生素、矿物质、糖、食用色素、防腐剂等名称，但一般都不说明含量。除水分外，不同品种的饮料含有不等量的糖、酸、乳及氨基酸、维生素、无机盐等，有一定的营养价值。许多年轻产妇长期用饮料或果汁代替饮水，其实饮料中真正的天然果汁并不多，而且在加工的过程中水果中的维生素常遭破坏。目前商品饮料中不管配方中注明或不注明，都或多或少含有色素、香精、糖精和防腐剂，这些物质不但对人体毫无用处，反而要经肝脏解毒，肾脏排泄，必然加重肝、肾负担。饮料中的维生素经消毒、贮存会大量损失；各种矿物质从正常饮食中就可以获取，不必从各种饮料中取得；饮料中的糖分对食欲有抑制作用，进入身体后会产生氧化还原反应，消耗掉体内一定量的水分，结果往往是饮料越喝越渴，导致过度饮水。

三、饭前餐后不宜饮用饮料

饭前饮用大量饮料易冲淡胃液，使食欲减退。食欲旺盛的肥胖产妇由于大量饮用含糖饮料而更加肥胖。餐后马上喝饮料，特别是碳酸饮料，不仅会引起胃胀痛，严重时还可能导致胃扩张。进食后胃黏膜会分泌较多的胃酸，饮料中所含的碳酸氢钠与胃酸发生中和反应，产生大量的二氧化碳气体，这时胃被食物完全充盈，上下两个通道口，即“贲门”和“幽门”都被堵塞，二氧化碳气体不容易排出，结果积聚在胃内，导致胃胀。当超过胃所能承受的能力时，就有可能发生胃扩张。饮料制作过程中要求不严、贮存超过保质期，或打开包装后未能及时喝完，致使饮料含菌量超标或变质，饮用后会引起胃肠不适，甚至腹泻。

市场上热销的含中药材成分的一些饮料，应根据每个人的体质需要选用。中医中药讲究辨证施治，同一种药材饮品并不适合各类体质的人，更不适合所有孩子，尤其是对胃肠发育不完善的小孩，其中某些药材成分一旦药不对症，可能带来肠胃受损等危害。

第六节　月子餐的汤、饮

除水、软饮料之外，酒、茶、咖啡、豆浆、靓汤都是月子餐中的汤、饮，摘要介绍如下：

一、饮酒

酒包括白酒、葡萄酒、啤酒、米酒等。

（一）饮白酒

白酒是高浓度酒精饮料，一般为40°~65° 。中华人民共和国成立后用“白酒”代替了以前使用的“烧酒”“高粱酒”等名称。白酒是中华民族在长期历史发展过程中创造的饮料，我国白酒有酱（茅）、清（汾）、浓（泸）、米、凤、兼、其他7种香型。

1. 白酒的成分构成： 白酒是多种成分的混合物，水和酒精是其主要成分，还含有酸、酯、醛、醇等化学物质和少量的钠、铜、锌等。决定酒质量的成分含量很低，乙醇不是主要营养成分，也不是有害成分。白酒中的酒精被人体吸收后，虽然可氧化供热，但饮白酒感到的浑身发热，是在酒精的刺激下，人体的微血管扩张，体表大量散热所致，实际上消耗的是体内的葡萄糖。白酒含少量锌、铜、硒、乙酸、乳酸、乙酸乙酯、丁酸乙酯、乳酸乙酯、异戊醇等物质。

2. 白酒的功能： 中医认为，白酒味苦、甘、辛，性温，有小毒，入心、肝、肺、胃经。可通血脉，御寒气，醒脾温中，行药势，主治风寒痹痛、痉挛、胸痹、心腹冷痛。产妇月子期根据个人情况和需要，可以适量饮用白酒。

近年来国内外一些研究认为，少量饮酒对身体是有益的。古人认为在身体和情绪正常的情况下才能饮用，身体不适、过分忧愁或盛怒之时都不能饮酒。酒进入人体后，乙醇是靠肝脏分解，肝脏在分解过程中又需要各种维生素维持辅助，胃肠中空无食物，乙醇最易被迅速吸收，造成肝脏受损。因此，饮酒时应佐以营养价值比较高的菜肴、水果。

3. 白酒饮用禁忌： 酒后不可饮茶， 是过多的水分进入体内，可冲淡胃液，不利于消化，反而增加负担；二是当胃壁收缩时，会影响其对脂肪和蛋白质的吸收；三是乙醇与浓茶对大脑均有刺激，酒后饮浓茶，二者共同影响大脑功能。

（二）饮葡萄酒

葡萄酒是用新鲜葡萄或葡萄汁经发酵酿成的酒精饮料。

1. 葡萄酒的养生功能： 葡萄酒，尤其是干红葡萄酒中的花色素甙和丹宁等多酚类化合物具有活性氧消除功能，活性氧能导致动脉硬化，适量饮用葡萄酒可预防各种心血管疾病，降低血压；抗氧化作用的多酚和寡糖，能保护肌肤，促进新陈代谢，防止皱纹形成、脂肪积累，间接地抑制黑斑形成，使肌肤润泽、富有弹性，产妇适量饮用有美容效果。

2. 合理适量饮用葡萄酒：尽管葡萄酒对健康有重要作用，但并不鼓励人们不分场合、不加限量地喝葡萄酒，孕妇也没有必要冒险喝酒。

（三）饮啤酒

啤酒以大麦芽、大米、酿造水为原料，加酒花、糖化低温发酵制成。

1. 啤酒的养生功能：主要补充水分、营养人体、醒脑提神、健脾和胃，产妇可根据情况适度饮用。啤酒也可以作为月子餐烹饪过程中的佐料使用。

2. 饮用宜忌：我国以麦芽为原料，加酒花经酵母发酵酿制低酒精度的优级淡色啤酒，尽管酒精含量不高，大量饮也会使胃黏膜受损，造成体内脂肪堆积，形成“啤酒肚”。

（四）饮米酒

米酒因原料不同产地有异，又称江米酒、甜酒、醪糟、黄酒、稠酒，主要用糯、江、软黄、酒谷、香谷、玉米等发酵酿制而成。米酒是我国古老的发酵酒，含丰富的氨基酸、糖类、有机酸、维生素等，从古至今被视为“仙液”“琼浆”，是月子餐的上佳饮品。本书把凡是稻谷类酿造的酒统归于“米酒”，民间有些对本地酿造且局限于本地销售的酒保留了传统称谓，如江西的“水酒”，陕西的“稠酒”，江浙的“黄酒”，四川的“醪糟”，西藏的“青稞酒”，江南的“老白酒”都是稻谷酿造，用“米”代谷物，统称“米酒”。米酒与啤酒、葡萄酒并称世界“三大古酒”。无锡惠泉酒、绍兴加饭酒、丹阳封缸酒、福建沉缸酒，并称我国古代“四大名酒”。

1. 米酒的养生价值：中医认为，米酒味苦、甘、辛，大热，有毒，能“通血脉，厚肠胃，润皮肤，散湿气”。其功能一是供水。二是滋补：米酒中蛋白质以多肽和氨基酸形态存在，含易被人体消化吸收的物质，如糊精、麦芽糖、脂类、维生素等。米酒红糖煮荷包蛋，千百年来都是中国产妇和妇女经期滋补佳品。三是活血通络：其大热可行药势，通血脉，散湿气，舒筋活络，是治疗产后瘀血、月经不调、产妇缺奶的上佳饮品。四是养颜润肤：在天然酵母发酵过程中产生的透明液体易被吸收，可润皮肤，补血养颜。五是炮制中药：是中药的辅料或“药引”。六是作为烹调佐料：在烹制荤菜，如羊肉、鲜鱼时加少许，可去腥膻。

2. 饮用宜忌：米酒适宜范围很广，一年四季均可饮。夏季因气温高，米易发酵，更是消渴解暑的家庭酿造物，深受老人、儿童的喜爱。只要没有酒精过敏反应，成人均可选用。但过量饮用会引起不良效果。加热时间不宜过久，否则酒精挥发反而淡而无味。

二、品茶

茶是用茶树的叶子加工而成，可以用开水直接泡饮的饮品。茶起源于我国西南的云南、贵州、四川等地，是具有中国特色的上佳饮料，是中华民族对世界饮料的特殊贡献。

茶叶以色泽和制作工艺分为绿、黄、白、青、红、金、黑7类，从世界范围看，红茶数量最大，其次是绿茶，最少的是白茶；按采摘季节，分为春、夏、秋、冬茶；按毛茶或精制茶经过再加工，分为花茶、紧压茶、液体茶、速溶茶及药用茶等再加茶。

（一）茶的成分构成

茶叶中所含有机化学成分有茶多酚类、植物碱、蛋白质、氨基酸、维生素、果胶、有机酸等400余种，含矿物元素有钾、钙、镁、钴、铁、锰、硒等40余种。儿茶素类俗称茶单宁，是茶叶的特有成分，有苦涩味及收敛性，在茶汤中可与咖啡因结合而缓和咖啡对人体的作用；咖啡因带有苦味，是构成茶汤滋味的重要成分。

（二）茶的养生功能

古人认为茶有十德：散郁气、驱睡气、养生气、除病气、利礼仁、表敬意、尝滋味、养身体、可行道、长雅志，是天然养生饮品。中医称“茶为万病之药”，认为茶味微苦、甘，性凉，能清头目，醒精神，解烦渴，利小便，消食积，解毒。《食疗本草》《饮膳正要》《圣济总录》《备急千金要方》等都有记载。现代研究认为，茶有防癌、延缓衰老、提神醒脑、护齿明目、消除疲劳、消化分解脂类、护肤美容等功效。

（三）饮茶宜忌

一要辨体选茶：从茶的生长地看，有东南西北不同；炮制加工过程有所不同。不是喝所有茶都对身体有益，某些人喝龙井或花茶就泄泻，有的人喝茶后会出现便秘，有人喝茶后饥饿感很严重，有的人喝茶会整夜睡不着，有的人会出现醉茶现象。饮茶因人而异：青春发育期以绿茶为主；少女经期和妇女更年期，情绪不安饮花茶可疏肝解郁；妇女产后宜用红茶。二要因时选茶：年有四季，茶有寒热温凉，春天阳升阴降，万物复苏，经漫长冬季“内热积贮”，宜饮花茶；夏天赤日炎炎，出汗甚多，造成水、电解质平衡紊乱，须补水分，宜喝绿茶；秋天肃杀，空气、皮肤、鼻腔、咽喉干燥，秋燥，宜喝青茶；冬天天寒地冻，寒气袭人，代谢迟缓，易罹患寒病，宜饮红茶。缺锌者、清晨起床后、腹泻、过食油腻、食物太咸、大汗之后、体力劳动者、IT业从业人员、长期用嗓者适宜饮茶。发热、贫血、结石症患者，空腹、睡前忌饮茶，忌饮隔夜茶、头道茶、劣质或变质茶，醉酒慎饮茶。不用茶水服药。

三、喝咖啡

“咖啡”一词源自埃塞俄比亚的卡法（kaffa）小镇，希腊语咖啡的意思是“力量与热情”。日常饮用的咖啡是用咖啡豆配合各种不同的烹煮器具制作出来的。

咖啡、茶叶、可可并称世界三大不含酒精饮料。植物分类上咖啡是茜草科常绿灌木。

（一）咖啡的成分构成

咖啡强烈的苦味刺激中枢神经系统、心脏和呼吸系统，适量咖啡因可减轻肌肉疲劳，促进消化液分泌，有利尿作用。单宁酸是咖啡的特有成分，煮沸后的单宁酸会分解成焦梧酸，所以冲泡过久的咖啡味道会变差。除单宁酸外，咖啡中还含有脂肪、蛋白质、糖、纤维和矿物质。

（二）咖啡的功能

咖啡有一定营养，喝咖啡首先补充人体水分；咖啡中有维生素B、游离脂肪酸、咖啡因、单宁酸，可促进人体新陈代谢，刺激活跃消化器官，防止便秘；酒后喝咖啡将使由酒精转变而来的乙醛快速氧化，分解成水和二氧化碳排出体外；咖啡因、单宁酸等刺激神经兴奋，缓解消除疲劳；有抗氧化、强筋骨、利腰膝等功能。

（三）咖啡的饮用禁忌

一是不宜与茶、奶同饮：牛奶中的磷可影响铁吸收，茶和咖啡中的鞣酸可使铁吸收减少75%。茶叶和咖啡中的单宁酸会让钙吸收降低，饮茶和喝咖啡最好选在两餐当中。减肥的人、精神紧张者、高血压者、骨质疏松者慎重饮用，儿童不宜多饮。大剂量易致“咖啡因中毒”，导致咖啡依赖、上瘾和一系列身体与心理不良反应。

四、喝豆浆

豆浆是中国人喜爱、老少皆宜的饮品，在欧美享有“植物奶”的美誉，将大豆用水泡胀后经过磨碎、过滤、煮沸而成。与西方牛奶不同，豆浆具有民族特色，广泛流行于华人区，四季都可饮用。传统指黄豆做成的豆浆，随时代发展，品种不断翻新，豆类（黑豆、绿豆）豆浆、五谷（薏米、燕麦）豆浆、药膳（豆类与食药两用物质，如红枣、枸杞、芝麻、百合混合）豆浆应需而生。我国人民常用豆浆作早餐。

（一）豆浆的成分构成

豆浆富含植物蛋白质和钙、磷、铁、锌等几十种矿物质及多种维生素。豆浆中的蛋白质含量比牛奶还高，还含有大豆皂甙、异黄酮、大豆多糖、低聚糖、不饱和脂肪酸、卵磷脂等成分。

（二）豆浆的养生功能

豆浆性平、味甘、无毒，入胃、肺经。具有补虚，清热，化痰，通淋，利大肠等功效。是防治高血脂、高血压、动脉硬化、缺铁性贫血的理想食品。豆浆作为月子餐非常适宜。豆浆中的大豆蛋白、异黄酮、卵磷脂等，是公认的天然雌激素补充剂，可预防子宫癌、乳腺癌等。豆浆可补虚美容、清理肠道、降低胆固醇、升高体温、补充钙剂。

（三）豆浆的饮用宜忌

豆浆适合大多数人群，特别适合少年儿童和妇女饮用。没熟的豆浆不可饮，不与鸡蛋搭配饮用，空腹不宜饮豆浆，胃炎、结石病、痛风患者不宜饮豆浆。

五、喝靓汤

靓汤又称老火靓汤、广府汤，是广东地区传统饮料，属于粤菜系。广府指广府民系，广义上包括全广东、香港、澳门及海外所有地区的粤语族群。

（一）靓汤的特色

老火靓汤，慢火煲煮，火候足，时间长，既取药补之效，又取入口之甘。广府女人用万般温情煲煮的老火靓汤，既是调节人体阴阳平衡的养生汤，更是辅助治疗恢复身体的药膳汤。广府人喝老火靓汤历史已久，与广东湿热的气候相关，处方种类会随季节转换改变，与广东凉茶一样，靓汤成了广东饮食文化的标志。“宁可食无菜，不可饮无汤”“不会吃的吃肉，会吃的喝汤”。先喝汤，后上菜，为广东地区宴席的既定格局。

（二）靓汤的养生价值

一是美食养生：煲汤炊具讲究，用厚厚的砂锅、紫砂煲，不用金属锅，认为紫砂里面释放的微量元素对人体有益；时间起码数小时，且文火慢炖，忌大滚大沸；材料和冷水一起煲，材料里面的蛋白质、脂肪和鲜美物质能充分析出，溶于汤内，使汤味鲜醇味佳；盐、酱油在汤将好时放，不然汤色不美不纯；保证原汁原味，不放葱、蒜之类调味品，一片生姜足矣。二是滋补保健：长期的生活体验令广府人把汤看作最佳的营养品，按不同季节、年龄、性别、体质、健康状况或特殊生理需求，选择不同的汤，夏天喝清凉汤、冬季喝暖身汤。煲汤高手除掌握烹饪技巧和火候外，能根据身体的状况选择食材。三是辅助治疗：根据不同疾病选取相适宜的食材搭配，煲成特点鲜明的靓汤，体现了民间“治未病”的习俗和思想。

（三）靓汤的饮用禁忌

传统老火靓汤煎熬时间过长，汤料中嘌呤含量过高，容易使血中尿酸含量升高，引发痛风，不宜过量饮用。已经高尿酸、痛风患者，不建议饮用。

第八章

月子餐用油

月子餐用油的选择是复杂的问题，与油脂的种类和特性、对膳食食用油的科学认识及消费群体自身的体质和营养状况密切相关。月子餐的烹饪必须走出食用油选择和应用的误区。

第一节　食用油的构成

食用油也称“食油”，指在食品制作过程中使用的动物或植物油脂。日常生活中，由于原料来源、加工工艺及品质等原因，在通常室温环境下，呈现液态的叫油、固态的叫脂。

一、动物油脂和植物油脂

从油的来源可分为动物油脂和植物油脂两大部分。动物油脂包括陆地动物油脂和海洋动物油脂：陆地动物油脂主要有猪、牛、羊、鸡、鸭油等，海洋动物油脂有鲸油、深海鱼油等；植物油脂包括草本植物油脂和木本植物油脂；草本植物油脂有芝麻、大豆、花生、油菜籽、葵花籽、亚麻籽油等，木本植物油脂有橄榄、茶籽、棕榈、葡萄籽、核桃油等。常见的食用油多为植物油脂。

二、饱和脂肪酸和不饱和脂肪酸

脂肪经消化后分解成脂肪细胞，一个脂肪细胞由1个甘油分子和3个脂肪酸分子组成。根据结构分类，可将脂肪酸分为饱和脂肪酸和不饱和脂肪酸，不饱和脂肪酸又分为单不饱和脂肪酸和多不饱和脂肪酸2种。

（一）饱和脂肪酸

是一类碳链中没有不饱和键（双键）的脂肪酸，是构成脂质的基本成分。膳食中饱和脂肪酸多存在于动物脂肪及乳脂中，较多见有辛酸、癸酸、月桂酸、豆蔻酸、软脂酸、硬脂酸、花生酸等。此类脂肪酸多含于牛、羊、猪等动物脂肪中，少数植物如椰子、棉籽、可可、棕榈油等中也有。过多摄入饱和脂肪酸是导致多种心血管病的因素，膳食中摄入饱和脂肪酸越多，血清总胆固醇水平越高，心血管疾病发病率越高。中国国民成人膳食脂肪摄入量应占总能量的20%～30%，其中饱和脂肪酸<10%，所以，饱和脂肪酸的摄入量每日应不多于8g。

（二）不饱和脂肪酸

不饱和脂肪酸根据分子结构中双键数目的不同，分为单不饱和脂肪酸和多不饱和脂肪酸。食物脂肪单不饱和脂肪酸主要有油酸，多不饱和脂肪酸主要有亚油酸、亚麻酸等。人体不能合成不饱和脂肪酸，须从日常膳食中补充，故称“必需脂肪酸”。人体脑组织中20%的重量由必需脂肪酸组成。

1. 油酸：属单不饱和脂肪酸，不会引起人体血液中胆固醇增加，可减少血液中低密度脂蛋白胆固醇，但不降低甚至提高血液中的高密度脂蛋白胆固醇，可有效预防冠心病、高血压等心血管疾病的发生。

2. 亚油酸：属多不饱和脂肪酸，可作为能量使用或贮存，作为某些生理调节物质的前体物质；可使胆固醇脂化，从而降低血清和肝脏中的胆固醇水平，对糖尿病有预防作用；能抑制动脉血栓形成，可预防心肌梗死的发生；对维持机体细胞膜功能起重要作用。

3. 亚麻酸：属多不饱和脂肪酸，具有抗炎症、抗血栓、抗血凝、抗心律失常、抗癌、降低血脂、减少血栓形成、抑制血小板凝聚、改善血管弹性的作用。具有调节神经系统、提高记忆力功能。可使心肌细胞膜流动性增加，稳定心肌细胞膜电位，降低心肌兴奋性，减少异位节律的发生。

第二节　食用油的使用

食用油的使用方法比较多，可凉拌蔬菜，可油炸食品，也可煎、熬、煮、炖蔬菜等，中国人主要是用于炒菜。药膳月子餐对食用油的使用、食用与平常烹饪差异不大，但对食用油的品质要求更高。

一、食用油在烹调中的作用

1. 充当传热媒介：食用油的传热媒介作用会使菜肴呈现鲜嫩或酥脆的特点。烹调过程中，由于油脂沸点高，加热后能加快烹调速度，缩短食物烹调时间，使原料保持鲜嫩。适当地掌握加热时间和油的温度，能使菜肴酥松香脆。常用于油炸菜点。

2. 改善菜肴色泽：油脂可使菜肴呈现各种不同色泽。在制作挂糊上浆菜时，由于油温不同，可使炸制或煎制出的菜肴呈现出洁白、金黄、深红等不同颜色。油可以高于水或蒸汽1倍的温度迅速驱散原料表面及内部的水分，油分子渗透到原料内部，使菜点散发出诱人的特殊芳香气味，改善了菜肴的风味，提高了菜点质量。

3. 增加营养成分：在烹调过程中，脂肪渗透至原料组织内部，改善了菜肴风味，并补充了某些低脂肪菜肴的营养成分，提高了菜肴的热量，即营养价值。

二、食用油使用注意事项

“油”是人们每日必吃的食物，因此它的用法是否科学对人体健康至关重要，如果使用不当，日积月累就会影响健康。

1. 减少高温炒菜：很多人炒菜时喜欢用高温爆炒，习惯于等到锅里的油冒烟了才炒菜。这种做法不科学。高温油不但会破坏食物营养成分，还会产生一些过氧化物和致癌物质。建议先把锅烧热，再倒油炒菜，不用等到油冒烟。

2. 坚持荤素搭配：没有食用油，会造成体内脂溶性维生素以及必需脂肪酸的缺乏；一味强调只吃植物油不吃动物油也不行，因为人体需要饱和脂肪酸和不饱和脂肪酸保持一定的比例，在一定的剂量下，动物油对人体是必需的。食用油的食用要保持荤素搭配原则。

3. 保持食油多样：不能长期只吃单一品种的油。一般家庭很难做到炒什么菜用什么油，但建议最好是几种油交替搭配食用，或一段时间用一种油，下一段时间换另一种油，因为很少有一种油可以满足人体对各种脂肪酸比例的需求。

4. 尽量低脂饮食：对于血脂偏高的人群或体重超重的特殊人群来说，更强调选择植物油中的高单不饱和脂肪酸。在用油的量上也要有所控制。血脂、体重正常的人总用油量应控制在每天不超过25g，饱和脂肪酸、单不饱和脂肪酸和多不饱和脂肪酸含量尽量保持1：1.7：1的比例。老年人、血脂异常、肥胖的人群，每天每人的用油量要更低。

第三节　常用的食用油

天然油脂中的主要成分为甘油三酯，占总量的95％以上，其余还有水分、杂质、游离脂肪酸、蛋白质、糖类、色素、烃类、脂肪醇、维生素等，以及微量元素。天然油脂经加工后，去除了对人体有害或不利贮存的物质。下面重点介绍常用植物油、调和油的品种及其成分，供大家在选用食用油时参考。

一、常用的植物食用油

1. 橄榄油：橄榄油在地中海沿岸国家有几千年的历史，在西方被誉为“液体黄金”“植物油皇后”，专供食用。高档橄榄油是用初熟或成熟的油橄榄鲜果，通过物理冷压榨工艺提取的天然果油汁，是世界上唯一以自然状态的形式供人类食用的木本植物油。原产于地中海沿岸，西班牙、意大利、希腊为世界三大橄榄油生产商和出口商国家。橄榄油形状与制油工艺密切相关，优质橄榄油只能冷榨制取，且需要从低压到高压分道进行，低压头道所得的橄榄油无须精炼即可食用。

成分组成：油酸84%～86%，亚油酸4%～7%，棕榈酸9%～11%，100g的橄榄油中含700mg以上的天然抗氧化剂——三十碳六烯（角鲨烯）。另外，还含有维生素A和E。

橄榄油虽好，但不适合中国人，一是资源奇缺，价格昂贵；二是橄榄油适于拌沙拉等生用，加热后易破坏其有效成分，不适合中国人喜爱热炒菜的生活习惯。

2. 茶籽油：又名山茶油。茶籽油作为食用油优于其他油脂，是我国唯一一种能与橄榄油相媲美的植物油，有"东方橄榄油"之称。茶籽油取自油茶树的种子。油茶属山茶科，多年生常绿灌木或小乔木，我国南方各省有生长，以江西、湖南、湖北为多。

山茶油蕴含的维生素E比橄榄油高出1倍之多，其食补价值更胜于橄榄油，是从植物果中榨取后直接食用的植物油，人体更易吸收其营养。山茶油抗氧化成分能有效防止癌症的发生，延缓皮肤衰老。研究表明，山茶油单不饱和脂肪酸含量极高，对人体健康十分有益，食用山茶油后，人体内葡萄糖含量能够降低12%，可保护心血管系统的功能，并极大降低糖尿病等代谢性疾病的发病率。山茶油可增强人体的防辐射能力，被用于制作宇航员食品。孕妇、产妇食用山茶油对胎儿、新生儿的正常发育十分有益，婴幼儿食用可促进骨骼发育，所以，民间将其称为"月子油""长寿油"。李时珍在《本草纲目》中记载："茶油性偏凉，凉血止血，清热解毒。主治肝血亏损，驱虫。益肠胃，明目。"又云："茶籽，苦含香毒，主治喘急咳嗽，去疾垢。"《中国药典》中对山茶油的功能也有详细记载。山茶油是历代皇室的贡品，相传江西产的"佬表家"山茶油还曾被明代开国皇帝朱元璋封为御膳用油，而食用茶油在当时也成了一种身份象征。山茶油因有明目、乌发功效，也成为馈赠老人及亲朋好友的最佳礼品！

成分组成：棕榈酸11.73%，硬脂酸1.83%，油酸75.08%，亚油酸10.51%，亚麻酸0.87%，富含蛋白质和维生素A、E、D、K，以及β-胡萝卜素等多种微量元素，尤其是所含丰富的亚麻酸是人体必需而又不能合成的。茶籽油中不含黄曲霉菌，无任何农药、化肥等对人体有害物质，是地道的天然绿色食用油。

3. 亚麻油：是油料作物亚麻的种子经压榨而成。亚麻属亚麻科一年生草本植物，亚麻油也叫胡麻油，原产于中亚细亚，现生长在温带、热带的一些国家，主要是美国、阿根廷、印度等国。我国西北各地和内蒙古出产最多，东北、华北各地也有种植。亚麻油呈金黄色，亚麻籽毛油呈深琥珀色并且有特殊气味，这种气味不仅由油中挥发性杂质而引起，更重要的是油中含有较多的高度不饱和脂肪酸。脱臭后的亚麻油有回味现象。新鲜的亚麻油可以食用。

成分组成：含饱和脂肪酸9%～11%，油酸13%～29%，亚油酸15%～30%，亚麻酸51.7%。亚麻油有一种特殊的气味，食用品质不如花生油、芝麻油及葵花籽油。由于含过高的亚麻酸，贮藏稳定性和热稳定性均较差，营养价值也比以亚油酸、油酸为主的食用油低。

4. **芝麻油**：又称香油、麻油，有普通芝麻油和小磨香油之分，都是以芝麻为原料提取出的油脂。芝麻油的消化吸收率达98%。

成分组成：含油酸35.0%～49.4%，亚油酸37.7%～48.4%，花生酸0.4%～1.2%。芝麻油中含丰富的维生素E，具有促进细胞分裂和延缓衰老功能。芝麻油中含有40%左右的亚油酸、棕榈酸等不饱和脂肪酸，容易被人体分解吸收和利用，促进胆固醇的代谢，并有助于消除动脉血管壁上的沉积物。

5. **花生油**：为豆科植物花生的种子榨出的油脂，淡黄透明，色泽清亮，气味芬芳，滋味可口，是一种比较容易消化的食用油。

成分组成：含不饱和脂肪酸80%以上，软脂酸、硬脂酸和花生酸等饱和脂肪酸19.9%，还含有甾醇、磷脂、维生素E、单不饱和脂肪酸等对人体有益的物质。花生油的脂肪酸构成比较好，易于人体消化吸收，可使人体内胆固醇分解为胆汁酸并排出体外，降低血浆中胆固醇的含量；可以防止皮肤皱裂老化，保护血管壁，降低血小板聚集，防止血栓形成，有助于预防动脉硬化和冠心病。花生油中的胆碱，还可改善人脑的记忆力，延缓脑功能衰退。有健脾润肺、解积食、驱脏虫的功效。

6. **大豆油**：大豆油取自大豆种子，是世界上产量最多的油脂。大豆毛油的颜色因大豆种皮及大豆品种的不同而异。一般为淡黄、略绿、深褐色，精炼的大豆油为淡黄色。

成分组成：含棕榈酸7%～10%，硬脂酸2%～5%，花生酸1%～3%，油酸20%～25%，亚油酸50%～55%，亚麻酸7%。大豆油的脂肪酸构成较好，含有丰富的亚油酸，有显著降低血清胆固醇含量、预防心血管疾病的功效。幼儿缺乏亚油酸，皮肤变得干燥，鳞屑增厚，发育生长迟缓；老年人缺乏亚油酸，会引起白内障及心脑血管病变。大豆中还含有多量的维生素E、维生素D及丰富的卵磷脂，对人体健康均非常有益。大豆油的人体消化吸收率高达98%，是一种营养价值很高的优良食用油。缺点是大豆油的色泽较深，有特殊的豆腥味；热稳定性较差，加热时会产生较多的泡沫。从食用品质看，大豆油不如芝麻油、葵花籽油、花生油。

7. **菜籽油**：俗称菜油，是以十字花科植物芸苔（油菜）的种子榨制所得的透明或半透明状液体。菜籽油色泽金黄或棕黄，有一定的刺激气味，民间叫“青气味”。这种气味由其中含有一定量的芥子甙所致，特优品种的油菜籽则不含这种物质。是我国主要食用油之一，主产于长江流域及西南、西北等地，产量居世界首位。

成分组成：含油酸14%～19%，亚油酸5%～10%，芥酸31%～55%，亚麻酸1%～10%。人体对菜籽油的吸收率可达99%，其所含的亚油酸和维生素E等能很好地被吸收，具有一定的软化血管、延缓衰老的功效，有利于胆功能。在肝脏处于病理状态下，菜籽油同样也能被人体正常代谢。由于榨油的原料是植物的种实，一般含一定的种子磷脂，对血管、神经、大脑的发育十分重要；菜籽油很少或几乎不含胆固醇，所以控制胆固醇摄入量的人可以放心食用。菜籽油是一种芥酸含量特别高的油，是否会引起心肌脂肪沉积和使心脏受损目前尚有争议，所以有冠心病、高血压的患者应当注意少吃。中医理论认为，菜籽油味甘、辛、性温，可润燥杀虫、散火丹、消肿毒，临床用于蛔虫性及食物性肠梗阻效果较好。

8. 玉米油：又称玉蜀黍油，是从玉米胚中提取的油脂。玉米油的脂肪酸由于在甘三酯中呈规则性排列，因此结构性稳定；一般油脂在光的作用下，叶绿素能使其加速氧化，而玉米油中没有叶绿素，所以比较稳定。鉴于以上原因，玉米油即使在深度煎炸时也具有相当的稳定性，比其他油有较长的保质期。玉米油色泽金黄透明，清香扑鼻，很适合快速烹炒和煎炸用油，既可以保持蔬菜和食品的色泽、香味，又不损失营养价值。

玉米胚中脂肪一般在17%～45%之间，大约占玉米脂肪总含量的80%以上，所以是一种很好的资源丰富的制油原料。玉米油含有86%的不饱和脂肪酸，其中56%是亚油酸，人体吸收率可达97%以上；含有丰富的维生素E，对人体细胞分裂、延缓衰老有一定作用。毛油中维生素E含量仅次于麦胚油，脱臭后仍含有油重的0.8%～1.2%。玉米油有少量辅酶，有抗氧化性能；含有谷固醇及磷脂，有延缓衰老功效，可降低人体内胆固醇含量。玉米油的亚油酸含量丰富，是医药工业上制造脉通、益寿宁等药品的原料。

9. 葵花籽油：精炼后的葵花籽油呈清亮的淡黄色或青黄色，气味芬芳，滋味纯正。葵花籽油中脂肪酸的构成因气候条件的影响，寒冷地区生产的葵花籽油含油酸15%左右，亚油酸70%左右；温暖地区生产的葵花籽油含油酸65%左右，亚油酸20%左右。葵花籽油的人体消化率为96.5%，含有丰富的亚油酸，有显著降低胆固醇，防止血管硬化和预防冠心病的作用。葵花籽油中生理活性最强的α-生育酚的含量比一般植物油高。亚油酸含量与维生素E含量比例比较均衡，便于人体吸收利用。

10. 葡萄籽油：葡萄籽油为葡萄科植物葡萄的种子提取物，工艺为低温压榨。成分中含棕榈酸6.8%，花生酸0.77%，油酸15%，亚油酸76%，总不饱和脂肪酸约92%，维生素E约360mg/kg，β-胡萝卜素42.55mg/kg，还富含钾、钙、镁及葡萄多酚，具有降低血液中胆固醇，防止血栓形成，扩张血管，防止青光眼的发生等作用。同时具有营养脑细胞、调节自主神经的作用，可有效防止心血管硬化引起的各种疾病。

二、调和油

又称高合油，是根据使用需要，将2种以上经精炼的油脂按比例调配制成的食用油。调和油澄清、透明，可作熘、炒、煎、炸或凉拌用油。调和油一般选用精炼大豆油、菜籽油、花生油、葵花籽油、棉籽油等为主要原料，还可配精炼过的米糠油、玉米胚油、茶籽油、红花籽油、小麦胚油等特种油脂。其加工过程是根据需要选择上述2种以上精炼过的油脂，再经脱酸、脱色、脱臭、调合成为调和油。调和油的保质期一般为12个月。

人体对油脂的需要是复合性的，既需要饱和脂肪酸也需要不饱和脂肪酸，既需要单不饱和脂肪酸也需要多不饱和脂肪酸，人体对饱和脂肪酸、单不饱和脂肪酸、多不饱和脂肪酸最合理的需求比例是1：1.7：1。单纯一种动物油脂或植物油脂都无法满足，只有把2种或2种以上的油脂合到一起，才可能满足人体合理的脂肪酸比例需求。调和油的工艺为这一需求提供了良好的发展前景，使人类的脂肪摄入进入了科学合理的时代。

食用油的调和有以下4种类型：

1. 营养调和油：或称亚油酸调和油。一般以葵花籽油为主，配以大豆油、玉米胚油和棉籽油，调至亚油酸含量60%左右、油酸含量约30%、软脂含量10%左右。

2. 经济调和油：以菜籽油为主，配以一定比例的大豆油。其价格比较低廉。

3. 风味调和油：就是将菜籽油、棉籽油、米糠油与香味浓厚的花生油按一定比例调配成“轻味花生油”，或将前3种油与芝麻油以适当比例调和成“轻味芝麻油”。

4. 煎炸调和油：用棉籽油、菜籽油和棕榈油按一定比例调配，制成含芥酸低、脂肪酸组成平衡、起酥性能好、烟点高的煎炸调和油。

上述调和油所用的各种油脂，除芝麻油、花生油、棕榈油外，均为全炼色拉油。食用调和油适用于所有日常的菜肴，具有调整血脂、预防心脑血管疾病、滋润肌肤、消除疲劳、改善体质、延缓衰老的作用。

第四节　食用油的选择

我国食用油标准规定：食用植物油统一采用以单一的原料名称对产品命名，禁止将与用途、工艺等有关的词语用在产品名称中。也就是说，产品只能根据原料称为大豆油、花生油等，不能再加上“烹调”“压榨”等类似字眼，食用油将按质量由高到低分为一、二、三、四4个等级。所以，选择食用油只需认真看正规产品标签标定的等级高低就知道食用油的质量优劣。标准规定，产品标签中要对原料的加工工艺是“压榨法”还是“浸出法”进行明确标识，对是否使用了转基因原料，以及原料的产地进行明确标识。如果在外包装上没有标出上述标准将被禁售。

一、按加工工艺选择

“压榨法”和“浸出法”是食用油的2种基本加工工艺。

1. 压榨法：靠物理压力将油脂直接从油料中分离出来，全过程不涉及任何化学添加剂，保证产品安全、卫生、无污染，天然营养不受破坏。

2. 浸出法：采用溶剂油（六号轻汽油）将油脂原料经过充分浸泡后，进行高温提取，经过“六脱”工艺，即脱脂、脱胶、脱水、脱色、脱臭、脱酸加工而成，最大的特点是出油率高、生产成本低。这也是浸出油的价格一般低于压榨油的原因之一。

从追求天然健康的角度考虑，压榨油更符合人们的消费心理。国内市场上绝大多数花生油采用的是“压榨法”，多数大豆色拉油则选用“浸出法”。为保证食用油的安全，国家对消费者看不见的制作过程也有规范的要求。为维护消费者健康，提高产品的安全和卫生标准，标准限定了食用油中的酸值、过氧化值、溶剂残留量等指标，同时限定了最低质量等级指标，对压榨成品油和浸出成品油的最低等级的各项指标进行了强制规定。

二、按油的成色选择

选择食用油，首先，要选择脂肪酸构成合理的，尽量做到少吃油、吃好油。其次，油脂都含有较高的热量，故应少吃油，防止热量摄入过多。不同的油营养价值不同，对一般生活来说，尽量做到能吃木本植物油的少吃草本植物油，能吃草本植物油的少吃动物油。最后，吃油要做到多样性。吃油的多样性以满足人体对多种脂肪酸的需求和不同营养成分的需要为目的，如果能吃可靠加工的调和油最好。对食用油的选择，一般方法是：

1. 看颜色：一般来说，精炼程度越高，油的颜色越淡。当然，各种植物油都会有一种特有的颜色，不可能也没有必要精炼至没有颜色。

2. 看亮度：亮度也称透明度，要选择清澄透明的油，透明度越高越好。

3. 嗅气味：取一两滴油放在手心，双手摩擦发热后，应闻不出哈喇味、刺激味等异味。如有异味就不要买。

三、按贮藏方式选择

食用植物油在贮藏过程中有“四怕”：一怕直射光，二怕空气，三怕高温，四怕进水，因此保存贮藏食用油要避光、密封、低温、防水。为保持食用油的成分不被破坏，优质食用油包装会努力满足保存贮藏的条件。

1. 看包装质地：优质食用油的包装首选金属包装，合金金属包装能够达到避光、密封、防水的要求。其次选择玻璃包装，再次才会选择塑料包装。

2. 看容器颜色：优质食用油包装贮藏容器的颜色都会选择深色，首选深色合金，次选深色磨砂玻璃容器。越是想通过透明容器让你看清楚食用油质地清亮的，越是低档的食用油。因为越透亮的容器，越不避光。

在几千年的生活实践中，老百姓总结了许多贮藏食用油的简便方法，以适应日常生活的需要。如将花生油或豆油入锅加热，放入少许花椒、茴香，待油冷后，装进搪瓷或陶瓷制品的容器中存放，这样的油可以较久存放而不变质，做菜用时味道也特别香。再如将大油（猪油）熬好后，趁其未凝结时，加进一点白糖或食盐，搅拌后密封，可较久存放而不变质。小磨香油在贮存过程中易酸败、失香，民间常常把香油装进一小口玻璃瓶内，每500g油加入精盐1g，然后将瓶口塞紧，不断地摇动，使食盐溶化，放在暗处3d左右，再将沉淀后的香油倒入洗净的棕色玻璃瓶中，拧紧瓶盖，置于避光处保存，随吃随取。要注意的是，装油的瓶子切勿用橡皮等有异味的瓶塞。

第五节　地沟油的鉴别

地沟油可分为3类：一是狭义的地沟油，即将下水道中的油腻漂浮物或将宾馆、酒店的剩饭、剩菜（泔水）经过简单加工、提炼出的油；二是将劣质猪肉、猪内脏、猪皮，腐烂的动物肉及动物内脏加工及提炼后产出的油；三是用于油炸食品的油使用次数超过一定次数后，再被重复使用或往其中添加一些新油后重新使用的油。

一、地沟油对人体的危害

地沟油中含各种各样洗涤剂和化学清洗物，铅的含量很高，那些小作坊不知道怎么样净化地沟油，反而会增加很多其他的化学物质，损害人体。

1. 消化不良：在炼制地沟油的过程中，动、植物油经污染后发生酸败、氧化和分解等一系列化学变化，会产生对人体有重毒性的物质。砷是其中的一种，人一旦使用砷量巨大的地沟油后，会引起消化不良、头痛、头晕、失眠、乏力、肝区不适等症状。

2. 腹泻：地沟油制作过程注定了不符合卫生标准，其中含大量细菌、真菌等有害微生物，一旦到达人体肠道，会引发腹泻、恶心、呕吐等一系列肠胃症状。

3. 腹痛：地沟油中混有大量污水、垃圾和洗涤剂，经过地下作坊的露天提炼，根本无法除去细菌和有害化学成分，所有地沟油含铅量都会严重超标。食用了含铅量超标的地沟油做成的食品，会引起剧烈腹绞痛、贫血、中毒性肝病等。

4. 胃癌与肠癌：令人作呕的炼制过程是地沟油毒素滋生的原因。地沟油是对从酒店、餐馆收来的泔水进行加工提炼，去除臭味而流到食用油市场的成品油。潲水油中含有的黄曲霉素、苯并芘是致癌物质，黄曲霉素的毒性比砒霜高100倍还多，可以导致胃癌、肠癌、肾癌及乳腺、卵巢、小肠等部位癌肿。

国内尚未有检测地沟油的统一标准。现行的国家强制性标准《食用植物油卫生标准》中关于食用油的理化指标检测包括酸价、过氧化值、浸出油溶剂残留、游离酚（棉籽油）、总砷、铅、黄曲霉毒素、苯并芘、农药残留9项指标，分别对植物原油和植物食用油进行不同的标准检测。但植物原油、植物食用油均不是地沟油，而标准里这9项基本的食用油检测指标，即使是土法提炼出来的地沟油，也都可能合格。按照国务院部署，卫生健康部门组织科技部、工商总局、国家市场监督管理总局、食品药品监管局、粮食局，以及中国疾控中心等有关方面共同研究制定了地沟油检验方法论证方案，组建了包括油脂加工、食品安全、卫生检验、化学分析等领域专家和相关机构在内的专家组，对相关技术机构研发检验方法进行科学论证。

二、地沟油的鉴别

目前消费者只能根据经验，对食用植物油通过看、闻、尝、听、问5个方面，进行感官鉴别。

1. **看**：看透明度，纯净的植物油呈透明状，地沟油在生产过程中混入了碱脂、蜡质、杂质等物，透明度会下降；看色泽，纯净的油无色，在生产过程中由于油料中的色素溶于油中，油才会带色；看沉淀物，其主要成分是杂质。

2. **闻**：每种油都有各自独特的气味。可以在手掌上滴一两滴油，双手合拢摩擦，发热时仔细闻其气味。有异味的说明质量有问题，有臭味的很可能就是地沟油，有矿物油气味的更不能买。

3. **尝**：用筷子取一滴油，仔细品尝其味道。口感带酸味的油是不合格产品，有焦苦味的油已发生酸败，有异味的油可能是地沟油。

4. **听**：取一两滴油层底部的油，涂在易燃的纸片上，点燃并听其响声。燃烧正常无响声的，是合格产品；燃烧不正常且发出“吱吱”声音的，水分超标，是不合格产品；燃烧时发出“噼叭”爆炸声，表明油的含水量严重超标，有可能是掺假产品，绝对不能购买。

5. **问**：问商家的进货渠道，必要时索要进货发票或查看当地食品卫生监督部门抽样检测报告。利用金属离子浓度与电导率之间的关系，通过检测油的电导率即可判断油中金属离子量。实验表明，地沟油的电导率是一级食用油的5～7倍，由此可准确识别地沟油。

第九章

药膳月子餐的功能

药膳月子餐是将食物与药物合理配合，经过烹饪加工，制成专门用以促进产妇尽快恢复到产前状态的养生膳食。随着人类物质生活水平的提高，快节奏、高强度、高频率的现代生活，使产妇及其家人日益重视自身的健康。现代文明引起的食物营养过剩、营养失调所导致的产后体形和健康的变化，使产妇们更加希望通过利用膳食，满足产后加速恢复、哺育婴儿、美容养颜、强身健体、保持体形的迫切愿望。本章研究药膳月子餐的养生功能，对产妇和婴儿具有重要意义。

第一节　食物的养生作用

食物是由碳水化合物、脂肪、蛋白质或水构成，能够通过进食或是饮用为人类或者生物提供营养及愉悦的物质。食物的来源可以是植物、动物或者其他界的生物，如真菌，发酵产品（酒）。人类借由采集、耕种、畜牧、狩猎、钓鱼等许多不同的方式获得食物，食物的养生作用就是食物性能的综合效用。

一、滋养人体

《难经》曰："人赖饮食以生。五谷之味，薰肤、充身、泽毛。"饮食的滋养作用是人类赖以生存的根本。饮食进入人体，通过胃的吸收，脾的运化，输布全身，即成为水谷精微，滋养脏腑、经脉，乃至筋骨、肌肤、皮毛等，并与人体的真气结合，维持正常的生命活动，抗御邪气。维系机体生命活动的精、气、神，都离不开饮食的滋养。《寿亲养老新书》说："主身者神，养气者精，益精者气，资气者食。食者生民之天，活人之本也。"明确指出了饮食是"精、气、神"的物质基础。每个人一生中摄入的食物，相当于自身体重的1000～1500倍，这些食物中的营养成分被中医称为"水谷精微"，绝大多数转化成人体的组织器官和代谢能力，以满足生生不息的生命代谢需要。

有滋养作用的食物大多数能有效补充人体的气血、阴阳、津液。现代营养学研究显示，具有滋养作用的粮食、水果、蔬菜、禽蛋、肉、乳等食物含有丰富的蛋白质、糖、脂肪、维生素、激素等物质，可直接补充体内营养物质的不足，有效防止多种营养不良性疾病。近年来的营养学研究发现，食品中含有大量的微量元素，对机体代谢起着重要作用，可以有效防治某些微量元素不足引起的疾病。

二、调节平衡

人体生命活动的过程，是新陈代谢的过程。体内各种物质的新陈代谢，诸如吸收与排泄、同化与异化、酶的生成与灭活等，贯穿于生命过程的始终。人体每时每刻都要使体温、血糖、血脂等维持在相对稳定的生理范围内，才能保持平衡。养生学认为，脏腑、经络、气血、津液等物质或功能必须保持相对稳定和协调，才能保持“阴平阳秘”的正常生理状态，因此，保持人体阴阳的协调平衡是养生最重要的法则。对机体因阴阳失调所导致的偏盛偏衰或病理现象，可利用饮食的性味进行调整。如对阳衰阴盛者，可用饮食扶阳抑阴；阴虚阳衰者，宜育阴潜阳；阴阳俱虚者，宜阴阳平补，等等。阳虚者可温补，选用羊肉、牛肉、胡桃仁、海虾、韭菜、干姜等甘温、辛热类食品，补阳助气；阴虚者当清补，选用甲鱼、海参、银耳、百合、黑木耳、藕、荸荠等甘凉、咸寒之类食品，养阴生津；偏热体质或热性疾病，可选用性质属寒的食物，如梨汁、藕汁、西瓜、绿豆、茶等清热、生津、利尿；偏寒体质或寒性疾病，可选用性质属热的食物，如胡椒、茴香、辣椒、生姜、芫荽等温里散寒。

食物养生的调整作用，还包含对人与自然的平衡关系的调整。人体时时刻刻要和自然界进行物质交换，摄取自然界的阳光、水、空气、食物等供应机体需要，又把机体的代谢废物排出体外，维持人与自然界的协调平衡。食物养生就是运用阴阳平衡规律调整机体功能，使人体内的阴阳、人与自然界的关系都能达到协调平衡。

三、预防疾病

《素问·遗篇刺法论》说：“正气存内，邪不可干”，《素问·评热病论》说：“邪之所凑，其气必虚”。饮食提供给人体的能量能使脏腑功能旺盛，气血充实，有效抵御外邪而使机体免于患病。

加强饮食调养能增加人体的抗病能力也为现代研究所证明。缺乏某些食物成分，会使机体的功能低下而导致疾病。如缺少蛋白质和碳水化合物会导致肝功能障碍；缺乏某种维生素会引起夜盲症、脚气病、口舌炎、坏血病、软骨病等；缺乏某些微量元素，如缺钙会引起佝偻病，缺磷会引起神经衰弱，缺碘会引起甲状腺肿，缺铁会引起贫血，缺锌和钼则会引起身体发育不良等。通过对食物的调配，有针对性地增加必需的食物成分，能预防和治疗这些疾病。中医学早在1000多年以前，就有用动物肝脏预防夜盲症，用海带预防甲状腺肿大，用谷皮、麦麸预防脚气病，用水果和蔬菜预防坏血病等记载。

养生学提倡在日常生活中注意发挥某些食物的特异作用，直接用于某些疾病的预防。如葱白、生姜、豆豉、芫荽等可预防感冒，甜菜汁或樱桃汁可预防麻疹，鲜白萝卜、鲜橄榄煎服可预防白喉，大蒜可预防下痢，绿豆汤预防中暑，荔枝可预防口腔炎、胃炎引起的口臭症状，红萝卜粥可预防头晕等。大蒜能杀菌和抑制病毒，故可防治呼吸道感染和肠道传染病等；生山楂、红茶、燕麦片能够降低血脂，故可预防动脉硬化。近年来，人们还用玉米粉粥预防心血管病，用薏苡仁粥、苦瓜、马齿苋等预防癌症，用苦瓜预防消渴病等。

食物保健和对疾病的预防作用，已成世界性的研究课题，对产后产妇恢复具有现实意义。

四、延缓衰老

饮食调摄是长寿之道的重要环节，《养老奉亲书》中说："高年之人，真气耗竭，五脏衰弱，全仰饮食以资气血。"注重饮食调养，达到抗衰防老、益寿延年的目的，是历代医家十分重视的研究项目。延年益寿的关键在于肾气充盈。精生于先天，但依赖后天水谷精微的滋养，精藏于肾而润养五脏六腑，精气充足则使肾气旺盛，肾气充盈则能使人体健康而神旺。

导致人体早衰，常常是肺、脾、肾三脏功能衰减，提前罹患老年性疾患。如肺虚或肺肾两虚所致的咳喘，脾肺两虚的痰饮喘咳，脾虚或脾肺两虚的气短倦怠、消化不良、营养障碍，肾虚的腰酸膝软、小便失常，以及心悸健忘、牙齿松动、须发早白或脱落等未老先衰的征象，从养生学延缓衰老所确立的治则、治法来看，也多从补益肺、脾、肾入手。对历代食养食疗方剂、保健医疗食谱中所含成分进行统计，功效也以调补肺、脾、肾三者为多，尤重补益脾肾的食物，如芝麻、桑葚、枸杞子、薏苡仁、龙眼肉、胡桃仁、蜂王浆、山药、牛奶、甲鱼等。经常服用这些食品，有利于产后恢复，有利于健康、长寿，对于高龄初产妇的恢复尤为重要。

五、补偏救弊

将食物用于治疗或辅助治疗疾病，补偏以救弊，在我国有着悠久的历史，大量的理论和经验记载于食疗本草及中医古籍中。由于药食同源，"食物入口，等于药之治病，同为一理"（《本草求真》）。食物不仅给人体提供了生命活动所需要的水谷精微，而且可以调整阴阳，协调脏腑，通畅气血，补虚泻实，扶正祛邪，可用于治疗、辅助治疗疾病，用于病后康复。

食疗的作用机制与药物无异，无非是补虚泻实、祛邪扶正而已。正气不足，各种组织、器官和整体的机能低下，可分为气血、阴阳虚损及脏腑虚损，根据病情和食性，可分别采用平补、清补、峻补、温补的食物来补虚扶正。邪气盛实，多见于外部致病因素侵袭人体，或内部功能紊乱而导致的疾病。如果同时兼有正气虚弱的表现，则是"虚实错杂"，此时可用泻实或兼以扶正的食疗方治疗，如应用性质属寒的食品治疗热性疾病；若同时兼有热伤津液者，宜配伍生津的食品。又如应用性质温热的食品治疗寒性疾病，若同时兼有阳虚者，配伍温阳补虚食品。

虽然食疗既能补虚又可泻实，但食物中具有补益作用的偏多，故食疗在临床上更多地被用于"食补"。中医"药补不如食补"的说法，正是对此而言。

食疗的最大优点在于容易被人们接受。孙思邈在《备急千金要方》中强调：“夫食能排邪而安脏腑，悦神爽志以资气血，若能用食平疴，释情遣疾者，可谓上工。”

第二节　药膳月子餐的功能

药膳月子餐将食物与药物合理配合，经过烹饪加工，就是专门用以促进产妇尽快恢复到产前状态的膳食，其功能主要在于补益气血，恢复产妇的各项生理功能和体形，调节心理情绪，适应哺育、养育婴儿的使命。概括起来，有以下几点：

一、补益气血

产科常说，产妇是“产前一盆火，产后一块冰”。分娩的过程使产妇的体力、气血大量损耗，导致产妇产后多虚、多瘀，非常需要通过药膳对机体进行渐进式的补益和调理。补益气血的食物大多味甘、性平，包括粮食、水果、蔬菜、禽蛋、肉乳等，这些食物富含碳水化合物、蛋白质、脂肪、维生素、激素等，可以直接补充人体内所需要的全营养素。

通过药膳月子餐补益产妇的气血是最简单、最直接、最有效的补益方式。补益类的月子餐，一定要以熟软、流质、易消化为主要形式，通过坐月子，以渐进的方式逐步进补。补益的药膳可以分为补气、补血、气血双补、补阴、补阳几大类，应根据产妇的体质合理使用，使产妇产后的虚弱状态逐步改善，在月子期间慢慢恢复体力、气血、精神状态。

二、排除恶露

恶露一般指产妇分娩后阴道内排出的分泌物，由残留的胎盘蜕膜、子宫蜕膜和黏液混合而成。女性分娩后子宫逐渐收缩，在恢复到孕前大小的过程中，会促进子宫蜕膜的脱落，当血管收缩时，也促进了血液和蜕膜组织的排出，脱落的子宫内膜与血液混合形成恶露。恶露的颜色和分泌量随着时间发生变化，一般分为红色、浅红色和白色，量逐渐减少，一般在分娩后的2个星期左右排泄干净，逐渐消失，是正常的生理过程，一般无须进行处理。分娩后，如果宫腔内有较多的胎盘、胎膜组织残留，会引起子宫收缩不佳，导致恶露的持续时间延长到2个星期以上，称为恶露不尽或恶露不止。

正确应用药膳可以有效促进恶露的及时排泄。促进恶露排泄的药膳一般以补气、清热、活血化瘀为要务，以清淡、多汤水为主；为了使恶露排出顺畅，药膳月子餐应多用绿色、开花类蔬菜，忌油腻、生冷，防止损伤脾胃，使恶露留滞不下；在恶露没有排泄干净以前，不宜食用辛热过度、耗伤津液的饮食或药物。同时要多应用滋阴润燥之品，以防便秘；慎食辛香走窜之品，以防恶露过多。

三、催乳泌乳

乳汁是乳腺分泌的。母乳主要是在催乳素的刺激之下，乳腺泡将血液当中的蛋白质、糖和脂肪成分吸收一部分转变成为母乳，通过乳腺管道分泌。女性怀孕之后受雌、孕激素的影响，乳房腺管和腺泡发育增生，并且脂肪组织大量沉积，为分娩后分泌乳汁做准备。女性分娩之后，脑垂体会分泌一种叫作泌乳素的激素，能够促使乳腺细胞分泌母乳，通过乳腺管排出体外。母乳营养成分丰富，含有蛋白质、维生素、矿物质、氨基酸等。分娩之后，乳汁需通过吸吮而排出，因为吸吮的刺激可以增加泌乳素以及催产素，可以不断地产生母乳。母乳分泌量的多少和吸吮及营养摄入是否充足有密不可分的关系。

哺乳期是指产妇用乳汁喂养婴儿的时期，通常为10个月。哺乳期是产后处于身体康复的时期，此时又要承担哺育婴儿的重任，因此该期的饮食营养对于促进身体恢复，确保乳汁喂养十分重要。健康妇女分娩后，开始分泌乳汁，产后睡眠规律，营养充足，情绪平稳，婴儿的吸吮和哭声等刺激可促进乳汁分泌；反之，则使乳汁分泌减少。《类证治裁》云："乳汁为气血所化，而源出于胃，实水谷之精华也。"食用高营养又清淡的饮食，易于消化吸收而化生乳汁。乳汁不足可以多进食一些汤水类膳食，如鱼汤、鸡汤、猪蹄汤等。哺乳期忌食辛辣燥热刺激性食物。不可滥用补品以及肥甘厚腻，尤其是痰湿体质，常引起形体肥胖，反而减少乳汁分泌。

产前就应该做好乳头的清洁工作，产后及时用清水将乳头洗干净，如乳头有积垢或痂皮，可先涂抹植物油，使之软化。产后8～12h即可开奶。每次哺乳前，乳母要洗手，用温开水清洗乳头，避免奶头污染而使婴儿吸入不洁之物。不要让婴儿含着乳头入睡。每次哺乳应让婴儿吸吮，完全吸空，后用吸奶器吸空，防止乳汁淤积发生乳痈。刚开始哺乳时，有时发生蒸乳反应，乳房胀硬疼痛，可作局部热敷，使乳汁畅通；也可以用中药通乳。催乳的中药主要有王不留行、穿山甲、通草等。若出现乳头皲裂或乳痈，应及时就医。哺乳要定时，这样可以预防婴儿消化不良，有利于乳母休息。一般3～4h哺乳1次，哺乳时间为20min左右。哺乳至10个月左右即可考虑断奶。

疲劳、失眠、起居不规律、焦虑烦躁等，均严重影响乳汁的分泌。乳母必须保持心情舒畅，起居有时，劳逸适度。还要注意避孕。用延长哺乳期的方法避孕是不可靠的，亦不宜服用避孕药，以免抑制乳汁分泌。最好用避孕工具。

许多药物可以经过血液循环进入乳汁。例如乳母服用大黄，可使婴儿腹泻；服用阿托品、四环素、红霉素、苯巴比妥以及磺胺类药物，都可以从乳汁排出，对婴儿产生影响。因此，哺乳期应谨慎用药。

四、恢复体形

分娩后产妇由于多补益，少活动，容易因营养过剩而发生虚肿或发胖。产后肥胖是产后高发疾病。肥胖是由于多种原因导致体内膏脂堆积过多，体重异常增加，并伴有头晕乏力、神疲懒言、少动气短等症状的一类病症。产后产妇由于过食肥甘、缺乏运动、先天禀赋等导致脾肾气虚，痰湿偏盛，主要病位在脾与肌肉，与肾气虚关系密切，多为本虚标实。产后肥胖对人体的健康危害极大，一旦形成，一般不易治疗，而且会引发高脂血症、高血压、脂肪肝等代谢类疾病。

产妇在改善衰弱状态的同时要注意合理的膳食营养搭配。产后药膳月子餐，一定要忌食肥甘和醇酒厚味，多食蔬菜、水果等含纤维素、维生素的食物，适当补充蛋白质；宜低糖、低脂、低盐饮食，养成良好的饮食习惯；忌多食、暴饮暴食，忌食零食，忌辛辣燥热，不滥补，祛痰湿，适当活动，尽早恢复体力和子宫功能，防止体重过快增长导致体形臃肿。必要时有针对性地配合药膳，可根据产妇的恢复状态和个体差异，选择散步、慢走、慢跑、爬楼梯等方式进行锻炼，预防肥胖发生，及时恢复体形。

预防肥胖和减肥的中药有荷叶、茶叶、菟丝子、枸杞子、玉竹、地黄、山楂、莱菔子、陈皮、黄芪等，可根据产妇的具体情况适当选用。

五、调节情志

产妇在产褥期出现精神抑郁，沉默寡言，情绪低落或心烦不安，失眠多梦，神志错乱，甚至狂言妄语等称为“产后情志异常”，通常在产后2周内出现。西医学称“产褥期抑郁症”。主要为产后多虚，心血不足，心神失养；或情志所伤，肝气郁结，肝血不足；或产后多瘀，瘀血停滞，上攻于心所致。产后情志异常包括产后抑郁、产后发狂、产后癫狂，其特征在于发病急，症状不典型，表现多样性。主要与产褥期的生理有关。治宜调和气血，安神定志，配合情志治疗，心理疏导。本病初期经过饮食、心理、药物治疗预后良好。若不及时治疗，产妇可出现自杀倾向或杀害婴儿，影响夫妻关系及整个家庭。再次妊娠有20%的复发率，其第二代的认知能力可能会受一定的影响。

由于产妇产后容易肝气郁结、抑郁，在整个月子期应通过药膳等各种方式使产妇始终保持心情愉悦快乐。药膳要以疏肝理气、宽胸为主，可用甘草、大枣、小麦、酸枣仁等中药进行调理，也可以用逍遥散、柴胡疏肝散等加强治疗。

第十章

药膳月子餐的原则

饮食摄取正确与否，对健康至关重要。元代贾铭在《饮食须知》中说：“饮食借以养生，而不知物性有相宜相忌，从然杂进，轻则五内不和，重则立兴祸害，是养生者亦未尝不害生也。”养生学在摄食方面积累了丰富的经验，其中主要内容包括良好的饮食习惯、有节制地合理进食、五味调和的饮食平衡、顾护脾胃的摄生思想、注重饮食卫生宜忌等。把这些丰富的经验结合月子餐的实际需求，中国老百姓“坐月子”的丰富经验，按照吃什么、吃多少、何时吃、如何吃、能否吃的思路，进行认真地概括总结，从营养平衡、饮食有节、饮食有时、饮食安全方面予以论述。

第一节　营养平衡

无论是养生还是疗病，补偏救弊，损其有余而补其不足，恢复整体阴阳的动态平衡，是摄食运用的基本原则。产后脏腑失调的情况比较复杂，但从其整体来说有五脏之间的失调，有六腑之间的失调，有脏与腑之间的失调3个方面。其失调的病机，不外脏腑的偏盛偏衰、气血的虚实、阴阳的失调。所以，协调脏腑应视这些失调的具体情况而调节。如产后视物昏花，为肝血不足表现于目，饮食调补采用滋补肝肾法，选食猪肝炒枸杞苗、猪肝羹等；产后口舌生疮，为心胃火旺表现于口舌，饮食调补采用清胃泻火法，选食灯芯粥、竹叶芦根茶等。这些都是协调脏腑，统一整体与局部关系的例证。又如肺的病变，可能是本脏受邪发病，也可能是他脏病变所致：若因肝火亢盛，木火刑金者，应以泻肝火为主，选食菊花茼蒿饮；因脾虚生痰，痰湿壅肺者，应以健脾燥湿为主，选食枳术饭；肾阴虚不能滋肺者，应滋肾润肺为主，选食百合枸杞羹；兼头痛耳鸣，面红目赤，烦躁易怒等肝阳上亢的病证，可食菊花饮、芹菜粥等以清肝潜阳；也可食山药粥、益脾饼等保护中土，以免木旺克脾；兼肝肾阴虚者，可食桑葚膏、猪肾羹等滋肾水以涵肝木；兼心火旺者，可食竹叶粥、灯芯饮等泻心火，以达实则泻其子的目的。其他脏腑的病变，也可根据脏腑间的相互关系，选择适当的食物协调彼此之间的平衡。

产后饮膳调节首重脾、肾二脏，这是因为它们在生命活动过程中所起的作用特别重要。调补脾土的方法，在药膳、食疗实践中应用得十分广泛，除了能治疗消化系统疾病外，循环系统、呼吸系统、泌尿系统、血液系统、神经系统等表现为气虚、血虚、气血两虚之证者，都可用调补脾胃法收到良好的效果。而调补肾脏的药膳、食疗方药，除用于单纯的肾虚外，对其他如神经系统、内分泌系统、呼吸系统、生殖泌尿系统等病证亦有很好的效果，这是因为肾之阴、阳能滋养和温煦其他脏腑阴阳的缘故。故康复治疗中运用补肾法可以起到全面的、整体的康复作用，有利于各种慢性疾患和产妇产后的康复。

杂食益养：杂食益养是摄食养生第一原则，也是药膳月子餐应用的第一原则。就是说要通过“杂食”来有益地养护产妇，使其早日康复。杂食益养是由人体营养成分需求的多样性、食物供给的多样性决定的。人体营养成分需求的多样性，表现在人体生命活动需要各种各样的营养物质提供营养和能量，营养学概括为碳水化合物、蛋白质、脂肪、维生素、矿物质和水六大类，而每一大类又有无数品种。食物供给的多样性是因为自然界提供给人们的食品种类、品种极为繁多，有有机的、有无机的，有机的食物包括动物的、植物的、其他生物的（如食用菌等），无机的食物主要是矿物质，而每一类食物都有成千上万的品种，所以人们的摄食一定要“杂”。杂是指食物的品种要多样，目的是实现营养成分的互补。所以，药膳主张主副搭配、粗细搭配、果蔬搭配、荤素搭配、生熟搭配等，以达到“杂食益养”的目标。

食物纤维：养生学提倡每人每天至少摄入200g水果和300g蔬菜，而我国居民膳食纤维摄入量普遍不足。水果和蔬菜可预防多种营养缺乏病，保持心脑血管健康，降低癌症危险性，控制体重，预防2型糖尿病，防止便秘。2002年世界卫生报告中提出的证据表明，水果和蔬菜摄入量过少是十大死亡高危因素之一。数据显示，在世界范围内，水果和蔬菜摄入量过少估计造成约19%的胃肠道癌症、约31%的缺血性心脏病和11%的中风。绿色果、蔬可以提供人体所需的叶黄素，橘黄色果、蔬可以提供人体所需的β-胡萝卜素、维生素C，深绿色果、蔬可以提供叶酸，红色果、蔬可以提供茄红素，白色果、蔬可以提供硫化物等。

人体每日营养摄入量要求我们摄食一定要多样性，这种多样性，营养学是可以精确计算的。在目前情况下，我国还没有足够的营养师，普通百姓也没有营养计算的意识，所以，计算营养成分摄入营养，现阶段我国条件有限，还不能完全做到。而且，正如国际自然医学会会长、日本著名学者森下敬一在研究了中国巴马长寿的因素后说的那样：“对人体生理真正带来健康长寿的，并非现代西洋医学、营养学作为指导原理的‘高热量、高蛋白质营养论’，而是‘谷菜食品营养论’。”

中国“谷菜食品营养论”是适应中华民族生存、长寿的摄食理论，理论的核心是通过“杂食”达到“益养”，就是提倡人们每天的食物品种越多越好，越杂越有益于人体需求。所以，我们提倡中国国民力争做到每天摄入15～20种食物，力争达到膳食营养素的平衡，月子餐的饮食多样化，有利于产妇的有效恢复。

第二节 饮食有节

饮食有节是指饮食的量应有一定的节制，应根据个人的实际情况做到适量饮食，不过饥也不过饱。饥饱无度都会影响身体健康：过分饥饿，机体营养来源不足，无以保证营养的供给；饮食过量，不能及时消化、吸收，脾胃承受过量，消化、吸收功能就会受到损伤。两者的结局都是难以吸收人体生命所必需的足够营养。

饮食过量、营养过剩是当今社会的主要倾向。《素问·痹论》指出："饮食自倍，肠胃乃伤。"《备急千金要方》中说："不欲极饥而食，食不可过饱；不欲极渴而饮，饮不可过多。饱食过多，则结积聚；渴饮过多，则成痰澼。"又说："凡常饮食，每令节俭，若贪味多餐，临盘大饱，食讫，觉腹中彭亨短气，或致暴疾，乃为霍乱。"说明凡暴饮暴食者，常使胃肠功能失调，而引起上吐下泻的病变。在节制饮食的具体做法上，历代养生家也提出不少有效的办法。如《养生避忌》中说："善养生者，先饥而食，食勿令饱；先渴而饮，饮勿令过。食欲数而少，不宜频而多。"历代均认为"腹八分"，即摄食至七八分饱，少食多餐是最佳的摄食养生方法。

随着中国经济的发展，人们富足起来后，逐渐远离了中华民族良好的饮食习惯，盲目地套用西方人的生活方式，饮食过量、营养过剩已经成为严重的社会问题。人们常常是晚餐吃得很多，经常夜间加餐吃夜宵，导致体重增加，肥胖、高血压、高血糖、高血脂、高尿酸血症、高脂肪肝并发症、高胰岛素血症（胰岛素抵抗）等代谢综合征的发病率逐年增高，老百姓称其为"吃出来的病"，严重影响国民健康，应引起每一位中华儿女的高度重视。

世界卫生组织（WHO）公布的体质指数（BMI）=体重（kg）/身高（m）的平方，正常值在18.5~25之间。这是在欧美等西方国家进行调查后得出的数据，2002年中国流行病学将本土标准确定为18.5~23.9之间，如果体质指数超过24为超重，超过28就算肥胖，高血压、高血脂、冠心病、脑卒中发生的可能性就增大了。产后产妇一定要在月子期把体质指数控制在23.9以下。

第三节 饮食有时

饮食除了要适量，还应定时而有规律。早在《尚书》中就有"食哉惟时"之论。有规律地定时进食，可以保证消化、吸收机能有规则地进行活动，脾胃则可以协调配合，有张有弛。食物则可以在机体内有条不紊地被消化、吸收，并被输布全身。若食无定时而随意进食，零食不离口，会使肠胃始终得不到相应的休息，打乱了胃肠的活动规律，使消化功能失调。长期如此，食欲逐渐减退，反而有损于健康。

中华民族的饮食习惯是一日三餐，间隔的时间为4～6h。这与饮食物在胃肠停留和传递的时间比较吻合，符合养生要求。现代研究证明，早、中、晚进餐的时间与古人提倡的辰时、午时、酉时进餐的时间相吻合，辰时、午时、酉时是人体内消化机能最活跃的时候，故一日三餐，定时进膳，对消化功能特别有利。《灵枢·平人绝谷》篇说："胃满则肠虚，肠满则胃虚，更虚更满，故气得上下，五藏安定，血脉和利，精神乃居。故神者，水谷之精气也。"指出只有定时进餐，才能使胃、肠维持更虚更满的功能活动，使胃肠之气上下通畅，有利于营养物质正常地摄取和输布。

一日三餐还要遵循"早饭宜好，午饭宜饱，晚饭宜少"的原则。关于时间与饮食，《老老恒言》说："早饭可饱，午后即宜少食，至晚更必空虚。"《备急千金要方》明确提出："须知一日之忌，暮无饱食。"《琐碎录》亦言："暮餐不若早餐。"这些论述都是以一昼夜中人体生理变化的规律为依据的：一夜过后，人体得到了充分的休息，精神振奋，但胃、肠经过一夜的工作处于空虚状态，此时及时进食，体内营养得到补充，精力必然充沛。所以早餐进高质量的食物，易于消化，便于机体吸收。一日之中，既要补充上午的消耗，又要应付下午的活动，故午餐宜食饱。饱是指要保证一定的饮食量，而不是吃得太多过饱，过饱胃肠负担太重，也影响身体的正常活动和健康。晚上人要进入睡眠，活动较少，故宜少食，若食多，反而成为致病之因。《诸病源候论》说："夫饮食过饱，则脾不能磨消，令人气急烦闷，眠卧不安。"导致或"心腹坚痛"，或"但欲卧而腹胀"。孙思邈亦说："饮食即卧，乃生百病。"

产妇产后由于机体恢复的需要，新生儿哺乳的需要，月子餐可以每日加餐1～3次。即在每两餐之间加一餐，临睡前加一餐，以保证产妇的营养充足。但也要根据每位产妇的具体情况而定，不可一概而论。

第四节　饮食安全

饮食安全是在养生学理论指导下，通过改变不良饮食习惯与嗜好，避免食用不利于人体健康，或加重甚至恶化病情的食物，以达到养生或促进康复的饮食保健方法，亦称为饮食宜忌。食养食疗学说所论的饮食宜忌，包括范围很广，既有通常所说的"忌口"，也有食物与食物或食物与药物之间的配伍禁忌等。有关饮食宜忌最早见于《素问·宣明五气篇》所载的"五味所禁"，以及《素问·五脏生成篇》所载的"五味之所伤"等，即五脏病各有所忌：心病禁咸，肝病禁辛，脾病禁酸，肺病禁苦，肾病禁甘。汉代张仲景在《金匮要略·禽兽鱼虫禁忌并治第二十四》中说："所食之味，有与病相宜，有与身为害，若得宜则补体，害则成疾。"相宜食味能治病养病，食用不相宜食品则反成祸害，故应禁之。

趋利避害是饮食宜忌的目的。常用饮食宜忌归纳如下：

一、常见病证的饮食宜忌

疾病性质有寒热虚实之分，食物有寒凉温热之性，因而患者饮食便有宜忌。病证的饮食宜忌是根据病证的寒热虚实、患者体质的阴阳偏胜，结合“食物”的四气、五味、升降浮沉及归经等特性加以确定的。寒证患者宜食温性、热性饮食，忌用寒凉、生冷食物；热证患者宜食寒凉、平性饮食，忌食温燥伤阴食物；虚证患者，阳虚畏寒之体宜温补，忌用寒凉，不宜过食生冷瓜果、冷性及性偏寒凉的菜肴食物；阴虚内热者宜清补，忌用温热助火的食品，不宜吃辛辣刺激性食物，如酒、葱、大蒜、辣椒、生姜之类；一般虚证病人，应避免食用生冷油腻、腥臭等不易消化的食物，食物应清淡而富有营养。

实证患者，饮食宜忌根据辨证情况，以祛邪为主，忌用滋腻补益食品，以免留邪。如发热，患感染性、出血性疾病者，当忌食辣椒、胡椒、老姜、酒、羊肉、虾等温热及煎炸烧烤类等食物；胃痛呕吐、腹痛腹泻、哮喘咳嗽等虚寒性疾病者，忌食螃蟹、海带、田螺、西瓜等冷积之物；胸闷腹胀、消化不良及胃肠道疾病者，忌食红薯、糯米、豆类、瓜果等生冷腻滞之物；肝胆疾病、皮肤湿疹、过敏性体质者，忌食竹笋、虾、蟹、海鲜类发物。

二、食物配伍的饮食宜忌

在日常生活中，有些食物会“相克”，不宜存放在一起或一同食用，否则会发生反应，甚至产生毒素，危害健康。先将常见的“相克”梳理如下：

1. **面包与饼干**：饼干类的点心干燥无水分，而面包的水分较多，两者同存，饼干会变软而失去香脆感，面包则会变硬难吃。

2. **米与水果**：米易发热，吸收水分后会发生霉变生虫，水果受热后则容易干枯或腐烂。

3. **茶叶与香皂**：茶叶与香皂同放，由于茶叶的吸附串味性很强，茶叶会变味。

4. **黄瓜与西红柿**：西红柿含有乙烯而黄瓜忌乙烯，两种蔬菜一同贮存会使黄瓜变质腐烂。

5. **水果不要同纯碱接触**：水果同纯碱接触极易发热烂掉。

6. **鲜蛋与生姜、洋葱**：蛋壳上有许多小气孔，生姜、洋葱的强烈气味会钻入孔内，加速鲜蛋变质，使蛋发臭。

7. **啤酒和海鲜**：喝啤酒时用海鲜佐菜下酒，容易引发痛风症。这是因为痛风无法排泄过多尿酸，而海鲜又会刺激人体制造更多的尿酸。

8. **西红柿和咸鱼**：咸鱼制品中的硝酸盐在乳酸杆菌的作用下还原成亚硝酸盐，西红柿含有胺类，两者结合后，容易引发胃、肠、肝等消化器官的癌变。

9. 豆浆和鸡蛋：鸡蛋中的黏生蛋白能与豆浆中的胰蛋白酶结合，失去应有的营养价值。

10. 米汤和奶粉：奶粉含有维生素A；米汤含脂肪氧化酶，以淀粉为主。米汤中的成分能破坏奶粉中的维生素A。长期用米汤冲奶粉喂孩子，会使营养大打折扣，甚至会使孩子生长发育迟缓，抗病能力减弱。

11. 肉类和茶叶：茶中的大量鞣酸与蛋白质结合后，会生成一种具有收敛性的鞣酸蛋白质，使肠蠕动减慢，延长粪便在肠道内的潴留时间，当然就会便秘了。

12. 海鲜和水果：海鲜类食物含有丰富的蛋白质和钙等营养成分，与含鞣酸的水果同食，会降低蛋白质的营养价值，易使海鲜中的钙质与鞣酸结合，形成一种不易消化的物质，刺激黏膜，严重时使人出现恶心、腹痛、呕吐等症状。

13. 蜂蜜和开水：多数人吃蜂蜜都会用水冲着喝，但这样做并不科学。因为蜂蜜中的酶类物质遇热水后，会释放出过量的羟甲基糖酸，使蜂蜜中的有效营养成分被迅速破坏掉。

14. 白萝卜和胡萝卜：白萝卜富含钙质及磷、钾、铁和维生素A、维生素B、维生素C；胡萝卜除了含有较多的钾、钙、磷、铁等无机盐外，更主要的是含有丰富的胡萝卜素。但如果把胡萝卜和白萝卜一起做成菜并不科学。因为胡萝卜中含有一种叫抗坏血酸的分解酶，会破坏白萝卜里含量极高的维生素C。不仅如此，胡萝卜与所有含维生素C的蔬菜配合烹调都会破坏营养。

三、服药期间的饮食禁忌

病人服药期间，有些食物对所服之药有不良影响，应忌食；有某些食物可促进药物作用的发挥，则可配合同用，以助康复。清代章杏云所著《调疾饮食辩》中说："病人饮食，借以滋养胃气，亘行药力，故饮食得宜足为药饵之助，失宜则反与药饵为仇。"张仲景在《伤寒论》中指出，服用某些中药时忌生冷、黏腻、肉、面、五辛、酒、酪等物。

服药期间的食物禁忌，前人称为服用禁忌，也就是通常所说的"忌口"。古代文献中有猪肉反乌梅、桔梗，羊肉忌南瓜，鳖肉忌苋菜、鸡蛋，螃蟹忌柿、荆芥，蜂蜜忌葱，人参恶黑豆、山楂，忌萝卜、茶叶。近代研究也证实，食物间确实有配膳禁忌，如胡萝卜、黄瓜等食物含有分解维生素C的酶，因此不宜与白萝卜、旱芹等富含维生素C的食物同用；牛奶等含钙丰富的食物，不宜与菠菜等含草酸较多的食物同用。

西药亦有不少食忌，如红霉素、青霉素、阿司匹林忌柑橘、柠檬、果汁、泡菜、番茄、香醋、咖啡碱、可乐、茶叶等酸性食物，四环素忌杏仁、干酪、奶油、牛奶、冰激凌、豆制品等高钙食物，利尿药忌食味精、碱性食物、高钠食物，碱性药物忌食富含维生素B、C的食物等。

饮食宜忌大多源于用药经验，其中不少得到药物学研究证实，也有不少宜忌的内容尚未得到确认，需要继续深入研究。

四、女子经期、孕期及产后的饮食宜忌

（一）月经期的饮食禁忌

女子月经期间，应摄取清淡而富有营养之食品，忌食生冷、酸辣、辛热香燥之品。过食生冷则经脉凝涩，血行受阻，致使经行不畅，甚至痛经、闭经；酸辣辛热香燥之品，则助阳耗阴，致血分蕴热，迫血妄行，令月经过多。也不宜过量饮酒，以免刺激胞宫，扰动气血，影响经血的正常溢行。

（二）妊娠期的饮食禁忌

妊娠期间，母体之血注于冲任经脉以养胎元，此时应避免食用辛辣、腥膻之品，以免耗伤阴血而影响胎元，可进食甘平、甘凉补益之品，以助气血生长。妊娠恶阻孕妇应避免进食油腻之品，宜食健脾、和胃、理气之类食物。

（三）产后期的饮食禁忌

产后气血受到耗损又需哺乳，需加强营养。产妇忌食油腻和生冷瓜果，以防损伤脾胃和恶露留滞不下；不宜吃辛、热伤津食品，以防便秘和恶露过多。产妇饮食宜清淡可口，易于消化吸收，又富有营养及足够的热量和水分，以助机体恢复。总之，应以平补阴阳气血，尤以滋阴养血为原则，慎食或忌食辛燥伤阴及发物与寒性生冷食物。

第十一章

药膳月子餐的搭配

研究药膳月子餐的合理搭配就是研究如何让产妇吃得更科学。月子餐的合理搭配方法非常重要；月子餐的烹调要符合中华民族的生活习惯；月子餐的烹调要符合各地居民的生活习惯；月子餐的烹调要符合营养互补的科学方法；脂溶性维生素一定要用油进行烹调才吸收；月子餐烹饪手段丰富多彩；中华药膳月子餐方剂丰富且数以万计；我们按中国月子餐的实践和习惯概括为10个方面。

药膳中的食物和药物只有合理搭配，避免偏食嗜食，才能使人体全面吸收各种营养，达到“杂食益养”的目的，满足生命活动的需要。食物的搭配关系又称食物的配伍。食物之间或食物与药物之间通过配伍，相互影响营养成分，使原有性能有所变化，产生不同效果。药膳月子餐的合理搭配有利于产妇的有效恢复和婴儿的健康成长。

第一节　主副搭配

经过几千年的发展和沿袭，中华民族习惯上把用五谷类粮食做成的饭食称为主食，而将蔬菜、肉食和水果之类都称为副食。

一、月子餐以主食为主

人们的日常膳食中，主食要占绝对的比重，特别是产妇产后自身需要加强营养，还要哺育婴儿，主、副食搭配比例要以主食为主。主食是热量的主要来源，粮食中碳水化合物含量占70％以上，脂肪含量很少。粮食也是人类获取B族维生素的重要食物。中医理论“五谷为养”肯定了主食的重要性。现代营养学也认为：以植物性食物为主、动物性食物为辅的饮食结构，不但有利于营养和健康，而且有利于节省能源、保护环境。米饭及面食的主要成分是碳水化合物，是十分经济的热量营养。中华民族自古以来一直把米饭及面食作为主要的食物，这是我们民族的饮食生理习惯和营养吸收规律。与大鱼、大肉相比，米饭、面食容易消化，也有着其他营养成分不可代替的必需性。从人体的物质结构来说，人体60％以上是由水组成的，碳水化合物正是我们的身体所需的主要的“基础原料”。

二、副食不能当正餐

现在有些“爱美怕胖”的产妇，有时只吃个苹果或香蕉之类的水果副食，就算吃正餐了；也有许多产妇主张多食肉，多吃副食，少吃粮食；还有些产妇喜欢零食不离口，不喜欢吃正餐，加上片面减肥的错误观点，“零食当正餐”的现象已不足为奇。长期以水果或零食当正餐容易导致贫血或营养不良，因为大部分水果所含维生素B_{12}、蛋白质、铁很少。零食过量还会影响食欲，妨碍摄入正餐量，致使营养摄入量不足，从而导致营养不良、精力不济，甚至昏昏欲睡。

很多产妇产后长期静卧不动或者很少运动，造成血脂增高、血管硬化、消化不畅等疾病，确实需要水果中的营养物质来化解，但以水果、零食当主食，虽然其含多种维生素和糖分，却缺少人体需要的蛋白质和某些微量元素。谷类是人体绝对不能缺少的重要能量来源，应该占膳食结构的50％～60％。产后因为害怕体重增加而不吃主食，势必造成能量摄入不足，影响产后身体恢复和婴儿的哺育和营养。

三、主副搭配须合理

主副搭配应以主食为主，合理搭配副食。谷类中的维生素、膳食纤维和矿物质是其他食品所缺少的，膳食纤维更是对降低血糖和血脂有促进作用。人体能量的三大来源是碳水化合物、脂肪和蛋白质。科学的配比应当是碳水化合物不得低于55％，脂肪不得高于30％，蛋白质15％左右。所以，月子餐产妇的主食不能吃得太少。“中国居民平衡膳食宝塔”以谷类食物作为宝塔的最底层，标志主食是需要量最多的食物，提倡食物多样化，建议成年人每人每天主食量为300～500g。月子餐每位产妇主食的摄入量不能降至底线以下。

第二节　粗细搭配

中国人习惯将大米、白面等称为“细粮”，而将玉米、小米、荞麦、豆类等称为“粗粮”或“杂粮”。粗粮和细粮在营养上各具特色，口感上也各有千秋。

一、粗粮的功效

粗粮中玉米、小米、黑米、荞麦、燕麦、芝麻等都是人们经常吃的，其功效有：一是粗粮中保存有许多细粮中缺少的营养成分，如食物纤维、B族维生素及多种矿物质等。二是很多粗粮具有药用价值。美国科学家发现，燕麦麸能够降低血脂、血糖，有效预防糖尿病。三是哈尔滨医科大学一项调查表明，荞麦对糖尿病大有益处；玉米可加速肠蠕动，有利于肠道排泄，从而减少患大肠癌的机会。四是粗粮中的食物纤维可防治老年便秘。五是某些粗粮也是健脑食品，如黑米可养精提神、黑芝麻可预防衰老等。粗粮能提供给人体更多的热能，且蛋白质，食物纤维，钙、铁等矿物质，维生素B_1、维生素B_2含量较多，具有较高的营养价值。但也不能因此就仅吃粗粮，拒绝细粮，平时应避免品种单一，混合食用或轮流食用最好。

二、细粮的功效

五谷中小麦、稻米等因口感好而被称为细粮。其功效有：一是细粮不但口感好，而且比粗粮更易被身体消化吸收。二是细粮中含有较多的氨基酸，比如在大米中，不仅含有丰富的人体所需的多种氨基酸，蛋白质含量也高于粗粮。三是小麦中的蛋白质含量也要高于粗粮，可有效补充人体对蛋白质的需求。

三、粗细粮合理搭配

1. 提高营养价值：不同种类的粮食及其加工品的合理搭配，可以提高其营养价值。如谷类蛋白质中赖氨酸含量低，是其限制性氨基酸；豆类蛋白质中富含赖氨酸，但蛋氨酸含量较低，是其限制性氨基酸，若将谷类和豆类食物合用，它们各自的限制性氨基酸正好互补，大大提高了其蛋白质的生理功效。相对于白米、细面，其他粗粮中膳食纤维、B族维生素和矿物质的含量要高得多。粮食经过加工后，往往会损失一些营养素，特别是膳食纤维、维生素和矿物质，而这些营养素和膳食成分正是人体容易缺乏的。以精白面为例，它的膳食纤维和维生素B只有标准粉的1/3。粗细搭配，适当多吃粗粮有利于产妇避免肥胖和罹患糖尿病等慢性疾病。与细粮相比，粗粮更有利于防止高血糖，如将葡萄糖的血糖指数定为100，富强粉馒头为88.1，精米饭为83.2，小米为71.0，糙米饭为70.0，玉米粉为68.0，大麦粉为66.0，粗麦粉为65.0，燕麦为55.0，荞麦为54.0。在主食摄入量一定的前提下，每天食用85g的全谷食品能减少若干慢性疾病的发病风险，可以帮助控制体重。因此建议正常成年人每天最好能吃50g左右的粗粮。

2. 粗细杂粮互补：一是粗细互补。食物应该多样化，粗粮、细粮要搭配食用，进行互补。尤其是有代谢综合征、便秘等疾患的产妇，要多吃些粗粮。二是粗粮与副食搭配。粗粮内的赖氨酸含量较少，单独吃可能会造成身体缺乏赖氨酸，因此可以与牛奶等副食搭配，以补其不足。三是粗粮细吃。粗粮普遍存在感官性不好、吸收差等劣势，因此可通过把粗粮熬粥，或与细粮混合起来吃等方法解决这个问题。

3. 合理食用粗粮：一般胃肠功能较差或有胃肠疾病的产妇最好少吃粗粮，想吃也要做到粗粮细吃。患有胃肠溃疡及急性胃肠炎的产妇，食物要求细软，所以需尽量避免吃粗粮；患有慢性胰腺炎、慢性胃肠炎的产妇也要少吃粗粮，以免造成消化不良。粗粮含有大量的纤维素，能够促进肠蠕动，预防肠癌及心脑血管疾病的发生。但是，长期大量吃粗粮会影响人体对食物中蛋白质、无机盐和某些微量元素的吸收，导致蛋白质补充受阻，脂肪摄入量不足，微量元素缺乏，易对骨骼、心脏、血液等脏器功能造成损害，降低人体的免疫能力。所以，建议产后恢复较好的产妇，每天粗粮的食用量在20～50g比较合理。

第三节　浓淡搭配

浓淡不是指食物质地的稀或稠，而是食物热能的高和低。热能高的食物称为浓厚性食物，热能低的食物称为清淡性食物。

一、浓厚性食物特点

浓厚性食物热能高，100g食物中所含热量在1255kJ以上，主要是高蛋白、高脂肪类食物。高蛋白指蛋白质含量在20％左右，水分含量低，一般含水量在15％以下；高脂肪指脂肪含量高达15％左右，属于浓厚性食物。主要有小麦粉、小米、玉米、稻米、燕麦、黄豆、赤豆、豌豆、芝麻、花生、胡桃、干枣、桂圆肉、羊肉、鸡肉、牛肉等。

二、清淡性食物特点

清淡性食物含水量高，多在70％～80％之间，呈现低热能、低蛋白、低脂肪的特点。低热能指100g中能量在167kJ以下，低蛋白指蛋白含量在2％以下，低脂肪指脂肪含量在3％以下。主要有水果类、蔬菜类及汤、羹类食品。

三、浓淡搭配需平衡

偏爱浓厚性食物会造成能量入大于出，体重会上升、超标，人体就会发胖；过多食用清淡性食物，入不敷出，体重就会下降，人就会消瘦。所以，浓厚性食物与清淡性食物合理搭配食用，最大的好处就是易于保持体重的正常和稳定，达到产妇人体能量收支平衡。

产妇若有高血压疾患，经常食黄豆、绿豆、海参及某些鱼类等含蛋白质的食物，对高血压及中风能起到有益的预防保护作用。长期食用肥肉、油炸食品、酥油、奶酪等油腻食物，会加速高血压患者血管硬化，因此，采用低脂肪、低胆固醇饮食是有必要的。有些产妇发现血压偏高，或胆固醇轻度升高，就一点都不沾肥肉，这也没有必要。因为人体需要充足的热量与能量，一味长期清淡饮食会造成营养不良，机体代谢失调。产后产妇消化功能减退，可多食植物油，少吃动物脂肪。否则长期进食油腻食物，会造成血液中胆固醇、甘油三酯增高，使脂蛋白沉积于血管壁，促使血管管腔变窄，钙盐沉积，形成动脉粥样硬化，加速高血压发展。

既往肥胖的产妇，产后应通过调整饮食，适当体育运动，有效控制体重增加。要减少浓厚性食物、甜食，少吃含胆固醇太高的食物，限制热量摄入，以求热量适中，体重适当，有效控制体重。

第四节　荤素搭配

《素问·五常政大论》所载的“谷、肉、果、菜，食养尽之”，深刻蕴含着荤、素结合的均衡饮食观。据唐代王冰所注，五谷为粳米、小豆、麦、大豆及黄黍，五果为桃、李、杏、栗、枣，五畜为牛、羊、猪、犬、鸡，五菜为葵、藿、薤、葱、韭等。只有荤素结合，人体才能获得全面的营养。

一、素食为主

凡是从土地中和水中生长出来的植物，可供人们直接使用或加工使用的食品都称为素食。素食原意是指禁用动物性原料，禁用“五辛（五荤）”的寺院菜。“五辛”也叫“五荤”，指5种有辛味的蔬菜（葱、蒜、韭、薤、洋葱）。养生学主张日常多吃清淡素食，少食肥腻厚味的荤食。尤其是产后的产妇，消化吸收功能相对较弱，应注意适当多吃素食。一是素食中含有较多的粗纤维，虽不是营养物质，却是人体健康所必需的。因为纤维素能促进胃肠蠕动，增强消化和排泄功能，帮助身体快速排泄代谢废物，减少人体对有毒物质的吸收，降低产后大便秘结的发病率。而且一些纤维素还能在肠道细菌的分解下合成B族维生素，如肌醇、泛酸等，也易被人体吸收利用。二是素食能使人的头发乌亮柔润，预防产后脱发。三是素食还具有一定的美容功效。如多吃植物油、蔬菜能增加人体的植物脂肪，保持皮肤光润。因为蔬菜中的碱性物质和维生素等都有调节血液和汗腺代谢的功能，能帮助加强皮肤营养。

二、荤素结合

荤食指肉、禽、鱼、蛋、奶等动物性食品。从营养的角度来看，它们不仅含有丰富的蛋白质、脂肪、无机盐、维生素及氨基酸，内含的蛋白质也属于优质蛋白，是维持人体健康不可缺少的物质。一是肉类中的蛋白质主要存在于肌肉中，骨骼肌中除水分外，基本上也是蛋白质。肉、禽、鱼、蛋、奶中蛋白质的氨基酸组成基本相同，含有人体所需的8种氨基酸，比例接近人体需要，食用后能大大促进人脑和身体发育，使身体强壮，精力充沛。二是荤食中所含脂类不完全一样，但都非常丰富，且饱和脂肪酸、不饱和脂肪酸及胆固醇的含量都比较高。三是肉类是铁和磷的良好来源，并含有一定量的铜，对于产后气血不足者来说，适量多吃荤食有利于健康。现在有人主张绝对的“素食主义”，不科学也不利于养生，只有在日常饮食中将素食和荤食合理搭配，才能保证身体能够吸收到全面的营养，保护人体健康。

三、荤素搭配的原则

一是要荤素平衡：保持身体健康的根本就在于荤、素食物之间的均衡搭配，保证身体吸收到充足的优质蛋白质、必需的氨基酸、各种维生素、无机盐及膳食纤维。二是以素为主：完全吃素不科学，难以满足身体的营养需求，提倡以素食为主、荤食为辅，荤素搭配，这样既保证了对荤食中营养的有效吸收，又防止进食过多荤食而引起疾病。这一原则要根据产妇的具体情况因人制宜，灵活掌握。

膳食荤素搭配不当容易患抑郁症。英国学者调查发现，当血清胆固醇低于正常时，患抑郁症的危险性会相对增高，且年龄越大这种情况越突出。血清胆固醇主要来源于膳食，而植物只含植物固醇，胆固醇多存在于动物性食物中，因此只有吃动物性食品才可获得胆固醇。所以产妇只要没有高血压、冠心病等需要限制胆固醇摄入的疾病，均应适当摄取胆固醇，以提高血清胆固醇的含量，降低产后抑郁症的发病率。

第五节　生熟搭配

远古时代，人类过着茹毛饮血的生食生活。旧石器时代，由于火的利用，人类饮食由生食进入了熟食阶段。

一、熟食是饮食的革命性进步

熟食使人类饮食发生了革命性的进步。自从有了火的使用，熟食使烹饪的手段极大地丰富，也使食品的消化利用率大大提高了。作为主食的淀粉类食品，如米、面等，由于生淀粉外壳不易消化，煮熟后淀粉粒破裂而成糊状物，就容易被淀粉酶消化。鸡蛋必须熟食，因生蛋清含有抗生物素蛋白和抗胰蛋白酶。抗生物素蛋白能与生物素在肠内结合，形成难为人体消化吸收的化合物，导致生物素缺乏，产生食欲不振、全身乏力、毛发脱落等症状；抗胰蛋白酶能降低胰蛋白的活性，妨碍蛋白质消化。鸡蛋煮熟后，上述2种有害物质因受热而被破坏，有利于健康。

在一些豆类蔬菜中，如菜豆、毛豆、蚕豆等及马铃薯块茎中，都含有可使血液红细胞凝集的有毒蛋白质，叫作凝集素。这种有毒蛋白质在烧熟煮透后即失去活性，毒性消失。所以不可生食，一定要煮熟烧透，方可食用，否则会引起中毒，严重时可致死。芫荽（香菜）在不少地区生吃十分盛行，其实这种吃法不卫生，因为芫荽是撒播蔬菜，常泼施人畜粪尿，生物性污染（细菌、病毒、寄生虫卵等）相当严重，还是以熟食为宜。

二、生食有利于活性物质吸收

出于养生需要，每天都应生吃一些蔬菜、瓜果，以摄取对人体有调节功能的活性物质。因为，不少活性物质遇到较高温度（55～60℃以上）就会失去活性，丧失调节功能。例如含有活性物质的蜂蜜及不少营养口服液，只宜温服，而不宜沸水冲服。对于适宜生吃的蔬菜（番茄、萝卜以及无土栽培的绿色蔬菜等）、水果尽可能生吃，对健康是有利的。

在一些发达国家，蔬菜生吃已经相当流行。我们要坚持营养性与安全性兼顾的原则，具体分析，区别对待，宜生则生，宜熟则熟，生熟搭配，趋利避害。

第六节　酸碱搭配

人体内环境的酸碱度基本是呈中性偏弱碱性。在新陈代谢过程中，身体会产生大量酸性物质，但都能被血液中的缓冲物质中和，使人体处于相对平衡的酸碱内环境中。酸性食物不一定是吃起来带有酸味的食物，而是指经过消化进入血液后在pH值上小于7的食物，而碱性的食物则反之。概括地说，大部分肉类都属于酸性食物，而大部分的水果、蔬菜等都属于碱性食物。

一、酸性食物的特性

大多数含有较多非金属元素的食物属于酸性食物。如含磷、硫、氯等元素的食物，这些元素在人体内经氧化后，会生成带有阴离子的酸根，因此属酸性食物。我们常吃的猪肉、牛肉、禽肉、蛋类、鲤鱼、牡蛎、虾等，以及面粉、大米、花生，都属于酸性食物。酸性食物因含有较丰富的蛋白质、脂肪等营养物质，是补充身体营养的必需食物，且因其味道鲜美，非常适合人们的口味而深受人们喜爱。

健康人体的酸碱度基本是平衡的。疾病状态下会造成紊乱，比如患腹泻时，排出物呈碱性，体内的酸性就会相对增多，从而使体内呈酸性；大量呕吐时，胃酸损失过多，体内又可呈碱性。所以进食时，食物的酸碱度会对人体的酸碱平衡造成一定的影响。

二、碱性食物的特性

碱性食物是指所含的碱性元素钠、钙、镁等比酸性元素氯、硫、磷等的比例大，在人体代谢后产物呈碱性的食物，如大豆、豆腐、牛奶、菠菜、莴笋、土豆、冬菇、藕、洋葱、萝卜、海带、西瓜、香蕉、梨、苹果等。一些吃起来呈酸味的食品，如李子、桃等，它们所含的都是有机酸，在人体内代谢后形成二氧化碳和水，对体液酸碱性没有多大影响，而原来与有机酸结合的钾、钠、镁等，在人体内会最终代谢为带阳离子的氧化物，使体液呈碱性，因此它们也属于碱性食品。碱性食物能为身体提供钙、镁、钾、钠等无机盐元素，还可以提供人体所需的多种维生素、微量元素和膳食纤维等。膳食纤维在促进肠蠕动、防止便秘、减少肠道致癌物及有毒物质的吸收，降低血液胆固醇等方面都起着重要作用。一般正常人的体液都呈弱碱性。人在运动后，常常会感到肌肉、关节酸胀，精神疲乏，其主要原因就是体内的糖、脂肪、蛋白质等被大量分解，在分解过程中产生了乳酸、磷酸等酸性物质。这些酸性物质刺激了人体的组织器官，使人感到疲乏。如果此时吃一些牛奶、豆制品、蔬菜、水果等碱性食物，可以中和体内的酸性成分，缓解疲劳。

三、酸碱平衡的意义

食物的酸碱搭配对人体健康的意义：一是人体体液的酸碱度始终处于恒定的平衡状态，因此平时进食的食物也一定要酸碱搭配。否则进食酸性食物过多，会造成血液呈现酸性。而为了中和这些酸性物质，身体又必然要消耗大量的钙、镁等元素，从而引起缺钙等一系列症状，如皮肤病、神经系统疾病等。而碱性食物使用过量，同样会导致肌体酸碱平衡失调，导致疾病。二是“酸”少“碱”多，偏于弱碱性。现代社会的饮食习惯，使人们过多进食了酸性食物，所以为了健康，平时饮食应多吃些碱性食物，使肌体内环境呈弱碱性，这样才有利于各种生理功能的发挥。

产后产妇抑郁症日益增多。专家通过研究发现，造成产后抑郁症的原因与过量食用酸性食物有一定关系。相当一部分产后产妇爱吃含糖量高的零食，过多摄入糖类，会使肌体内环境呈酸性，从而出现酸性体质。而酸性食物对产后抑郁症的发生、发展都有推波助澜的作用。所以建议产妇产后控制糖的过量摄入，适当多吃些绿色蔬菜，如菠菜、油菜、空心菜等，同时要多吃一些水果，中和体内的酸性物质，对预防产后抑郁症有一定效果。

第七节　果蔬搭配

水果、蔬菜中都含有大量水分和丰富的酶类，且蛋白质和脂肪含量很低；还含有一定量的碳水化合物、某些维生素（维生素C、胡萝卜素等）、无机盐（钙、钾、钠、镁）和膳食纤维等；常含有各种有机酸、芳香物质、色素等成分。这些虽不是营养素，却赋予蔬菜、水果良好的感官性状，食后能增进食欲，促进消化，维持肠道正常功能。

一、水果的营养价值

水果中大多数都含有维生素、糖类及各种微量元素，尤其是维生素C和维生素B含量最为丰富，此外还含有色素及多种有机酸，对人体健康大有裨益。一是水果中含有芳香物质，因而具有特殊的香味，食后能刺激食欲，促进食物消化。二是水果中的色素不仅使其呈现鲜艳的颜色，还对人体健康有益。如番茄红素、叶绿素、类胡萝卜素、花青素等，具有抗氧化及防病、治病等多种功效。三是水果中主要的有机酸包括苹果酸、柠檬酸、酒石酸等，这些有机酸一方面使其具有一定的酸味，可刺激消化液分泌，有助于食物的消化；另一方面还可使食物保持一定的酸度，对维生素C的稳定有保护作用。

二、蔬菜的营养价值

蔬菜中含有丰富的维生素、糖类、膳食纤维等，其中植物激素在幼嫩芽的蔬菜中含量最为丰富，而且蔬菜不含脂肪，有少量的蛋白质。人体所需的维生素A和维生素C等，绝大部分都是由蔬菜提供的。蔬菜中还含有B族维生素，一些绿色、黄色蔬菜中还含有丰富的胡萝卜素，尤其是深绿色的蔬菜中胡萝卜素的含量最为丰富。蔬菜根据品种和部位的不同，所含营养成分有所不同：一是叶菜类，如白菜、菠菜、青菜等，主要含维生素C、维生素B_2、胡萝卜素及铁、镁等微量元素。二是根茎类，如萝卜、大蒜、莲藕、土豆等，主要含淀粉较多，而且还含有碘、铜、锰、钙等多种微量元素。三是瓜茄类，如冬瓜、茄子、西红柿等，主要含有丰富的维生素C、胡萝卜素等。四是野菜类，一般都含有丰富的胡萝卜素、核黄素、叶酸等维生素，其含量甚至超过栽培的蔬菜。

三、果蔬搭配的原则

1. 果蔬不可相互代替：虽然水果和蔬菜中都含有丰富的维生素，也都含有丰富的钙、钾、镁、铜、钠等矿物质和微量元素，但人们对水果和蔬菜各有偏爱，有人爱吃水果，有人偏爱蔬菜，有人以为两者可以互相代替，实际并非如此。因为它们的营养成分和含量各有特点，其特殊的生理作用和功能也不尽相同。

2. 果蔬经常变换种类：每种水果和蔬菜中所含的营养物质都各有偏重，如绿色蔬菜中含叶绿素多，而土豆中则含淀粉多；红色的水果含番茄红素多，而黄色的水果含维生素C最丰富。因此选择水果和蔬菜时，一定要经常变换品种，搭配食用，并且适当配合脂肪、蛋白质等一同进食，这样才能补充身体所需的营养物质。

3. 果蔬主食搭配食用：尽管水果、蔬菜的营养比较丰富，但不能因此就将其代替主食，否则会导致贫血或出现营养不良，造成免疫力低下，影响身体健康。主食的摄入是必需的，蛋白质含量高的鱼、肉及蛋类等也要适当补充，蔬菜的摄入量应多于水果。这些食物相互搭配，才能带来充足、全面的营养，保证身体健康。

整体上说，水果的营养低于蔬菜。尽管水果和蔬菜中都含有维生素C和矿物质，但在含量上有一定差别。水果中只有鲜枣、山楂和柑橘、猕猴桃等含维生素C较多，其他水果中的维生素C和矿物质都比不上蔬菜。蔬菜中不仅膳食纤维含量高于水果，而且它所含的是不可溶性纤维，能促进肠道蠕动、清除肠道内积蓄的有毒物质，水果就无法达到这个功效。因水果中所含的主要是可溶性纤维果胶，不易被消化和吸收，而且还会让胃的排空速度减慢。

第八节　寒热搭配

养生学根据各种食物对人体的作用，以及人体对各种食物的反应，将食物划分为寒、热、温、凉、平五性。简化之只有三性，因为热与温，寒与凉，仅属程度上的差别，可统称为温热性和寒凉性。平性不寒不热，不温不凉，是中性的。人的体质不同，对食物的适应程度也有所不同。热性体质者多吃了属热的食物，或寒性体质者多吃了属寒的食物，都会加重病证的发展。人们不能只图“口福”而不顾身体的体质特性。所以，摄食要根据自己的体质，选用适当食性的食物。选择食物的原则是“寒者热之，热者寒之，虚则补之，实则泻之”。

一、食物的寒热属性

1. 寒凉性食物：具有解毒降热、清热泻火、润燥止渴、清心滋阴等作用，适合阴虚热盛者食用，阳虚怯寒者忌之。常用的寒凉性食物有：生菜、菠菜、蕹菜、茼蒿、莴笋、土豆、黄花菜、竹笋、芦笋、茭白、莲藕、百合、西葫芦、黄瓜、冬瓜、丝瓜、西瓜、甜瓜、菜瓜、苦瓜、茄子、绿豆芽、黄豆芽、菊花、枸杞、银耳、草菇、生梨、柚子、香蕉、柿子、猪肉、甲鱼、鸭肉等。

2. 温热性食物：具有生热助阳、暖胃益气、祛寒温中及通络等作用，适合阳虚畏寒者食用，阴虚热盛者当忌。常用的温热性食物有：大蒜、韭菜、洋葱、香葱、姜、芫荽（香菜）、辣椒、南瓜、胡椒、花椒、桂皮、茴香、醋、酒、龙眼、荔枝、红枣、葡萄、樱桃、石榴、咖啡、黑枣、可可、鸡、鹅、牛、羊、狗、马、牛奶、羊奶、海参、黄鳝、鲫鱼、鲢鱼、带鱼等。

3. 平性食物：具有性能平和，适应性强，健脾开胃、补肾等作用，无论阴虚、阳虚，健康人还是寒、热病人都可食用。常用的平性食物有：糯米、玉米、小麦、大麦、大米、小米、黄豆、赤豆、豌豆、扁豆、花生、芝麻、葵花籽、南瓜子、松子、胡萝卜、山芋、山药、番茄、香菇、木耳、苹果、金橘、枇杷、杨梅、椰子、山楂、银杏、无花果、豆油、菜油、花生油、酱油等。

二、饮食寒热适应人体

首先应注意饮食寒温适度，即饮食的寒热应该适合人体的需要。这是因为过于寒凉的饮食易损伤脾胃阳气，过于热灼则易伤脾胃之阴，致阴液虚耗。如过食寒凉，贪食生冷瓜果，日久则损伤脾胃阳气，发生腹痛、泄泻等病；若过食辛温燥热，则可使胃肠积热，出现口渴、腹满胀痛、便秘等症。尤其要注意的是大渴之时切忌进食冷饮，若骤进冷饮，往往造成肠胃血管急剧收缩，引起胃肠功能紊乱，导致疾病。

饮食寒温不当，除损伤脾胃阴阳，影响脾胃运化功能外，也会伤及其他脏腑，产生多种不良影响。如《灵枢》云“形寒冷饮则伤肺”，故肺有寒饮，或哮喘等患者忌食生冷。又如《济生方》说：“多食炙肉，过饮热酒，致胸壅滞，热毒之气，不得宣泄，咽喉为之病焉。”《医碥》说：“酒家多噎膈，饮热酒者尤多。以热伤津液，咽管干涩，食不得入也。”可知多吃热食，多饮热酒，一方面易产生热毒，另一方面又能灼伤津液，形成咽喉诸病和噎膈。饮食寒温适度对产后产妇尤为重要。产后产妇由于产程劳累，脾胃功能减弱，对黏硬生冷食物的消化更加困难，所以应忌食或少食黏硬生冷食物。

三、人体寒热辨体施食

人的体质也有寒、热、温、凉、平之分，温热体质者宜食寒凉性食物，寒凉体质者宜食温热性食物，即“辨体施食”，寒热搭配，调整人体阴阳平衡，维护人体健康。

寒热平衡是指食物与食物、食物与气候之间的平衡搭配。如冬天寒冷，喝红小豆汤；外感风寒，吃碗放上辣椒的热汤面；夏天炎热，喝碗绿豆汤清凉解暑；吃寒性的螃蟹一定要加些姜末，吃完喝杯红糖姜汤水；冬天吃涮肉，搭些凉性的白菜、豆腐、粉丝等，都是寒者以热补、热者以寒补的平衡膳食方法。

四、选最佳温度食用食物

寒热搭配不仅要根据人的体质寒热温凉、食物性质的寒热温凉进行合理搭配，有些食物在特定温度下食用口感非常好，称为食物食用的最佳温度。梳理介绍如下：

煮粥下米最佳水温50～60℃；甜食感觉最甜的温度是37℃；凉白开在12～17℃时口感最好；西瓜解暑以8℃左右为最佳；鲜牛奶冷藏的最佳温度为4℃；热咖啡的温度在70℃左右时才香甜可口；热牛奶、热汤等在60～65℃时味道最好；冲蜂蜜的水，最佳温度为50～60℃；汽水等碳酸饮料在5℃时饮用最好喝；泡茶的最佳水温为70～80℃，泡出来的茶色香味俱佳；冰激凌在－6～－4℃时食用味道最佳，而且不会强烈刺激胃部；平时饮水、饮食、漱口的最佳温度是35～38℃，对口腔、牙齿刺激最小。

第九节　五色相宜

养生学认为，食物颜色与人体五脏相互对应：青入肝、赤入心、黄入脾、白入肺、黑入肾。现代营养学研究表明，天然食物的功效和营养价值与颜色相关，各种食品都具有天然色彩，各有所长。在日常生活中，各色食物搭配食用，并不断变换花样，不仅给人视觉美的享受，而且还能做到营养均衡，保证身体健康。

一、绿色食物

粮食中的绿豆及所有的绿色蔬菜都是绿色食物，含有丰富的维生素C，大量维生素C有助于增强身体抵抗力、预防疾病。对于工作紧张、长时间操作电脑和吸烟的人来说，每天都应适量加强维生素C的摄入。孕妇务必多食绿色食品。因为绿色食品中含有丰富的叶酸，而叶酸已被国际学术界证实为防止胎儿神经管畸形的“灵丹妙药”，还是心脏的保护神。所以，营养学建议每天绿色蔬菜摄入量至少应该在4种以上。

中医学认为，绿（青）色与人体的肝胆相关联。肝色是青色，属春天，青色食品多补肝，经常食绿色食品对养肝疏肝、保肝护肝有一定的生理作用。春天应适当多吃与季节相应的青菜、青豆、菠菜、青笋等青色食品。

二、红色食物

包括红辣椒、胡萝卜、苋菜、洋葱、红枣、番茄、红薯、山楂、苹果、草莓、老南瓜、红米等。红色食物通常是保护人体健康的好助手，对身体虚弱、易感冒、易受病毒侵袭的人有益。巨噬细胞是感冒病毒等致病性微生物的“杀手”，而红色食品具有促进人体巨噬细胞活力的功能。红色食品最典型的优势在于富含天然铁质，如樱桃、大枣等都是贫血患者的天然良药，也适合女性经期失血后的滋补，产后产妇尽可放心多吃红色食品。

红色食品中最好的莫过于苹果。因为苹果含有各种维生素和微量元素，性质温和，是所有水果中最接近完美的。除此之外，红色食品在视觉上也能给人以刺激，使人精神振奋，胃口大开。红色食物也是抑郁症患者的首选。

中医学认为，红（赤）色与人体的心相关联。心色是红色，属夏天，红色食物入心经，多补心，对心脏系统具有保健作用，对心和小肠疾病有治疗和辅助治疗作用。

三、黄色食物

主要有玉米、黄豆、柑橘、香蕉、韭黄、番瓜等，富含维生素A、维生素D，还含有丰富的胡萝卜素。维生素A能保护胃肠黏膜，防止胃溃疡、胃炎等疾患的发生；维生素D可促进钙、磷2种矿物元素的吸收，壮骨强筋，对于青少年近视、儿童佝偻病、骨质疏松症等常见病有一定预防效果。黄色的食物还能增加幽默感，培养开朗心情，强化消化系统与肝脏功能，清除血液中的毒素，令皮肤变得细滑幼嫩。

中医学认为黄色与人体的脾胃相关联。脾是黄色，属长夏季节，黄色食物入脾胃，脾胃为后天之本，气血生化之源，是消化吸收的重要脏腑。黄色食物有补脾和胃的功效，应作为人体营养的主要食品之一。

四、白色食物

包括各种面食、白米、冬瓜、甜瓜、竹笋、花菜、莴笋、豆腐、奶酪、牛奶等。常食白色食物对调节视觉与安定情绪有一定的作用，对于高血压、心脏病患者益处颇多。豆腐、牛奶、奶酪等白色食品是钙质丰富的食物，平时经常吃一些白色类食物能让骨骼更健康。各种蛋类以及牛奶制品等都富含蛋白质，而蛋白质排列组合的细微差别决定人身体间的不同。白米是富含碳水化合物的食品代表，更是身体不可或缺的能量之源。

中医学认为，肺为白色，属秋天，白色的食品有养肺滋肺的功能，秋天应适当多吃白梨、白桃、白杏仁、白果、百合等白色食品。实际上白色食物在粮食中占的比重很大，它不仅补肺脏，而且补五脏六腑，是所有食物中应用最广的种类。

五、黑色食物

指含有黑色素的果、蔬、粮、油、菌类食品，常用的有黑米、黑麦、黑荞麦、黑豆、黑豆豉、乌鸡、黑芝麻、黑木耳、黑枣等。近年来，餐桌上掀起了黑色食品热。这是因为黑色食品有三大优势：一是来自天然，所含有害成分极少；二是营养成分齐全，质优量多；三是可明显减少冠心病、脑卒中、动脉硬化等严重疾病的发生概率。乌鸡富含17种人体必需的氨基酸，能调理女性月经，经常食之，可加强人体耐热、耐寒、耐疲劳、耐缺氧能力，更是适合产妇食用的上佳食品；黑木耳能防治尿路结石、降低血黏度，预防脑血栓、阿尔茨海默病、冠心病。

中医学认为，肾在色为黑，属冬天，黑色食品有益肾、抗衰老的作用，冬天应适当多吃黑芝麻、黑米、黑桑葚、黑豆、何首乌、熟地黄等黑色食品。黑色食物入肾，滋阴壮阳，营养丰富，有防衰补肾、乌发美容等独特功效。黑色食物可刺激内分泌系统，调节人体生理功能，促进唾液分泌，促进胃肠消化，增强造血功能，对延缓衰老也有一定的功效。

附：紫色食物

有樱桃、茄子、李子、黑草莓、紫葡萄、紫菜等。心脑血管疾病患者常与紫色食品“亲密接触”，裨益甚大。医学研究发现，紫色食品中含有花青素，可以抗血管硬化，阻止心脏病发作和血凝块引起的脑卒中。葡萄是紫色食物中的杰出代表，对皮肤养护和心脏健康有极大作用。皮肤干燥的女性多吃葡萄或用葡萄做面膜敷脸，能很好地给皮肤补充水分。葡萄中富含的维生素B_1、B_2能加速血液循环。营养学家还建议，有甲状腺疾病家族史的人，每周应吃1次紫菜或海带等海产品。

五色相宜主要强调对各种食物的颜色进行科学搭配，以利于膳食营养的基本要求。日常生活中，应尽量混合搭配食用各种颜色的食物，以达到最大程度上的营养互补，贯彻“杂食益养”的原则。在日常生活中，颜色搭配也是配菜的重要方面，直接影响菜肴食欲的视觉效果。颜色搭配应突出主料，辅料衬托主料。对家常菜的颜色搭配，一般有以下几种配菜方法：

1. **花色配**：即不同颜色的食物原料互相映衬，数量基本相等，使菜肴色彩丰富，美观悦目。食物颜色搭配要和谐，不能以色重、花多为标准。如圆椒鱼片，白的鱼配上绿的圆椒，色彩鲜明美观。同时要注意，不管主、辅料如何配色，都要注意突出主料。

2. **顺色配**：即辅料的颜色与主料的颜色相同，一般用于浅色菜肴，使看上去清洁、素雅。如焦熘三白，由鱼片、鸡片、笋片组成，3种材料都是白色的，从营养角度上讲，适当配一点深颜色蔬菜的片、丝等加以点缀，可使营养更为合理。

3. 点色配：即以花色为基础的主、辅料巧妙组合配菜方法。注重几种食物原料的均衡搭配，选择一些颜色突出、补缺营养的食物在菜肴中加以点缀，以便达到更好的美观效果。如圆椒鱼片，配上少量的黑木耳，加上胡萝卜片加以点缀，补缺了胡萝卜和铁的供给不足问题。

第十节　五味调和

五味是指食物或药物进入口中感觉到的味感。中国人把药物和食物都分为酸、苦、甘、辛、咸五味。《素问·生气通天论》说："谨和五味，骨正筋柔，气血以流，腠理以密，如是则骨气以精，谨道如法，长有天命。"

五味调和是通过五味的配合，使人体的生理功能趋于平衡，达到人体健康，延年益寿的目的。五味对五脏有其特定的亲和性，故五味调和，能对五脏起到补益作用。《素问·至真要大论》说："酸入肝，苦入心，甘入脾，辛入肺，咸入肾。久而增气，物化之常也。"提倡五味均衡，反对偏食多食，即"五味所禁"。五味偏嗜会给健康带来不良后果。

一、苦味食物

苦入心，走血，入小肠经。一般苦味食物有燥湿、醒脑、清热、解毒、泻实、利尿等功效。如苦瓜可清暑、涤热、解毒、明目；杏仁可止咳、平喘、润肠、通便；枇杷叶可清肺胃，降气解暑；桃干可止血；茶叶可醒脑、强心、利尿等。

苦味不可多食，多食则脾虚，会导致大便溏泄，恶心、呕吐。有骨病者（结核、骨癌、骨折等）也不可多食苦味。多食苦味会使牙齿色黑、疏松，皮肤不润泽，毛发易脱落。

二、辛（辣）味食物

辛入肺，走气，入大肠经。一般辛味食物都有祛风散寒、发散表邪，疏畅气机、舒筋活血，行气止痛、增进食欲等功效。如生姜可温中健胃；胡椒可暖肠胃除湿邪；韭菜可行瘀散滞，温中补气；芫荽可透发麻疹；大葱可发表散寒；辣椒可增食欲，防肥胖，除湿热。

辛味食物有较强的刺激性，食过量会使肺气旺盛，肛门灼热，所以一般患痔疮、胃及十二指肠溃疡、便秘、尿道炎、咽喉炎者不可多食。适量食用不会伤胃。多食辛辣对心脏不利，可造成指甲干枯。辛走气，有气病者勿多食。

三、酸味食物

酸入肝，走筋，入胆经。一般酸味食物有收敛、固涩、增食欲、健脾开胃之功效。酸味食物如米醋可消积解毒；马齿苋可凉血止痢、解毒、消痛；乌梅可生津止渴，敛肺止咳；山楂可健胃消食；木瓜可平肝和胃等。

酸不可多食，过食可引起消化功能紊乱，尤其是胃酸过多的人，患有关节炎及胃功能差的人不可多食酸。过食可引起小便淋漓而出，因胃中积温，温湿会下注膀胱，膀胱得酸则缩卷，故而水道不通。多食酸会使肌肉变硬皱缩而口唇干裂。因酸走筋，故有筋病者勿多食。

四、甘（甜）味食物

甘入脾，走肉，入胃经。一般甘味食物均有滋补养身，缓和痉挛，调和性味的功效。甘味食物如红糖活血化瘀，冰糖化痰止咳，蜂蜜和脾养胃润燥，大枣补脾益阴，葡萄补血强志。

过食甘会导致血糖升高。过食甜味也会使 骨痛，因甜过多可生酸，使筋骨疼痛。

五、咸味食物

咸为五味之主，咸入肾，走骨，入膀胱。一般咸味食物可软坚散结，滋润潜降，消肿止痛。咸味食物如食盐可清热解毒、涌吐、凉血，海参可补肾益精、养血润燥，海带可软坚化痰、利水泄热，海蜇可清热润肠，酱油可降热除烦等。

多食咸可使“舌干喜渴”，严重的造成脉凝泣（血流不畅）而变色；咸走骨，有骨病者、血病者勿多食咸。肾功能衰竭患者要少食咸，否则会加重肾脏负担，使病情加重

第十二章

药膳月子餐的应用

药膳月子餐是指产妇产后4周以内药物与食物结合烹饪的专用餐食。

产褥期是指产妇分娩从胎盘娩出后到全身器官（除乳房外）恢复至未孕状态的时间，时长为6～8周。由于产妇在分娩过程中体力消耗很大，出汗多，失血多，再加上忧、惊、劳、倦，致使气血暴虚，在“虚”的基础上，气血不畅而生“瘀”，因此产后多虚多瘀。“产前一盆火，产后一块冰”，很形象地说明了妇女分娩前、后的体质变化。

产后坐月子一般为4周，仅是产褥期的一半，却是产褥期最重要的时期。既然“虚”和“瘀”是产褥期的养护重点，就一定要想方设法“补虚”“祛瘀”。补虚祛瘀特别适合使用药膳，所以本章主要论述月子期的膳食、乳母的营养和产褥期的养护。

第一节　月子期的膳食

月子餐为产妇产后4周以内的膳食，是本书论述的重点。产褥期膳食，指产妇产后6～8周以内的膳食，月子餐是核心，有条件的产妇可以一直参照月子餐的原则选择食用。

一、月子餐每日营养摄入量

月子餐每日营养摄入量是指产妇群体中97%～98%个体需要量的摄入水平。产妇月子餐每日营养摄入量中包括：

（一）碳水化合物

月子期所需要的热量较成人平时多25%～50%。这是因为产妇在分娩过程中体能消耗大，需要补充，加之哺乳，人体的基本营养需求增多，而且婴儿生长、发育又需要许多额外的营养，热量主要来自碳水化合物，亦即谷物类食物，所以月子期内产妇必须保证足够的主食，达到相应的饭量。

（二）蛋白质

蛋白质是生长、发育的基础，身体细胞大量增殖，其构成均以蛋白质为原料。新生儿、婴儿对蛋白质的需要量是每日、每千克体重2～4g，都要通过母乳供给。人体的蛋白质主要由食物供给，蛋类、牛奶、瘦肉、大豆、玉米等食物均含有丰富的蛋白质，产妇要混合食用，使各类食物蛋白质互相补充，营养得到合理利用。

（三）脂肪

脂肪的合理摄入量是每人每天25g，中国城市居民已经达到平均44g，有些人甚至超过合理摄入量的2～3倍，这种非理性的油脂过量摄入是非常有害的。产妇特别是乳母，由于哺乳新生儿的需要，应在平时摄入量的基础上增加25%～50%，保持在30～38g之间。油脂的摄入量一定要合理，摄入过多，会导致肥胖、心血管疾病、高血压，甚至升高某些癌症的发病率。

（四）维生素

维生素在婴儿的生长、发育过程中是必不可少的。它不仅可以预防某些疾病，还可以提高机体免疫力。人体所需要的维生素大部分来自蔬菜和水果，芹菜、豆类等蔬菜含有大量B族维生素，山楂、鲜枣、西红柿含有大量维生素C。所以，月子餐要合理搭配，不能天天顿顿大鱼大肉。

（五）矿物质

产妇和婴儿对矿物质的需要量极大。钙和磷都参与骨骼和神经细胞的形成，如钙摄入不足或钙、磷比例不适当，会导致骨骼发育不全。奶类、豆制品含有丰富的钙。婴幼儿对铁的需要量高于成人，铁是组成血红蛋白的必要成分，如果膳食中缺铁，就会造成缺铁性贫血。产后失血至少每日要补充15～30mg铁。油菜、韭菜中含有丰富的铁。矿物质中一些人体需求量很少，又不可或缺的物质叫作微量元素，微量元素虽然在体内含量极少，但在产妇康复和婴儿生长、发育中起着极为重要的作用。特别是锌，我国规定每日膳食锌的摄入量为15mg。含锌丰富的食物有动物肝脏、海产品等。

（六）水

产妇和婴儿需水量高于正常成年人，每日摄入2500mL以上的水才能满足人体代谢的基本需要。水的摄入量不足，会影响机体代谢及体内有害物质及废物的排出，特别是影响乳汁的分泌。如果产后虚弱，出汗过多，还要增加饮水量。水的摄入量不仅是指喝进去的水量，还包括吃进的食物中的含水量。

二、月子期的膳食

（一）第1周的膳食

以清淡、易消化、富有营养的食物为主。

正常分娩后，产妇即可进食适量、易消化的半流质食物，如红糖水、藕粉、蒸蛋羹、蛋花汤等汤水类饮食。

分娩时若会阴有撕裂或伤口缝合，应给无渣膳食1周左右，以保证肛门括约肌不会因排便再次撕裂。做剖宫产手术的产妇，术后24h给予流质食物1d，忌用牛奶、豆浆、大量蔗糖等胀气的食品，以后再转为普通膳食。

第1周，通常吃清淡、易消化、富有营养的食物。清淡食物比如小米粥、鸡蛋羹等，不会刺激身体和影响身体的恢复；易消化食物如清汤面、银耳羹、冬瓜鲫鱼汤、生地黄鸡汤、黄芪三皮汤、猪蹄汤等汤汤水水的流食、半流食，以免胃肠道负担过重，出现消化不良的情况；富有营养的食物应该适量多吃如牛奶、奶制品、鱼肉、鸡禽肉、瘦肉等。

母体在分娩过程中失血很多，需要补充造血的重要物质，如蛋白质和铁等。鸡蛋含有很高的蛋白质，但每天进食鸡蛋的量最多不超过6个，以免增加肾脏负担。只强调动物性食物的摄入，如鸡、肉、鱼、蛋，忽视蔬菜与水果的摄入，容易造成维生素C与膳食纤维的不足。

分娩后，由于子宫出血、哺乳，产妇消耗了大量的体力和气血，需要合理休息，这一阶段所有医院或月子会所都会常规给产妇服用生化汤，活血化瘀、温经散寒。

生化汤

组成：全当归25g，川芎9g，桃仁6g，炮姜3g，炙草2g。

用法：用水煎或加黄酒同煎（原方黄酒、童子尿各半）。

分析：本方主要对产后恶露不行、小腹冷痛，因瘀血、内阻挟寒的产后诸证，效果较好。因此方以活血化瘀为主，使瘀去而新生，故名生化。汤方中重用当归，补血活血，祛瘀生新，为方中君药；川芎活血行气、桃仁活血祛瘀，为臣药；炮姜温经止痛，黄酒散寒以助药力，共为佐药；炙草调和诸药，为使药，共奏活血化瘀、温经止痛之效。

现代产后药膳用法：

（1）用约600mL米酒浸泡上药60min，大火煮沸后改小火加盖煎煮30min，过滤取汁。

（2）用约300mL米酒，小火煎煮第1道剩下的药材约30min，再过滤取汁。

（3）将第1道和第2道药汁混合，小火不加盖煮到药汁浓缩到300mL时，装保温瓶中备用。

（4）产妇分娩后如果能喝进去，应尽早喝，少量多次，睡前饮完。

（5）剖宫产产妇等腹通排气后可饮用。自然顺产产妇连续服用7d，剖宫产产妇连服12d。

（6）可按产妇意愿，用生化汤直接煲鸡汤饮用。

（二）第2周的膳食

以健脾和胃、催乳泌乳之类的膳食为主。调理目的是健脾和胃，使气血尽快恢复，乳汁分泌充足。常用药膳如萝卜羊肉汤、猪蹄黄豆汤、黄芪鸡汤鱼翅、乌鸡白凤汤、人参猪肚汤、强身四宝汤、黄芪烧鲈鱼、蚕豆炖牛肉、当归鲍汁煨鲍鱼、当归清汤活海参、各种鱼汤、虾皮白菜汤、时令蔬菜汤、油菜香菇汤，党参粥、小米粥、黑米红枣粥、山药红豆粥、醪糟红糖荷包蛋，等等。

如果婴儿乳汁不足，可以用药膳催乳泌乳，见第十八章第四节。

如果气血不足，可通过辨证进补，见第十三章。

此阶段因体力消耗，抵抗力下降，常易感风寒，应祛风固表、增强抵抗力，减少风寒侵扰。

（三）第3、第4周的膳食

以理气补血、恢复体形类的膳食为主。调理目的是通过理气、补血，尽快恢复体力体形。常用药膳如黄芪淮山糖水、乌鸡党参当归汤、赤小豆鲫鱼汤、艾叶煮鸡蛋、香菇鸽子汤、各种鸡鱼汤；枸杞海参汤、黄芪杂粮烩海参、虾皮白菜汤、时令蔬菜汤；油菜香菇汤；赤小豆酿蛋、当归花胶炖乌鸡、黄精烧猪手、姜汁牛奶、温拌海蜇丝；党参粥、小米粥、黑米红枣粥、米粥、面食、醪糟鸡蛋、米酒等。

由于分娩元气大伤，腰膝酸软、腰酸背痛、目昏不明、记忆力减退，是产后产妇常见现象，此时所用药膳应兼健脾和胃、滋阴补气、固肾培元作用。

三、月子餐的应用原则

在应用月子餐时，需要特别注意：

1. 少吃多餐：孕期胀大的子宫对其他器官产生压迫，产后胃肠没恢复，少吃多餐是重要原则。可以在两餐之间加餐或加点心，临睡前也可加餐，既可保证产妇营养充分，又可减轻胃肠负担。整个月子期每天可以根据产妇的实际情况，食用5～6餐，每餐的量不宜太多，吃七八成饱即可。

2. 流食为主：产妇在整个分娩过程中，特别是剖宫、麻醉后，胃肠蠕动减缓，产后特别是产后第一周一般都比较虚弱，应予易消化吸收的流食半流食，补充产妇分娩、排汗、缺水、分泌泌乳所需要的水分。

3. 合理搭配：月子餐营养成分不同，应按照“十个搭配”的原则（见第十一章，药膳月子餐的搭配）合理搭配，多吃鸡、鱼、瘦肉类食物，多饮牛奶、豆浆等优质蛋白（见第七章，月子餐用水）约95g。也不可过量，加重肝、肾负担，易造成肥胖。

4. 易于消化：所有的月子餐都应清淡而易于消化，在第2周以后需要进补时，也要根据产妇的具体情况，循序渐进。对于体质特别虚弱，虚不受补的，应及时就诊，听从医师的意见和医嘱。

5.忌食生冷： 产后饮食宜温忌凉，生冷食物影响产妇排出恶露。瓜果加温切片食用，用性温调味品，忌用有回乳功能的食物。

第二节　乳母的膳食

乳母是指以自产乳汁喂养新生儿的产妇。因分泌乳汁及哺育婴儿的需要，乳母需要的能量及各种营养素多于一般妇女，甚至孕妇。当乳母的各种营养素摄入不足时，体内的代谢分解增加，以尽量维持泌乳量。初始阶段泌乳量下降可能不明显，但已存在母体内营养的不平衡，最常见的是乳母体重减轻，或出现营养缺乏的症状。孕前营养不良，孕期和哺乳期营养摄入不足较为严重时，将影响乳汁的质量和数量。

一、乳母的营养需要

乳母的营养需要包括为泌乳提供物质基础和正常泌乳的条件，以及恢复或维持母体健康的需要。

（一）能量

产后月子期内，由于乳汁分泌每日约500mL，乳母的膳食能量适当供给即可；3个月后，每日泌乳量增加到750～800mL时，对能量的需求增高。虽然孕期的脂肪储备可为泌乳提供约1/3的能量，但是，另外的2/3需由日常膳食提供膳食营养素。所以，乳母的能量摄入量，建议在非孕期妇女的基础上增加。

（二）蛋白质

人乳蛋白质平均含量为每100mL约1.2g，正常情况下每日泌乳量约为750mL，所含蛋白质9g左右，但母体内膳食蛋白质转化为乳汁蛋白质的有效率为70%，故分泌750mL的乳汁需要消耗膳食蛋白13g。如果膳食蛋白的生物学价值不高，则转变成乳汁蛋白的效率更低。建议乳母每日增加20g蛋白，总量达到85g，并且其中一部分应为优质蛋白。

（三）碳水化合物

母乳膳食中的碳水化合物应保持适量摄入量，建议在未怀孕之前的基础上提高10%，提供55%～65%的膳食总能量。

（四）脂肪

一般而言，每次哺乳过程中后段乳中的脂肪含量比前段乳的含量高，这样有利于控制婴儿的食欲。乳母能量的摄入和消耗相等时，乳汁中的脂肪酸与膳食脂肪酸的组成相近，乳中脂肪含量与乳母膳食脂肪的摄入量有关。脂类与婴儿的脑发育密切相关，尤其是其中的不饱和脂肪酸，例如22碳6烯酸对中枢神经的发育特别重要。目前我国乳母脂肪推荐与成人相同，膳食脂肪为总能量的20%～30%。

（五）矿物质

为保证乳汁中钙含量的稳定及母体钙平衡，应增加母乳钙的摄入量。乳母要注意膳食多样化，增加含钙的食品，如豆类及豆制品。建议每日饮奶最少250mL以上，以补充约300mg的优质钙。摄入100g左右的豆制品和其他富钙食物，可获得约100mg的钙，加上膳食中其他食物来源的钙，摄入量可达到约800mg，剩余不足部分可增加饮奶量或采用钙剂补充。还需要注意补充维生素D（多晒太阳或服用鱼肝油等），促进钙的吸收与利用。

尽管铁不能通过乳腺进入乳汁，一般情况下，乳母也没有月经失铁，但哺乳期仍需较高的膳食铁的补充，目的是恢复孕期铁的丢失（胎儿铁储备和产时出血）。建议乳母膳食铁的补充为每日20mg。由于食物中铁的利用率低，除注意用富铁食物补充外，可考虑补充小剂量的铁以纠正和预防缺铁性贫血。

（六）维生素

哺乳期乳母的维生素应全面。

1. 维生素A： 可以通过乳腺进入乳汁。乳母膳食维生素A的摄入量可以影响到乳汁中维生素A的含量，而乳汁中维生素A的水平直接影响婴儿的生长、发育和健康状况。建议乳母通过选用富含维生素A的食物满足需要。

2. 维生素D： 维生素D几乎不能通过乳腺。母乳中维生素D的含量很低，而膳食中含有维生素D的食物很少，建议乳母和婴儿多进行户外活动，必要时可以补充维生素D制剂，改善母子双方维生素D的营养状况，促进膳食钙的吸收；维持母乳中钙水平的恒定，以利于婴幼儿骨骼的生长发育；弥补孕期母体骨钙的丢失。

3. B族维生素： 母乳中维生素B_1能够改善乳母的食欲和促进乳汁分泌，预防婴幼儿维生素B_1缺乏症。膳食中硫胺素被转运到乳汁的效率仅为50%，建议增加富含维生素B_1的食物，如猪瘦肉、粗粮和豆类等。母乳中维生素B_2的含量较低，应多吃动物肝脏、奶、蛋及蘑菇、紫菜等食物，改善维生素B_2的营养状况。

4. 维生素C： 根据世界卫生组织报告，全球平均母乳中维生素C含量为5.2mg/100mL，我国报告的北京市为4.7mg/100mL。乳汁中维生素C与乳母的膳食有密切关系，建议母乳经常吃新鲜蔬菜与水果，特别是鲜枣与柑橘类容易满足需要。

二、哺乳期的乳母膳食

哺乳期是指产妇亲自用乳汁喂养婴儿的时期，通常为10个月，最长不超过12个月。

哺乳期的膳食可以细化为3个阶段：月子餐为产妇产后4周以内的膳食；产褥期指产妇产后6～8周的膳食；哺乳期的膳食是指乳母在整个哺乳期的膳食，是本节阐述的重点。母乳膳食特别强调供给充足的能量，增加鱼、肉、蛋、奶、海产品的摄入量。

1. 食物种类齐全多样化：一日以5～6餐为宜，主食不能只吃精白米、面。应该粗细粮搭配，食用一定的粗粮，并适当调配些杂粮，如燕麦、小麦、赤小豆、绿豆等，每日300～500g。

2. 供给充足的蛋白质：动物性食物如鱼类、禽类、肉等可提供优质的蛋白质，每日200～250g。在受经济条件限制的地区，可充分利用大豆类食品提供蛋白质和钙质。

3. 多食含钙丰富的食物：乳及乳制品（如牛奶、酸奶、奶粉、奶酪等）含钙量最高，并且容易吸收利用，每日最少摄入250g。此外，小鱼、小虾米、小虾皮含钙丰富，可以连骨带壳食用。深绿色蔬菜、豆类也可提供一定数量的钙。

4. 多食含铁丰富的食品：如动物的肝脏、肉类、鱼类、某些蔬菜（如油菜、菠菜等）、大豆及其制品。

5. 摄入足够的果蔬和海产品：每天要保证供应500g以上，乳母要多选绿叶蔬菜。有的地区产后有净吃蔬菜和水果的习惯，应予纠正。

6. 注意烹调方法：对动物性食品，如畜、禽、鱼类的烹调方法以煮和煨能有较多的汤水为最佳选择。烹调蔬菜时，应尽量减少维生素C等水溶性维生素的损失。

第三节　母乳喂养要点

母乳是婴儿最好的食物。母乳喂养婴儿是人类最原始的方法，也是最科学、最有效的方法。母乳喂养不仅可以为婴儿提供营养丰富的营养素，满足婴儿生长、发育的需要，还可以提供一些免疫物质，增强婴幼儿的抗病能力。同时，通过母乳喂养可以增进母婴之间的情感交流，有利于婴儿情商和智力的发育，也有利于母亲身体的康复。

健康妇女分娩后开始分泌乳汁，产后睡眠规律，营养充足，情绪平稳，以及婴儿的吸吮和哭声等刺激，可促进乳汁分泌；反之，则使乳汁分泌减少。

一、母乳喂养的原则

0～6个月龄婴儿应纯母乳喂养。应尽早开奶，因为初乳营养最丰富，适合婴儿。应尽早抱婴儿到户外活动，适量补充维生素D。不能纯母乳喂养时，首选婴儿配方食品喂养。定期监测婴儿的生长发育。

二、哺乳时间

新产妇一般产后第2d可挤出初乳，约持续7d后逐渐变为成熟乳。提倡母乳喂养，因母乳营养丰富，易消化，并有抗病能力。

分娩后30min内，可令新生儿吸吮乳头，以刺激乳房尽早分泌乳汁。要让婴儿吃到免疫价值极高的初乳，增强抗病能力，促进胎便排出，同时促进母亲子宫收缩，减少出血。尽早建立母子感情联系。

母乳喂养提倡按需哺乳，即按婴儿的需要哺乳，不规定哺乳的时间和次数，婴儿饥饿时或母亲感到乳房充满时就哺乳。饥饿对新生儿来说是一种新的感觉，在子宫里，胎儿通过胎盘吸收营养是连续不断地“填肚子”，现在必须忍受一段时间没有食物。新生儿出生后，由于消化系统尚未发育完全，如隔较长时间喂较多的奶会不适应，因此开始喂食时应少量、多餐，及时喂奶。一般每次哺乳10min左右，最多不超过15min，以免乳头痉挛皴裂。

对新生儿来说没有什么明显的喂奶时间。出生头3～4d，大概每2～3h喂1次，白天喂8次左右，晚上还有不少的临时喂食。夜间可能再喂2～3次，因为6周以下的婴儿，很少可以一次睡5h以上，不会因为饥饿醒来。用母乳喂养的婴儿，喂奶次数要多于人工喂养的次数。

早产儿胃口可能较小，需要频繁喂食。通常早产儿睡的时间较多，即使在需要食物时也不会醒来要吃，因此常常需要每隔3h唤醒一次给他喂食。对早产儿，通常会在医院的温箱里给予特别护理，而不在母亲身边，此期间可将母乳挤出来给他喂食，这样等婴儿回到母亲身边后，就可以接着用母乳喂食。

母乳喂养双胞胎是完全可以的。开始一次喂一个，慢慢地可以2个同时喂，把他们的腿抱在手臂里，头躺在手上即可。

母乳由产妇气血所化，在哺乳期，产妇保持精神舒畅，营养充足，乳房清洁，按需哺乳，对保证乳汁的质和量具有意义。纯母乳喂养4～6个月后，边喂养母乳边加辅食。婴儿断奶的适当年龄为10个月左右，最好在秋凉和春暖的季节里进行。

三、母乳喂养要点

婴儿出生后的最初几天，妈妈的乳房产生的是初乳。初乳富含蛋白质，并含有婴儿抵抗疾病所需要的重要抗体。第4d左右，一旦开始泌乳，婴儿会本能地刺激妈妈身体产生大量的乳汁。人乳的产生遵循供求规律，即婴儿吃得越多，妈妈的乳房产生的乳汁也越多。用人工调配的配方奶粉补充喂婴儿，会破坏这个规律。

为了分泌足够的乳汁，乳母应吃营养均匀和富含蛋白质的优质食物，并适当多吃一些带汤的食物，有助于泌乳。乳母一定要多休息，保持愉快的心情。婴儿天然的食欲会自然地影响乳汁分泌及其质量，为了分泌乳汁，乳母需要大量能量，因此哺乳期不要节食，以免乳母疲倦不堪。应根据食欲进食，同时，要确保在摄入富含维生素和矿物质的新鲜食物中，获取额外所需要的能量。

给初生的婴儿喂奶，妈妈也要舒适地坐直，背靠在椅子上。没有扶手的矮椅较为理想，或者坐在床上用几个枕头支撑住背部。如果想舒服些，可放一个枕头在妈妈的膝盖上，使婴儿的身体高度更合适；也可以抬高一侧膝盖来支撑婴儿的身体。当身体前倾哺乳时，妈妈的背部不要弯曲。对较大婴儿哺乳，可用任何舒适的姿势。找一张舒适且有坚固扶手的靠背椅，或两腿交叉坐在床上或地板上喂奶。为了更舒服一点，可以将背靠在枕头或者家具上。

喂奶需要时间长，对婴儿来说，妈妈的身体越放松，他就越容易静下来吃奶。让婴儿尽量多地接触妈妈的皮肤，取合适的姿势靠上妈妈的乳房，有效地吸吮奶汁。喂奶过程始终是轻松的、恬静的，双方都十分满足。

对于胀得比较厉害的乳房，哺乳之前可先用一块湿毛巾敷乳房几分钟，使乳房变软。然后用手轻轻按摩乳房，试着压出一些乳汁，以减轻肿胀，有利于帮助婴儿把乳头放入口中。

不要担心婴儿会吃得不够，任何婴儿都知道该吃多少和需要吃多少，千万不要硬喂。用第一个乳房哺乳时，婴儿愿意吃多久就吃多久，尽量排空这个乳房。下一次哺乳时先喂另一侧乳房，这样两侧乳房可受到同样的刺激。至少要让婴儿吮吸10～15min，终止喂奶时，不要强行拉出，以免伤害乳头。

第四节　月子期的调摄

分娩时耗气、失血、伤津，产后阴血骤虚，营卫不固，抵抗力下降；恶露排出，血室已开，胞脉空虚，此时除过月子餐补虚、祛瘀以外，通过各方面的调摄配合恢复很重要，如果护理不当，将息失宜，容易引起疾病。产褥期调摄的目的是促进产后机体生理功能恢复，防止产后并发症的产生。

一、劳逸适度

产后家人要给予关心体贴，令其心情舒畅。如果产妇抑郁、忧思、恼怒，会影响恶露的排出，引起腹痛，不利于乳汁分泌。产后必须保证充足的睡眠，这样产妇才能保证良好的食欲以补虚，条达的肝气以利于去瘀。

产妇体力消耗大，正气不足，卫表不固，百节空虚，抵抗力下降，因此居室要通风良好、空气清新、清洁安静、温度适宜。注意避风辟邪，既不可受寒，又要避免伤暑，伤寒则遍身疼痛，过热可致中暑。

产后24h以内必须卧床休息，以恢复分娩时的疲劳及盆底肌肉的张力。不宜过早操劳，尤其是负重、努挣，避免发生血崩、子宫脱垂等。不宜长时间仰卧，要经常变换体位，以免子宫后倾。除难产和剖宫产外，一般顺产可以在生产24h后起床活动，并逐渐增加活动范围，比如在室内随意走动，做产后健身操，这样有助于体力、体形恢复，排尿、排便，避免发生静脉血栓，而且能使骨盆底以及腹肌张力恢复，避免腹壁过度松弛。产后健身应包括能恢复腹肌张力的抬腿、仰卧起坐，能锻炼骨盆底肌及筋膜的提肛运动。产后适当的活动还可以促进恶露排出、子宫恢复以及肠蠕动，令二便通畅。

二、清洁卫生

产后恶露排出，出汗较多，且血室开放，胞脉空虚，易感邪毒，故要注意外阴卫生，常用水清洗外阴，并确保会阴垫、底裤的清洁消毒。产后汗多要经常擦浴或换洗衣物。产后6周起应采取避孕措施，哺乳者以工具避孕为宜，不哺乳者可选用药物避孕。产褥期禁忌性生活，产后百日之内控制性交。产后4周内不能盆浴。会阴部产后创伤可以用温开水擦洗，使用消毒敷料，或用药液熏洗。产后6周应到医院进行产后健康检查，了解子宫、阴户等复原情况，及时发现乳房、阴户、子宫及产科手术伤口的异常情况，接受指导与治疗。

产褥期是妇女体质调养的好时机。产褥期的精心调养，有利于虚弱体质的改善，某些原有慢性疾病的康复。其中最重要的原因，就是根据产后多虚、多瘀的特点，改变了原有的体质，而产后养生得当，又纠正了虚和瘀的现状，从而使体质得到比较彻底的改善。

三、情绪及睡眠

疲劳、失眠、起居不规律、焦虑烦躁等，均严重影响乳汁的分泌。乳母必须保持心情舒畅，起居有时，劳逸适度。要注意避孕。用延长哺乳期的方法避孕不可靠，亦不宜服用避孕药，以免抑制乳汁分泌。最好用避孕工具。

乳汁分泌不足，除运用食疗、药物外，还可以采用音乐疗法。人们注意到经常给奶牛、母鸡播放优美抒情的音乐，其出奶量、产蛋量有很大提高。日本科学家对音乐催乳的效果进行测试，有120位喂奶的母亲参加实验，一组收听古典音乐，一组收听爵士音乐。测试结果显示，收听古典音乐的妇女，奶量比平时增加了20%，而且乳汁质量有所提高；收听爵士音乐的妇女，奶量比平常减少20%～50%。提示缓慢悠扬、使人心旷神怡的乐曲可使泌乳增加，而节奏感强、使人兴奋激动的音乐则使泌乳减少。

四、慎服药物

许多药物可以经过血液循环进入乳汁。例如乳母服用大黄，可使婴儿腹泻。服用阿托品、四环素、红霉素、苯巴比妥以及磺胺类药物，都可以从乳汁排出，对婴儿产生影响。因此哺乳期应谨慎用药。

五、乳房保健

月子期，甚至整个哺乳期的乳母均不要穿着紧身内衣，不宜束胸。第一，束胸时心脏、肺脏和大血管受到压迫，影响身体内脏器官的正常功能发挥。第二，束胸会影响肋骨、胸骨和膈肌的运动，影响正常呼吸和胸部的正常运动，使胸廓狭小，肺活量低，还会影响乳房的哺乳功能，严重者会引起乳房浅表血栓和静脉炎等疾病。正常情况下，胸式呼吸和腹式呼吸2种呼吸动作协调配合进行，才能保证人体正常的气体交换；而束胸影响胸式呼吸，使胸部不能充分扩张，肺组织不能充分舒展，吸入空气量减少，影响全身氧气的供应。第三，束胸压迫乳房，使血液循环不畅，乳房下部血液淤滞而引起疼痛、乳房肿胀不适，甚至造成乳头内陷，影响健美，也造成月子期哺乳困难。

月子期提倡戴胸罩。戴胸罩的益处在于：第一，显示女性的体形美；第二，支托乳房，防止下垂；第三，可预防乳房下部血液淤滞而引起乳房疾患；第四，减轻心脏的局部压力，促进血流循环畅通；第五，减轻由于体育运动或体力劳动造成乳房振动，还可免于乳房受伤；第六，保护乳头不受擦伤或碰痛；在秋冬季，胸罩还有保暖作用。总之，胸罩不仅是一种装饰品，而且是妇女必备的保健用品。由于体形不同，乳房大小也各不相同，必须选择尺寸合适的胸罩，佩戴后要感到舒适而又无紧束感。还要根据身体的胖瘦变化，随时更换胸罩。千万不要片面追求体形美而勉强戴不适合的胸罩。胸罩的质地要柔软吸水，要勤洗勤换，保持清洁。晚上睡觉时把胸罩取下。戴胸罩要养成习惯，无论春夏秋冬，持之以恒。哺乳期乳房因哺乳充盈很大，不戴胸罩时间长了，乳房就容易松弛下垂，妨碍乳腺内正常的血液循环，造成部分血液淤滞，引起乳房疾病。剧烈运动也易使乳房受到创伤而引起乳腺炎。

第十三章

补益类药膳月子餐

由于分娩时的体力消耗，婴儿娩出，哺乳而致产妇多虚证。虚则补之，因补益药膳可补益人体的气血阴阳，俗称进补。所以，凡以补益药、食为主，具有补益人体气、血、阴、阳等作用，用于治疗虚证及增强体质、振奋功能的药膳，统称为补益药膳，俗称进补药膳。

补益类药膳月子餐是以补益药、食组成的补益人体，治疗产后虚证的药膳月子餐。产后虚证有气虚、血虚、气血两虚和阴虚、阳虚等不同的病理变化与临床表现，补益类药膳月子餐也相应分为补气、补血、气血双补和滋阴、壮阳五大类。

第一节　补气类药膳月子餐

补气类药膳月子餐适于产后气虚证。气虚表现为脏腑组织功能减退，如倦怠无力，少气懒言，面色㿠白，食欲不振等。补气重在补脾、肺之气，常用的补气类药、食有人参、黄芪、山药、粳米、小麦、动物胃肚、禽畜肉类等。常用药膳方如黄芪蒸鸡、人参莲肉汤等。

一、四君鸭汤

【处方来源】民间验方。

【配方原料】嫩鸭1只，党参30g，白术15g，茯苓20g，炙甘草10g，姜、葱、绍酒、盐、味精各种调料适量。

【烹制工艺】

（1）将活鸭宰杀，洗净，去除内脏、嘴、足，剁成3cm大小的块，入沸水中滚一遍捞起。

（2）党参、白术、茯苓、甘草（中药四君子汤）切片，纱布包好，放入炖锅内。

（3）将备好的鸭置于炖锅内，加姜、葱、绍酒、鲜汤各适量，武火烧开，改文火煮至鸭烂熟。

（4）取出药包、葱、姜，加盐、味精，饮汤食肉。

【功效用途】益气健脾。用于产后脾气虚，生化不足，面色萎黄，语声低微，四肢无力，舌淡脉弱等。也可用于产妇产后调节胃肠运动、强身健体、提高抗病能力等。

【注意事项】脾胃虚寒所致食少便溏，脘腹疼痛者不宜食用。

【说明】本方民间常用屉蒸的方法，将本方改为汤剂味道更鲜美。

二、黄芪蒸鸡

【处方来源】《随园食单》。

【配方原料】嫩母鸡1只（1000g左右），黄芪30g，食盐1.5g，黄酒15mL，葱、姜各10g，清汤500mL，胡椒粉2g。

【烹制工艺】

（1）母鸡宰杀后，去毛，剖开内脏，洗净。

（2）先入沸水锅内焯至鸡皮伸展，再捞出用清水洗净，沥干待用。

（3）黄芪用清水冲洗干净，趁湿润切成2mm厚的长片，塞入鸡腹内。

（4）将鸡放入砂锅内，加葱、姜、黄酒、清汤、精盐，用湿棉纸封口。

（5）上蒸笼用武火蒸，水沸后蒸100～120min，至鸡肉熟烂。

（6）出笼后去黄芪，再加入胡椒粉调味。空腹食之。

【功效用途】益气升阳，健脾补虚。用于产后脾气亏虚，清阳下陷所致食少、倦怠乏力，气虚自汗，易患感冒，气虚眩晕，以及中气下陷引起的久泻、脱肛、子宫下垂等。

【注意事项】表虚邪盛，气滞湿阻，食积停滞，以及阴虚阳亢者，均不宜食用。

三、人参莲肉汤

【处方来源】《经验良方》。

【配方原料】白人参10g，莲子15枚，冰糖30g。

【烹制工艺】

（1）将白人参与去心莲子肉放碗内，加水适量浸泡至透，再加入冰糖。

（2）置蒸锅内，隔水蒸炖1h左右。人参可连用3次，第3次连同人参一起吃完。

（3）早、晚餐服食。

【功效用途】补气益脾，养心固肾，用以脾肾气虚证。适用于产后脾气虚弱所致神疲乏力，恶露不止，心悸自汗，大便泄泻，失眠多梦，白带过多等。

【注意事项】脾虚气滞或湿阻、食积所致胸闷胀满、食欲不振者不宜食用。不可同时服食生萝卜及浓茶。大便燥结者不宜服用。

四、银鱼粥

【处方来源】《草木便方》。

【配方原料】银鱼干30g，糯米100g，生姜、猪油、食盐各适量。

【烹制工艺】

（1）将银鱼干、糯米、生姜分别洗干净，合煮成粥。

（2）加入少量猪油、食盐。

（3）趁热空腹食之，每日可服2次。

【功效用途】健脾、益肺、补虚。适用于产后肺脾气虚致的羸瘦乏力，虚劳咳嗽等。

【注意事项】脾虚湿盛、中满气滞者不宜使用。

第二节　补血类药膳月子餐

补血类药膳月子餐适用于产后血虚不足的产妇。表现为心肝血虚，见面色萎黄，口唇爪甲苍白，心悸失眠，月经不调等。常用补血类药、食有当归、地黄、首乌、龙眼肉、枸杞、阿胶、大枣，各种动物肉类、肝脏等。常用药膳方如归参炖母鸡、当归生姜羊肉汤等。

一、归参炖母鸡

【处方来源】《乾坤生意》。

【配方原料】母鸡1只（1500g），党参、当归身各15g，姜、葱、黄酒、食盐各适量。

【烹制工艺】

（1）将母鸡宰杀，去掉杂毛、内脏，洗净。

（2）将当归身、党参洗净，切片，放入鸡腹之内。

（3）备好的鸡置砂锅中，加姜、葱、黄酒、清水，武火煮沸后改文火炖至鸡肉熟透即成。

（4）可分餐饮汤、食肉。

【功效用途】补血益气，健脾温中。适于产妇产后血虚，面色萎黄，头晕心悸，肢体倦怠，月经愆期量少。

【注意事项】外邪未净及热性病患者不宜食用。

二、当归生姜羊肉汤

【处方来源】《金匮要略》。

【配方原料】当归20g，生姜30g，羊肉500g，食盐、黄酒、葱、胡椒粉等调料适量。

【烹制工艺】

（1）将羊肉洗净，除去筋膜，切成小块儿，用开水氽过，沥干备用。

（2）生姜切成薄片，下锅内略炒片刻，倒入羊肉微炒，铲起。

（3）当归洗净，纱布松松地包住捆扎好，与炒后的生姜、羊肉一起放在砂锅里，武火煮沸后，改用文火煲120min即可。

（4）服用前可适量加一点盐和葱、胡椒粉等调料，吃肉喝汤。

【功效用途】温中补血，调经散寒。适用于阳虚寒凝所致的产后气血虚弱之腹痛，血虚乳少，恶露不止，月经不调，血虚经少，子宫发育不良，胎动不安等。

【注意事项】张仲景原方指出：如寒多者，重用生姜，可达500g；痛多而呕者，加陈皮、白术。阴虚有热，湿盛中脘者不宜用本汤。

三、菠菜粥

【处方来源】《本草纲目》。

【配方原料】菠菜250g，粳米250g，食盐、味精各适量。

【烹制工艺】

（1）将菠菜洗净，在沸水中烫片刻，去掉涩味，切段。

（2）将粳米淘洗干净，置锅内，加水适量，熬至米熟汤稠，将菠菜放入锅内，煮熟即可。

（3）加食盐、味精，佐餐常服。

【功效用途】补血养肝，润燥滑肠。用于肝血不足导致的血虚萎黄，视力减退，大便涩滞，缺铁性贫血。也可用以预防维生素A缺乏所致的眼干燥、角膜软化等。

【注意事项】菠菜质滑而利，善能润燥滑肠，故脾胃虚寒泄泻者不宜用；菠菜草酸成分含量较高，肾炎及肾结石患者不宜食用。

四、龙眼酒

【处方来源】《万氏家抄方》。

【配方原料】龙眼肉60g，上好烧酒500mL。

【烹制工艺】

龙眼肉放酒内浸泡百日，随个人酒量适量饮用。

【功效用途】补心脾，益气血。适用于产后心脾两虚，食少纳差，心神不宁，精神不集中，睡眠不实等。

【注意事项】湿阻中满或有停饮、痰、火者不宜服用。不善饮酒者可煎汤内服。孕妇不宜服用。

第三节　气血双补类药膳月子餐

气血双补类药膳月子餐适于产后气血双虚的产妇，气血俱虚，除运用具有补气、养血的膳食外，还须注意调理脾胃功能，才能收到事半功倍的效果。常用补气、养血类药、食有人参、黄芪、当归、熟地黄、首乌、阿胶、各种动物肉类。常用药膳方如十全大补全家福、当归羊肉羹等。

一、十全大补全家福

【处方来源】民间验方。

【配方原料】十全大补料包（人参、白术、茯苓、黄芪、熟地黄、白芍各10g，当归、肉桂各5g，川芎、甘草各3g）；刺参6条，鲍鱼6只，花胶200g，鹅掌6只，大瑶柱6个，鹿蹄筋150g，花菇100g，墨鱼丸100g，鹰嘴豆80g，客家腐竹200g，鲍汁1000g；葱、姜、料酒各20g，盐8g，鸡粉5g，白糖5g，生粉10g，味精2g。

【烹制工艺】

（1）将十全大补料包诸药装纱布袋内，扎紧袋口。

（2）熬制鲍汁配料：黄油老鸡2000g，排腩2000g，老鸭500g，火腿50g，瑶柱50g，分别飞水炸制金黄，加20kg矿泉水熬制8h，过滤成鲍汁备用。

（3）备刺参、鲍鱼、花胶、鹅掌、瑶柱、鹿蹄筋、花菇、墨鱼丸、鹰嘴豆、客家腐竹法制加工备用。

（4）将所有配料及十全大补料包一同放锅中，加入熬好的鲍汁1000g。先用武火煮开后，改用文火慢慢煨炖25min，捞出十全大补料包药袋即可。

（5）调入葱、姜、料酒、盐、鸡粉、白糖、生粉、味精即成。

（6）全料服完后，间隔3d后另作再服。

【功效用途】温补气血。适用于产后气血两虚导致的面色萎黄，头晕目眩，四肢倦怠，气短懒言，心悸怔忡，食欲减少等。现代常用于抑制恶性肿瘤的增殖及转移，增强机体免疫力，减轻放疗和化疗的副作用，改善肿瘤患者的临床症状。

【注意事项】每日饮用早、中、晚各3次每次一小碗，此膳味厚，偏于滋腻，故外感未愈、阴虚火旺、湿热偏盛之人不宜服用。

【说明】此方是在《太平圣惠和剂局方》中药方剂“十全大补汤”基础上，经本书主编谭学文多年调试而成，故沿用了原名。

二、当归羊肉羹

【处方来源】《济生方》。

【配方原料】当归25g，黄芪25g，党参25g，羊肉500g，姜、葱、黄酒、味精、食盐各适量。

【烹制工艺】

（1）将羊肉洗净，当归、黄芪、党参装入纱布袋内扎好口，一同放锅内，加生姜、料酒和适量的水。

（2）将锅置武火上烧沸，再用文火煨炖，直到羊肉烂熟即成。

（3）加入葱、味精、食盐等调味，吃肉喝汤。可早、晚各食1次。

【功效用途】益气养血，温阳补虚。用于产后气血不足所致的脘腹冷痛，血虚宫冷，崩漏及各种贫血，气血不足之证。还可用于白细胞减少症。

【注意事项】外感发热、咽喉肿疼、牙疼者不宜食用。忌铜器煎煮。服膳期间忌食南瓜。

三、大枣粥

【处方来源】《圣济总录》。

【配方原料】大枣30g，粳米100g，冰糖适量。

【烹制工艺】

（1）将大枣、粳米淘洗净后，放入锅内，加水适量，煮至熟烂成粥。

（2）加入冰糖搅拌均匀，空腹食用。

【功效用途】补中益气，养血安神。适用于产后脾胃虚弱、中气不足的倦怠无力、食少泄泻及妇人脏躁等证。亦可用于贫血、血小板减少、慢性肝炎所致的贫血、过敏性紫癜等病症。

【注意事项】实证忌用。

四、参枣米饭

【处方来源】《醒园录》。

【配方原料】党参15g，糯米250g，大枣30g，白糖50g。

【烹制工艺】

（1）将党参、大枣煎取药汁备用。

（2）将糯米淘净，置瓷碗中加水适量，煮熟，扣于盘中。

（3）将煮好的党参、大枣摆放上。

（4）加白糖于药汁内，煎成浓汁，浇在枣饭上即成，空腹食用。

【功效用途】补中益气，养血宁神。用于产后脾气虚弱所致的倦怠乏力、食少便溏，以及血虚所致的面色萎黄、头晕、心悸、失眠、浮肿等。

【注意事项】本方甘温壅中，糯米黏滞难化，脾虚湿困、中气壅滞、脾失健运者不宜服。

第四节　滋阴类药膳月子餐

滋阴类药膳月子餐适用于产后阴虚的产妇。产后阴虚，精、津、阴液不足而致枯燥、虚火等证，致形体羸瘦，骨蒸盗汗，两颧潮红，五心烦热等。常用的滋阴类药、食有生地黄、沙参、麦冬、枸杞子、黄精、鳖甲、海参、鸭肉等。常用药膳方如润肺膏、生地黄鸡等。

一、润肺膏

【处方来源】《医方类聚》。

【配方原料】羊肺1具，干柿霜30g，真酥30g，杏仁（研碎）30g，绿豆粉30g，白蜜60g。

【烹制工艺】

（1）先将羊肺洗净。

（2）再将干柿霜、真酥、杏仁、绿豆粉、白蜜五味，放适量水中，拨打搅动，令黏稠，灌入肺中。

（3）白水煮熟，如常服用。

【功效用途】养肺益气，养阴润燥。适用于产后肺阴亏虚、肺气虚弱的久咳肺燥、虚劳咳嗽等证。

【注意事项】非虚勿用。

二、生地黄鸡（汤）

【处方来源】《肘后备急方》。

【配方原料】生地黄250g，乌雌鸡1只，饴糖150g。

【烹制工艺】

（1）鸡宰杀，去毛去内脏，洗干净备用。

（2）将生地黄洗净，切片，入饴糖，调拌后塞入鸡腹内。

（3）将鸡腹部朝下置于锅内，于旺火上上笼蒸120min，待其熟烂后，食肉饮汁。

【功效用途】滋补肝肾，补益心脾。用于产后、病后阴虚之体的积劳虚损，潮热盗汗，心悸怔忡，健忘失眠等。

【注意事项】外感未愈，湿盛之体不宜食用。

【说明】在月子餐的教学实践中，发现将本方改为汤剂味道更好。

三、秋梨膏

【处方来源】《医学从众录》。

【配方原料】秋梨3200g，麦门冬32g，款冬花24g，百合32g，贝母32g，冰糖640g。

【烹制工艺】

（1）梨切碎，榨取汁，梨渣加清水再煎煮1次，过滤取汁，二汁合并备用。

（2）麦门冬、款冬花、百合、贝母加10倍量的水煮沸60min，滤出药液，再加6倍的水煮沸30min，滤出药汁，二液混合。

（3）将药液兑入梨汁，文火浓缩至稀流膏时，加入捣碎之冰糖末，搅拌令融，再煮片刻。

（4）每服10～15mL，每日2次，微开水冲服。

【功效用途】养阴生津，润肺止咳。用于产后阴虚肺热，咳嗽无痰，或痰少黏稠，胸闷喘促，口干咽燥，心烦音哑等。

【注意事项】梨性寒凉，凡脾胃虚寒、大便溏泄、肺寒咳嗽者不宜食用。

四、珠玉二宝粥

【处方来源】《医学衷中参西录》。

【配方原料】生山药60g，生薏苡仁60g，柿霜24g。

【烹制工艺】

（1）将山药、薏苡仁捣成粗粒，加水煮粥至烂熟。

（2）将柿霜调入，搅匀即可食用。

（3）当主食食用，每日1次，5d为1个疗程。

【功效用途】养肺益脾，止咳化痰。用于产后、病后脾肺阴亏，食欲不振，阴虚燥咳，或虚劳咳嗽。

第五节　壮阳类药膳月子餐

壮阳类药膳月子餐适用于产后阳虚，肢体不温，腰膝酸痛，畏寒肢冷，痿软无力，小便频数或不利等。常用壮阳类药、食有鹿茸、附子、肉桂、杜仲、肉苁蓉、菟丝子、猪腰子、羊肉、鹿鞭等。常用药膳方如补骨脂胡桃煎、鹿角粥等。

一、补骨脂胡桃煎

【处方来源】《经史证类备急本草》。

【配方原料】补骨脂、蜂蜜各100g，胡桃肉200g。

【烹制工艺】

（1）补骨脂酒拌，蒸熟，晒干，研末。

（2）胡桃肉捣为泥状。

（3）蜂蜜融化烧沸，加入胡桃泥、补骨脂粉，和匀。

（4）收藏于瓶内，每次10g，黄酒或开水调服。每日2次。

【功效用途】温肾阳，强筋骨，定喘嗽。用于产后阳虚，腰膝冷痛，久咳虚喘等。

【注意事项】痰火咳嗽及肺肾阴虚之喘嗽者忌用。

二、鹿角粥

【处方来源】《臞仙活人方》。

【配方原料】鹿角粉10g，粳米60g。

【烹制工艺】

（1）将粳米淘净，置于锅内加水煮粥。

（2）待米汤煮沸后，调入鹿角粉，另加食盐少许，同煮为稀粥。

（3）每日分2次服，10d为1个疗程。

【功效用途】补肾阳，益精血，强筋骨。用于产后肾阳不足，崩漏，带下，疮疡久溃不敛，畏寒身冷，腰膝酸疼，不孕不育等。

【注意事项】本方温热，夏季宜用。素体有热、阴虚阳亢、外感发热者忌用。

三、白羊肾羹

【处方来源】《饮膳正要》。

【配方原料】白羊肾2具，肉苁蓉（酒浸，切）30g，羊脂120g，胡椒6g，陈皮（去白）3g，荜茇6g，草果6g，面粉150g，食盐、生姜、葱各适量。

【烹制工艺】

（1）面粉制成面片。

（2）白羊肾洗净，取臊腺脂膜，切作片。羊脂洗净，切作片。

（3）余药相合，同入纱布内，与白羊肾、羊脂一同放入锅内，加清水适量，沸后文火炖熬至羊肾熟透。

（4）放入面片及调味品，煮熟，如常做羹食之。

【功效用途】温肾阳，健筋骨，祛风湿。用于产后肾阳虚弱，腰膝冷痛，或风湿日久，累及肝肾，筋骨痿弱者。适用于免疫力低下者。

【注意事项】本膳偏于温燥，有热者忌用。脾虚便溏者肉苁蓉用量不宜过大。

四、巴戟牛膝酒

【处方来源】《备急千金要方》。

【配方原料】巴戟天100g，怀牛膝100g，白酒1500mL。

【烹制工艺】

（1）将巴戟天、怀牛膝两味药洗净，切碎，放至容器中。

（2）加入白酒密封，浸泡20~30d后，过滤去渣即成。

（3）每日早、晚各服15~30mL。

【功效用途】温肾阳，健筋骨，祛风湿。适用于产后肾阳虚弱，腰膝冷痛，或风湿日久，累及肝肾，筋骨痿证者。

【注意事项】本方温热，凡热盛阳亢者不宜饮用。夏天勿服或少饮。

第十四章

润肤养颜药膳月子餐

养颜就是颜面部的养护，是养生学延缓颜面部衰老的方法。中医认为，头为诸阳之会，五脏六腑、十二经脉之气血皆上注于头面，脏腑经脉发生病变，可以导致颜面的异常。《素问·上古天真论》记载，女子五七“阳明脉衰，面始焦，发始堕”，六七以后“三阳脉衰于上，面皆焦，发始白”。提示人们，特别是产后的产妇，应根据不同的年龄，个人不同的体质，有针对性地选用不同的润肤养颜的相应方法。

第一节　润肤养颜饮食

营养的平衡是润肤养颜的基本保证。养生学认为：“吃在脸上，穿在身上。”说明饮食与润肤养颜的密切关系。产妇要保持皮肤正常的生理功能，必须有适当充足的营养供给。食物中的蛋白质、脂肪、糖类、无机盐、微量元素、水、纤维素等，是人体健康和颜面美丽所必需的营养素。古人在饮食润肤养颜方面积累了丰富的经验。如汉代张仲景指出，猪蹄上的皮肤有“和血脉，润肌肤”的作用。《神农本草经》记载：冬瓜“令人悦泽好颜色”，莲子“久服轻身耐老”，有细嫩皮肤的作用等。现将用饮食润肤养颜的方法概括介绍如下：

一、补充水分

补充足够的水分可改变皮肤干燥、皮脂腺分泌减少的状况，减少皱纹，使皮肤润泽。补水包括饮水与皮肤表面补充2个方面：饮水每日的总量最少不低于1200mL，加上食物中的水分，每天最低生理需要量不少于2500mL。不要用饮料代替正常饮水，白开水是比较理想的水分补充来源。皮肤表面补水最常用的是敷面膜给面部补水。

二、进食足够的新鲜蔬菜和水果

新鲜蔬菜含有丰富的维生素、微量元素等，能防止皮肤衰老，保持皮肤细腻滋润。皮肤的粗糙往往是因血液中酸性物质偏高造成的，鱼、肉、禽、蛋、粮食类等均为酸性，能使体内乳酸、尿酸含量增高，使皮肤失去细腻和弹性。而新鲜蔬菜和水果中的碱性无机盐，如钙、钠、镁、钾等含量较高，能使体内碱性物质充足，中和酸性物质，使血液维持在比较理想的弱酸性状态，从而保持皮肤的光滑滋润。因此新鲜蔬菜和水果有“天然化妆品”之称。常用的美容蔬菜有冬瓜、白萝卜、大白菜、竹笋、黄豆及黄豆制品、西红柿、胡萝卜、莲藕、菠菜、香菇、黑木耳、猴头、蘑菇等，常用的美容水果有苹果、梨、荔枝、龙眼、猕猴桃、西瓜、桃、柠檬等。

三、补充胶原蛋白和弹性蛋白

胶原蛋白和弹性蛋白类食物能使皮肤细胞变得丰满，弹性增强，肌肤充盈，皱纹减少，皮肤细腻而富有光泽，光滑而富有弹性。此类食物有猪蹄、动物筋腱和猪皮、各种动物表皮等。阿胶是用驴皮熬制的，胶原蛋白粉是从猪皮中提取的，日常食用的卤猪蹄、红烧猪蹄、红烧肉、冻肉都是补充胶原蛋白和弹性蛋白实用经济的好方法。

四、合理补充含铁锌丰富的食物

皮肤的光泽红润，需要供给充足的血液。铁是构成血液中血红蛋白的主要成分。锌在皮肤中的含量最高，约占20%以上，决定着皮肤的光滑和弹性程度。应适量多吃富含铁、锌的食物，如动物肝脏、蛋黄、海带、芝麻酱、瘦肉、牡蛎及海产品。平时要少吃精制食品、盐和糖，多吃粗粮和含纤维多的食物。

五、根据皮肤性质选择相应食物

润肤美颜不能一概而论，除以上论述的润肤养颜饮食的原则外，还应根据每个人皮肤的不同性质而辨证施食，按照皮肤的性质选用相应的饮食。

1. **中性皮肤**：称普通皮肤，只要饮食平衡，不挑食，平时多食新鲜蔬菜及水果即可。

2. **油性皮肤**：宜清淡饮食，选择食用热量低的肉类，如瘦猪肉、鸡肉、鸭肉、兔肉、鱼肉等；豆类及豆制品；新鲜水果及蔬菜，如柠檬、柚子、葡萄、橙子、芹菜、白萝卜、青菜、苦瓜、丝瓜等具有清热作用的果蔬。这类食物可减少皮脂腺分泌，促使大便通畅。油性皮肤不宜食油腻食物，如肥肉、各种动物油、各种油炸食品、酒、辣椒、胡椒、桂皮、生姜等；不宜食红枣、龙眼、荔枝、石榴、樱桃、橘子等热性水果。

3. **干性皮肤**：宜食富含油脂、胶质较多和滋润的食物，如各种动物油、奶油、蛋黄，各种动物皮，花生、杏仁、核桃、瓜子、松子、蜜枣等干果。可以选择清热养阴的食品，如绿豆、藕、银耳、黄花、蜂蜜等；也可选用富含维生素A、E的食物，如牛奶、动物肝脏、大豆、花生、麦胚、谷胚、麦芽、胡萝卜、南瓜、西红柿、菠菜、大白菜、黄花菜、生菜、芥菜、香蕉、橙子等；还可多食富含胶原蛋白的动物皮。

4. **过敏性皮肤**：宜清淡饮食，选择含维生素丰富的新鲜蔬菜和水果，植物脂肪、蛋白，如松子、核桃、芝麻、腰果、花生、瓜子、豆制品、萝卜、白菜、莴苣、西红柿、竹笋、银耳、大枣、莲米、苹果、梨、葡萄等。应尽量避免食用容易引起过敏的食物，如虾、蟹、蛋、奶、野菜、酒、蒜苗、韭菜、芹菜、香菜等。在皮肤过敏期间，不食刺激性较大的食物。

5. **粗黑皮肤**：宜食新鲜水果和蔬菜，以及富含维生素A、B、C、E的食品，如豆腐、黄瓜、莲藕、银耳、卷心菜、白萝卜、竹笋、茭白、苹果、香瓜、蘑菇、柠檬等。

6. 苍白萎黄皮肤：一般多见于患慢性病和脾胃虚弱的人。宜食含蛋白质、铁、铜、维生素B_1、维生素B_{12}、叶酸高的食物，如黑豆、赤小豆、黑芝麻、黑米、黑木耳、红枣、桑葚、苹果、葡萄、香蕉、乌梅、西红柿、樱桃、桂圆、荔枝、动物瘦肉、肝脏等。不宜食寒凉性的食物，如青菜、芹菜、萝卜、苦瓜、冬瓜、鸭肉等。

第二节　润肤养颜类药膳

润肤养颜类药膳是指具有保护、滋润皮肤，改善面部气色作用的药膳。本类药膳主要由滋补阴血、养益精气、化痰取瘀等药、食组成。常用药、食有当归、白芍、熟地黄、黄精等，药膳方如玫瑰五花糕、燕窝粥等。

一、玫瑰五花糕

【处方来源】民间验方。

【配方原料】干玫瑰花50g，红花、鸡冠花、凌霄花、野菊花各30g，大米粉、糯米粉各500g，白糖200g。

【烹制工艺】

（1）将玫瑰花、红花、鸡冠花、凌霄花、野菊花诸干花揉碎备用。

（2）大米粉与糯米粉拌匀，糖用水溶开。

（3）拌入诸花，迅速搅拌，徐徐加糖开水，使粉均匀受潮，并泛出半透明色，成糕粉。

（4）糕粉湿度为手捏一把成团，放开一揉则散开。糕粉筛后放入糕模内，用武火蒸12～15min。

（5）当点心吃，每次30～50g，每日1次。

【功效用途】行气解郁，凉血活血，疏风解毒，润肤养颜。适用于肝气郁结所致的情志不舒，胸中郁闷，面上雀斑、黄褐斑。

【注意事项】本膳行气活血作用强，故气虚、血虚、经期、孕期、哺乳期等慎用。

二、燕窝粥

【处方来源】《本草纲目拾遗》。

【配方原料】燕窝10g，糯米100g，冰糖10g。

【烹制工艺】

（1）将燕窝放入开水中焖泡，水冷后换入清水。

（2）摘去绒毛和污物，洗净，盛入碗中，加清水100mL。上蒸笼蒸30min，至燕窝完全发开。

（3）将糯米浸泡24h，洗净入锅煮沸，待米粒煮开时加入燕窝、冰糖文火熬至熟烂。

（4）每日1次，连服7~10d。

【功效用途】滋肺补脾，养阴润燥，延年驻颜。用于产后元气虚损，面色不华、颜容憔悴，咳嗽痰喘、咯血吐血等。

【注意事项】肺胃虚寒、湿痰停滞及有表邪者忌用。

三、红颜酒

【处方来源】《万病回春》。

【配方原料】核桃仁、红枣各60g，甜杏仁、酥油各30g，白蜜80g，米酒1500g。

【烹制工艺】

（1）将核桃仁、红枣捣碎；杏仁去皮尖煮4～5沸，晒干捣碎后，以蜜、酥油溶开入酒中。

（2）将3味药入酒内，浸7d后开取。

（3）每日早、晚空腹饮用，每服10～20mL。

【功效用途】滋补肺肾，补益脾胃，滋润肌肤，悦泽容颜。适用于脾肾两虚所致的面色憔悴、未老先衰、皮肤粗糙等，可专用于养颜美容。

【注意事项】阴虚火旺者忌饮。

四、八宝饭

【处方来源】《医学正宗》。

【配方原料】芡实、山药、莲子、茯苓、党参、白术、薏苡仁、白扁豆各6g，糯米150g，冰糖适量。

【烹制工艺】

（1）将党参、白术、茯苓煎煮取汁。

（2）糯米淘洗干净，将芡实、山药、莲子、薏苡仁、白扁豆打成粗末，与糯米混合。

（3）加入党参、白术、茯苓煎汁和冰糖，上笼蒸熟。亦可直接加水煮熟，当主食食用。

【功效用途】益气健脾，延年养颜。适用于产后脾虚体弱所致不思饮食，大便溏薄，倦怠乏力，面色不华等。

【注意事项】八宝饭是广泛流行民间的健脾养颜膳食。本膳亦可制成其他剂型，如煮粥、研末沸水冲成糊状等，也有多种不同的配方可供选用。本方阴虚津枯者不宜久食。

五、熙春酒

【处方来源】《随息居饮食谱》。

【配方原料】枸杞子200g，龙眼肉、女贞子、熟地黄、淫羊藿、绿豆各100g，2500mL白酒。

【烹制工艺】

（1）将枸杞子用清水洗净，剪碎放入细口瓶中。

（2）龙眼肉、女贞子、熟地黄、淫羊藿、绿豆按中药方法炮制，与枸杞子混合。

（3）加入白酒1000mL后密封瓶口，每日振摇1次，浸泡1周以后即可饮用。

（4）每日晚餐或临睡前饮用30mL。瓶中酒可边饮边加（共加约2500mL）。

【功效用途】养阴补血，驻颜美容，养毛发、泽肌肤。用于产后气阴两虚所致的面白无华，腰膝酸软等，亦可用于日常养颜美容。

【注意事项】外邪实热、脾虚有湿及泄泻者慎饮。

第三节　其他养颜方法

尽管“吃在脸上”，但美丽的皮肤和娇艳的容颜绝不是仅仅靠饮食、药膳就能完全吃出来，还需要全方位的养生方法相互配合，才能取得理想的效果。良好的睡眠，规律的起居，良好的工作、学习习惯，热爱生活的积极心态都是润肤养颜的重要因素，限于篇幅，不再赘述。本节扼要介绍按摩、针灸、中药3种润肤养颜的方法。

一、按摩润肤养颜

面部按摩，包括自我按摩、美容养生机构美容师按摩、医疗机构专业医师的按摩、住家月嫂为产妇的按摩，都是润肤养颜、保健美容的重要方法。按摩可以增强皮肤和皮下组织中的血液循环，改善皮肤、肌肉营养状态，增强皮肤和肌肉的弹性，优化皮肤结构，促进皮脂排泄，清除面部衰老细胞，使皮肤润泽细腻，肌肉强健，皱纹舒展，有预防、延缓颜面皮肤老化的作用。颜面按摩的原则是：中间下方向外侧上方用力，手指动作与皮肤皱纹呈垂直方向，按摩施力要轻柔。如面部有炎症、外伤、化脓和其他一些病变时，不要轻易按摩，防止感染扩散和加重病情。

（一）颜面部按摩

1. 推摩面额：以一指禅推法推额部，沿印堂→头维→太阳→鱼腰→攒竹→印堂的路线，往返推2～3遍。可减少额部皱纹。

2. 拿头：五指分开，指端着力，自前向后拿头顶部。如能沿督脉、膀胱经和胆经头部循行路线施术效果更佳。具有通经活络、防发白、美容防衰的作用。

3. 栉头：双手十指微屈分开，以十指端用力紧贴头皮并向深部用力，从头前向脑后梳理，反复数次。具有通经活络、祛瘀止痛、祛风明目、养颜美容的作用。

4. 击头：双手十指分开微屈，以指端连续广泛地叩击头部，或沿头部督脉、膀胱经、胆经循行路线叩击1～2min。具有通经活络、健脑醒神、清除疲劳的作用。

5. 摩面：搓手掌令热，用双手从下向上、从内向外轻轻摩拭面部，以面部觉微热为度。具有活血养颜、润泽皮肤、减少皱纹、预防衰老的作用。

6. 推眼眶：以双手拇指指侧用一指禅推法从攒竹向眉尾方向推摩，反复30次。具有明目的作用。

7. 点按穴位：用大指或中指指腹按揉攒竹、阳白、太阳、四白、迎香、地仓、上星、百会、风池、率谷、头维等穴，每穴0.5min。具有祛风清热、清利头目、通络止痛、减少皱纹、美容防衰的作用。同时指压足三里穴和三阴交穴，配合调节全身气血。

8. 摩丹田：以气海和关元为范围，将掌心贴于两穴之间，按先顺时针后逆时针的方向，用柔和的手法作环形摩法约30次，以局部觉热为度。有培补元气、养颜美容的作用。

9. 擦涌泉：用手掌在涌泉穴摩擦，约3min，以发热为佳。具有补肾养颜的作用。

（二）面部扩张运动

1. 抬眉运动：将眉毛缓慢抬起，然后再落下，重复10～20次。双眼逐渐闭合，再睁大，重复50次。连续4周，每天早晚各1次。有助于眼睑的健美。

2. 鼓腮运动：口唇呈吹气球状鼓腮。此动作应保持6s，以保持面颊肌肉坚实，使口唇周围的肌肉保持弹性。重复3～5次。

3. 摇头运动：每天做轻微而缓慢摇头、低头、再抬头，再慢慢由左侧转向右侧，以同样方法由右侧转向左侧，重复做3～5次。此运动可增加头面部、颈项部的血液循环，能保持头部、颈项肌肉的柔韧性和皮肤的弹性，有助于控制“双下巴”的出现。

二、针灸润肤养颜

针灸在颜面美容方面有调理经络、补益气血、濡养肌肤、强健肌腱、减少皱纹、养颜防衰的作用。面部施术一般用针刺法，多浅刺或平刺；艾灸多用艾炷无瘢痕灸或艾条温和灸。预防颜面衰老的针灸方法如下：

（一）面部针刺

1. 鱼尾纹：针刺瞳子髎、太阳。

2. 额纹：针刺阳白、印堂、上星、头临泣、头维。

3. 眼袋：针刺承泣、四白、瞳子髎、睛明、脾俞、足三里。

4. 上睑下垂：针刺攒竹、鱼腰、丝竹空、脾俞、足三里。

5. 口角下垂：针刺颧髎、太阳、地仓、巨髎、合谷。

6. 面部肌肉松弛：针刺印堂、太阳、头维、颊车、地仓、颧髎，针灸脾俞、肾俞、足三里、公孙、三阴交、关元等。

7. 面色黧黑：针灸颧髎、印堂、地仓、下关、肝俞、膈俞、肾俞、风池、太冲、侠溪等。

8. 面色发黄：针灸气海、脾俞、中脘、阴陵泉、足三里及面部腧穴。

（二）艾灸养颜

1. 灸神阙法：在神阙穴用温和灸30min，或隔盐灸3～5壮。可培补元气，使颜面润泽，起到保健防衰的作用。

2. 灸涌泉穴法：在涌泉穴用艾条温和灸30min，有保健养颜的作用。

3. 灸足三里法：在足三里用艾条温和灸30min，有健脾、润泽颜面皮肤的作用。

（三）颜面保健耳穴压丸法

在耳穴的内分泌、面颊、肺、肝、脾、肾、神门等穴压王不留行籽。

三、中药润肤养颜

中药养颜强调外治和内调并重，应根据体质差异，选取不同性味的药物。

（一）内服美容中药及方剂

1. 常用美容内服药：枸杞子、玉竹、白芍、丹参、当归、黄芪、地黄、首乌、苁蓉、菟丝子、胡桃仁、牛膝、补骨脂、鹿茸、鹿角胶、白及、白术、防风、猪胰、桃花、辛夷等。

2. 内服美容方剂：

（1）隋炀帝后宫面白散：橘皮30g，冬瓜仁50g，桃花40g。捣细为末即可，每次服用2g，每日3次。有燥湿化痰、活血益颜的功效。

（2）珍珠散：天然珍珠粉2g，研成极细粉末，干燥后用。每次服用0.5g，每日3次。有清热痰、润面容、治疗面部黑斑之作用。

（3）桃花美容酒：干桃花30g，浸黄酒500mL，饮用。可润泽颜面，使人面如桃花。

（二）外用美容中药及方剂

1. 常用美容外用药：桃仁、杏仁、防风、白芷、玉竹、当归、白附子、白术、白芍、赤芍、冬瓜仁、珍珠、茯苓、猪蹄、白僵蚕、羊髓、猪脂、白蔹、甘松等，制成面膏、面脂、粉剂，用于洗面和敷面。古时还常用密陀僧、朱砂美容，因其有毒，现已不使用。

2. 外用美容方剂：

（1）玉容西施散：绿豆粉60g，白芷、白及、白蔹、白僵蚕、白附子、天花粉各30g，甘松、山柰、茅香各15g，零陵香、防风、藁本各6g，肥皂荚2锭。诸药研为细末，每次洗面用之。其作用为祛风润肤，通络香肌，令面色如玉。

（2）三花除皱液：桃花、荷花、芙蓉花各适量，冬以雪水煎汤频洗面部。可活血散瘀，润肤除皱。

第十五章

养发护发药膳月子餐

头发是生长在头皮外层细长的、线状的角蛋白纤维。因人种不同，其颜色也有区别，黄种人多拥有黑色的直发。头发可以保护头皮、大脑，可调节体温，人体在穿衣的情况下，头部散热量是全身散热量的5/6。头发还是人体健美的标志，颜色正常、柔软光滑、富有弹性的头发是健康的表现；反之，发枯色败、脱发、脆而失去光泽则是不健康的表现。

“肾主骨，其华在发”，“发为血之余”，肾精充足，就会有健康而具生命力的头发；反之，肾虚则毛发易白、易脱落，失去光泽。对头发的保养，更重要的是对脏腑气血的调理。因此，保持精神愉快，避免七情过度刺激，积极参加运动锻炼，防治全身性疾病，戒除吸烟、酗酒、暴饮暴食等不良习惯等，都是头发保养时需要注意的问题。

第一节　养发护发饮食

中医认为，头发色泽的枯荣是肾脏功能的反映。头发的生长赖精血益养，故称“发为血之余”，肾藏精，精生血，精血旺盛则毛发粗壮浓密而润泽，所以说头发生根于肾。肾精、肾气盛衰，可从头发的色泽、疏密等表现出来。肾精、肾气衰少，发白而脱落；头发干枯、早脱、早白都与肾精、肾气不足有关。正常中国人的头发，稠密而润泽，是肾气充足、精血旺盛的表现。产后、大病后、慢病虚损疾病则头发色泽发黄、干枯，多数为精血不足。所以，凡是能够补益肾气、肾精，滋阴、壮阳的药、食，特别是黑色的食物，都有养发护发的功能。

头发与人体的整体健康关系密切，特别是饮食营养成分尤为重要。因为头发是角蛋白纤维，所以人体的蛋白摄取和吸收，特别是优质蛋白的摄入尤为重要。产妇产后由于虚弱、血瘀而气血不足，常常会脱发，头发过细、过干，甚至形成白发，都与机体缺乏某种营养成分有密切的关系。

体内铜含量不足，可使头发生长停滞、褪色和出现白发。动物肝脏、瘦肉、蛋类、大豆、柿子，以及硬果类、根茎类食品富含铜元素，可经常食用。

铁元素缺乏可导致秃发，应多吃动物肝脏、蛋黄、木耳、豆类、油菜、芝麻、海带等。还应多吃富含维生素C

的新鲜蔬菜和水果，以利于铁的吸收。

甲状腺素可使头发乌黑秀美，富含碘的食物又对甲状腺素的形成至关重要。可经常食用海藻类、海带、紫菜、海参、芝麻、蛤等富碘食物。

膏粱厚味嗜好者容易秃顶，是因为食物中缺少胱氨酸。富含胱氨酸的食物有玉米、黑豆、南瓜和南瓜子等，可经常食用。此外，富含优质蛋白质、维生素C、维生素E、维生素B_2的食品，都有营养头发之功效。豆芽菜、麦芽、海带、豆腐、豆制品、牛肉、鱼肉、乳类、蛋类等是优质蛋白质和B族维生素的良好来源。

防止头发变黄需适当增加含碘、钙、蛋白质多的食物，如海带、虾、鸡肉、花生米等；防治白发，多进食豆类、杂粮等，亦可结合食用药膳，如首乌、莲子、薏苡仁、大米等做粥。

预防头发脱落要有足够的睡眠，并增加玉米、黑豆、黑芝麻之类的进食；头发干燥可适当增加脂肪、蛋白质类食品的进食；头发油性太大，应少食脂肪类食物，多食蔬菜、水果。

第二节　养发护发药膳

养发护发药膳是具有保持和促进头发黑密亮泽，防止头发折损、脱落等功效的药膳。本类药膳由滋养肝肾、培补精血的药、食为主组成。常用的药食有何首乌、黑芝麻、黑豆等，药膳方如蟠桃果、玉柱杖粥等。

一、蟠桃果

【处方来源】《景岳全书》。

【配方原料】猪腰2只，芡实60g，莲子肉（取心）60g，大枣肉30g，熟地黄30g，核桃肉60g，大茴香10g。

【烹制工艺】

（1）将猪腰洗净，去筋膜。

（2）大茴香为粗末，掺入猪腰内。

（3）猪腰与莲子、芡实、枣肉、熟地黄、核桃肉同入锅。

（4）加水，用大火煮开，改为文火炖至猪腰烂熟为止。加盐及其他调味品。

（5）食肉饮汤，1d内服完，连用7d。

【功效用途】补脾滋肾，美颜乌发。适用于产后脾肾亏虚所致的精气不足，须发早白，腰膝酸软，女子带下等。

【注意事项】中满痞胀及大便燥结者忌服，不能与牛奶同服。

二、玉柱杖粥

【处方来源】《医便》。

【配方原料】槐子10g，五加皮10g，枸杞子10g，补骨脂10g，怀熟地黄10g，核桃肉20g，燕麦片100g。

【烹制工艺】

（1）将槐子、补骨脂、核桃肉炒香，研末。

（2）将五加皮、怀熟地黄加水煎煮，去渣，留取药液。

（3）用药液和枸杞子、燕麦片共熬粥，粥成后，撒入槐子、补骨脂、核桃肉末。

（4）随量食用。食用时可加适量白糖调味。

【功效用途】填精益肾，乌须黑发，延年益寿。用于产后肾阴亏虚所致的毛发枯焦，脱发落发，皮肤干燥，大便干结等。

【注意事项】阳虚体质者禁服。

三、七宝美髯蛋

【处方来源】《本草纲目》。

【配方原料】白茯苓60g，怀牛膝30g，当归30g，枸杞子30g，菟丝子30g，补骨脂40g，生鸡蛋10个，大茴香6g，肉桂6g，茶叶3g，葱、生姜、食盐、白糖、酱油各适量。

【烹制工艺】

（1）将上述诸料一起放入砂锅内，加适量水。

（2）用武火煮沸，再改用小火慢煮10min，取出鸡蛋，剥去蛋壳，再放回汤内，用小火煮20min即可。每日食2～3个鸡蛋。

（3）鸡蛋食完后，含药的卤水可重复使用3～4次，每次加入鸡蛋10个同煮。卤水需冷藏防腐，每次煮蛋需稍加调味品。

【功效用途】益肝肾，乌须发，壮筋骨。用于产后肝肾不足所致的白发、脱发、腰膝酸软等。

【注意事项】大便溏薄及痰湿者不宜。

四、瓜子芝麻糊

【处方来源】《千金翼方》。

【配方原料】甜瓜子、白芷、当归、川芎、炙甘草各60g，松子仁30g，糯米150g，黑芝麻500g。

【烹制工艺】

（1）将白芷、当归、川芎、炙甘草煎煮取汁。

（2）用药液浸泡糯米、甜瓜子、松子仁，晒干，再浸，直至药液用完。

（3）将糯米、甜瓜子、松子仁和黑芝麻一起炒香，研为细粉。

（4）每服30g，用沸水冲成糊食用，每日2次。

【功效用途】活血补血，养发润肤。用于产后气血两虚所导致的头发早白，稀少，脱落等，亦可延缓衰老。

【注意事项】脾虚便溏者慎用。

五、煮料豆

【处方来源】《增补内经拾遗方论》。

【配方原料】枸杞子24g，生地黄、熟地黄、当归、炒杜仲、牛膝各12g，黄芪6g，菊花、甘草、川芎、陈皮、白术、白芍、牡丹皮各3g，盐18g，黑豆500g。

【烹制工艺】

（1）上药同煮，黑豆煮透，取药，将黑豆晒干。

（2）当消闲零食食用，每天30～50g。

【功效用途】乌须黑发，固齿明目。用于产后精血不足的白发，头晕心悸，面色、口唇、爪甲淡白等。

【注意事项】阳虚体质者禁服。

第三节　其他养发方法

头发的养护除饮食、药膳外，还有很多养发美发方法。择要介绍梳理洗发、按摩、中药护发养发的方法。

一、梳理洗发护发

梳头不仅是整理仪表容颜的手段，也是对头发保养和健脑的方法之一。《素问·脉要精微论》指出：“头者，精明之府。”是气血汇集之处，“五脏六腑之精气皆上注于头面”。脑为奇恒之腑，与心、肝、肾关系紧密。古代养生十六宜中有“发宜常梳”之说。《摄生消息论》曰：“每日梳头一二百下……自然去风明目。”梳头有流通气血、祛风明目、荣发固发的作用。

1. 梳头：当疲劳、烦闷时，洗头或理发后，会感到神清目爽、全身轻松。这是由于梳头刺激了头部诸多穴位，使头部毛孔开泄，宣通气血，振奋阳气的结果，改善了头皮的血液循环，能起到促进头发生长、防止脱发白发、健脑提神、降低血压、预防感冒等作用。

梳头时使用的梳子，应由天然材料制作，如木梳、牛角梳，不宜使用带静电的塑料、金属梳具。梳头时，应从前发际的边缘向后颈部梳理，最好达到风府、风池穴的部位。从前向后、从中间依次向前后梳理，直到耳上部为止，反复梳理3～5min，早晚各1次。

2. 洗头： 洗头可保持清洁卫生，还可改善头部血液循环，提高大脑皮层的活动能力，消除疲劳。洗前宜先轻轻梳理头发，并稍加搓揉按摩头皮片刻。水温以温水为宜。

头发不宜多洗，更不能当风而洗。《泰定养生主论》认为："除夏日以外，五日一沐。"这是为了保护头部皮脂的润发、抑菌作用。洗头间隔应根据头发情况而定。干性、枯燥无光泽的头发，7d洗1次，一般的头发5d洗1次，油性头发3～4d洗1次比较合适。

二、按摩养发护发

按摩也是保养头发的重要手段。按摩的机械刺激可直接作用于头部的经络及穴位，起到祛风行气、通经活络、开窍醒神、活血健脑的作用，能促进头皮组织的新陈代谢，有利于头发的稳固和再生，防止脱发、白发和头发焦枯。其方法简便易行。

1. 栉头： 双手五指分开并微屈，插入发内，指尖紧贴头皮稍用力，从前发际开始向后发际反复推摩10～20次。

2. 推头部经脉： 用食指或中指，从督脉开始，向两边从前向后，依次推督脉、膀胱经和胆经。

3. 揉按头部腧穴： 头维、神庭、头临泣、前顶、百会、后顶、络却、风府、风池、率谷等穴，每穴约0.5min。

三、中药养发护发

包括内服、外用2类方法。

（一）内服养发中药及方剂

1. 常用养发内服药： 通过促进气血运行起到健发作用。常用的中药很多，主要有胡麻、油菜籽、石榴花、核桃、椰子浆、猕猴桃、槐实、桑葚子、黑大豆等。

2. 内服养发方剂：

（1）瓜子散：瓜子、白芷、当归、川芎、炙甘草各60g煎药为散，饭后服1g左右，每日3次，甜米酒调服。经常服用有活血补血、养发荣肤作用，可防衰抗老，预防头发早白。

（2）七宝美髯丹、首乌延寿丹等中成药，有壮筋骨、固精气、乌须发之功。

（二）外用养发中药及方剂

1. 常用养发外用药：有润发、洁发、香发、茂发、乌发及防治脱发等作用的中药有何首乌、黑芝麻、辛夷、核桃、猪胆汁等。

2. 外用养发方剂：

（1）猪胆汁洗发法：猪胆1枚，取胆汁倾水中，或将猪胆置于乳香油中浸7d以上。用水洗头，待发干后适量抹猪胆汁及乳香油。本法有清热祛风、润发生辉之效。

（2）香发散：零陵香30g，辛夷15g，玫瑰花15g，檀香18g，大黄12g，甘草12g，丹皮12g，山柰9g，丁香9g，细辛9g，苏合香油9g，白芷9g。研药为细末，用苏合香油搅匀，晾干，药面掺发上。本方有洁发香发作用，久用发落重生，至老不白。

（3）令发不落方：榧子3个，胡桃2个，侧柏叶30g。共捣烂，浸泡雪水内，用浸液洗发。本方有止发落、令发黑润之效，尤其对血热发落有良效。

第十六章

养目明目药膳月子餐

《素问》云："肝开窍于目""肝受血而能视""肝气通于目，肝和则目能辨五色矣"。《灵枢》云："五脏六腑之精气皆上注于目"。眼睛明亮有神，是五脏精华上注于目的体现，与肝有特别密切的关系。两目最易传神，目为五脏六腑精气汇聚之地，若目光炯炯，两眼运动灵活，为有神，说明脏腑气血充足；若目无光彩晦暗，两眼运动呆滞，为无神，说明脏器、精血已虚。

产妇在月子期，因多虚多瘀的原因，经常会感觉两目干涩，视物不清，复视幻影，所以及时、有效地养目明目非常必要。现择要介绍几种常用的眼睛保健方法。

第一节　养目明目饮食

养目明目的饮食主要集中在养肝护肝、补充维生素2个方面。

一、养肝护肝

"肝开窍于目"。中医认为，目的视觉功能主要依赖肝血的濡养和肝气的疏泄，肝血充足，肝气调和，循经上输于目，则目能视物辨色，若肝阴、肝血不足，则导致两目干涩，视物不清。目的视物功能还依赖五脏六腑之精的濡养。所以，养目明目首先要养肝护肝，肝的功能正常，才能目明有神，精神矍铄。

月子期由于气血虚弱，常常表现为肝血不足，目涩目痛，视物昏花。饮食上应多食养肝润燥、补益肝血之类的药、食，如龟板、鳖甲、女贞子、枸杞子、菟丝子等。

月子期除肝血不足外，产妇常出现肝气郁结的情况，也会导致眼目干涩等情况，应疏肝解郁，将在本书第十八章，"月子期常见病证食疗"第六节中介绍。

二、饮食养目

饮食养目主要是补充明目增视所需要的各种维生素。补充维生素一定要多吃蔬菜、水果、动物肝脏，或适当服用鱼肝油。切忌贪食膏粱厚味、辛辣大热之品。

维生素对眼睛的健康具有重要意义。缺乏维生素A，会影响视紫红质的合成速度，容易导致夜盲症；使泪腺上皮细胞组织受损，分泌减少，引起干眼病。动物内脏、蛋黄、黄油、牛奶中含有丰富的维生素A；黄绿色蔬菜、红黄色水果中都含有胡萝卜素，被人体吸收后可转化为维生素A。维生素A为脂溶性维生素，应采用煎、炸、油炒的烹调方法加工后食用。缺乏维生素B，会导致球后视神经炎。维生素C摄入不足，可溶性蛋白谷胱甘肽的活性降低，引起晶体透明度下降，是老年性白内障的主要致病原因之一，而新鲜水果和蔬菜中含有丰富的维生素C。应经常吃些富含维生素B_1的食物，如各种粗粮、花生、黄豆、豌豆、瘦猪肉、蛋黄及动物心、肝、肾等；维生素B_2能维持视网膜和角膜的正常代谢，如缺乏，易出现流泪、眼发红、发痒、眼睛痉挛等症状，应多摄入含丰富维生素B_2的牛羊奶、瘦肉、蛋类、扁豆、动物肝脏、绿叶蔬菜等。

眼睛对微量元素也很敏感，青少年如果缺钙，眼球巩膜的弹性会降低，眼球伸长，有可能为轴性近视，应多摄入含钙较多的食品，如虾米皮、海带、黄豆、芝麻酱、牛奶等；吃含维生素D较多的食物，如鱼肝油、奶油等。人体铬的含量下降时，血浆渗透压上升，导致晶体和房水渗透压改变，使晶状体变凸，屈光度增加而造成近视。含铬较多的食物有粗面粉、粗加工糖、植物油、葡萄等。

第二节　养目明目药膳

养目明目药膳是具有保护眼睛、增强视力作用的药膳。产后眼睛的视物功能与脏腑，尤其是肝脏的精气盛衰、功能活动状态密切相关。本类药膳以滋补精血、养肝益肾、清肝明目为主，常用药、食有菊花、桑叶、枸杞子等。药膳方如归圆杞菊酒、猪肝羹等。

一、竹叶粥方

【处方来源】《养老奉亲书》。

【配方原料】鲜竹叶50片，生石膏45g，白糖15g，粳米75g。

【烹制工艺】

（1）取水600mL，放入竹叶、生石膏熬煮，剩400mL时用过滤网将生石膏和渣滓滤除。

（2）将滤过水澄清后，加入粳米熬煮至烂熟后，加入白糖。

（3）可当主食食用，每日1次。

【功效用途】清热明目。用于产后风热上犯所致的头目赤痛，口干舌燥，烦热咽痛等症。

【注意事项】此方寒凉，无热勿用。

二、归圆杞菊酒

【处方来源】《摄生秘剖》。

【配方原料】当归身（酒洗）30g，龙眼肉240g，枸杞子120g，干菊花30g，白酒3500mL，烧酒1500mL。

【烹制工艺】

（1）诸药用绢袋盛之，悬于坛中。

（2）再入二酒，封固，贮藏一月余即可。不拘时随意饮之。

【功效用途】补肾滋精，益肝补血，养血安神。用于产后精血不足导致的目暗不明，头昏头晕，面色萎黄，心悸失眠，腰膝酸软等。

【注意事项】阳气不足，湿热，痰饮等不宜服用。

三、猪肝羹

【处方来源】《太平圣惠方》。

【配方原料】猪肝100g，葱白15g，鸡蛋2个，豆豉5g，盐、酱油、料酒、淀粉各适量。

【烹制工艺】

（1）将猪肝切成小片，加食盐、酱油、料酒、淀粉，抓匀。

（2）打鸡蛋备用，葱白切碎。先以水煮豆豉至烂，下入猪肝、葱白，临熟时倒入鸡蛋。

（3）佐餐食用。

【功效用途】补养肝血，护精明目。用于产后肝血亏虚导致的视物昏花，两目干涩，青年近视等。

四、决明子鸡肝

【处方来源】《医级》。

【配方原料】决明子10g，鲜鸡肝200g，黄瓜10g，胡萝卜10g，鲜汤20mL，食用油500g，食盐、白酒、葱、生姜、白糖、料酒、香油、淀粉、味精、大蒜各适量。

【烹制工艺】

（1）先将决明子焙干，研成细末，再将鸡肝洗净切片，放于碗内，加入食盐、香油少许，腌渍3min，然后加一半淀粉搅和均匀。

（2）黄瓜、胡萝卜洗净切片。

（3）砂锅内注入食用油烧至六七成时，把鸡肝片放入油内炸片刻，捞出用漏勺沥干。油锅内留少许油，放入胡萝卜、黄瓜、葱、生姜、料酒、白糖、食盐、味精、决明子末，用鲜汤、淀粉调芡入锅，再将鸡肝片倒入锅内翻炒均匀，加大蒜末、香油，出锅装盘即成。

（4）佐餐食用。

【功效用途】清肝明目，补肾健脾。用于产后肝血亏虚所致的目翳昏花，雀目夜盲，风热目赤肿痛，青盲内障，肠燥便秘等。也可用于高血压肝阳上亢的膳食调理，辅助治疗。

【注意事项】湿热火气上攻所致的目疾不宜食用。

五、羊肝丸

【处方来源】《医方考》。

【配方原料】白羊肝1具（去膜），黄连40g。

【烹制工艺】

（1）羊肝除筋膜，切薄片。

（2）取干燥瓦盆，铺羊肝于盆中，置于炭火上，烘焙至脂汁尽。

（3）黄连于钵中捻成细末，与羊肝一起研令极细，制为黄豆大小的丸剂。

（4）食后服20丸，暖浆水送下。

【功效用途】清肝泻火。用于产后肝火旺盛所致的眼目昏暗，羞明泪出，隐涩难开等症。

【注意事项】忌猪肉、冷水。患有高脂血症、高尿酸血症的产妇忌食。

第三节　其他养目方法

养目护目、明目增视的方法很多，这里择要介绍适合月子期配合月子餐的保健方法。

一、运目

运目是使眼球顺逆时针方向旋转运动，起到锻炼动眼肌群，改善动眼、滑车、外展神经功能，促进眼周围血液循环，消除视疲劳的方法。有调节内眼晶状体功能的作用，对预防近视、散光，推迟老花有一定功效，适用于产后眼睛的养护。

1. 运目法之一：闭目凝神，全身气血均注于目；开合眼睛，调节瞳孔、前房角，使巩膜静脉窦开放、关闭，加强房水循环，促进代谢产物排出；左右上下运目，使眼睛运转灵活，眼外肌得到更进一步的锻炼。具体方法：端坐凝神，头正，腰直，两眼球同时左旋转5～6次，再向左后视数次。然后向前注视片刻，再向右旋转5～6次，并右后视数次，再前视片刻。“后视”，是两眼球同时用力，向一侧外耳方向偏视。向左后视时，左眼瞳孔偏向外眦，右眼瞳孔偏向内眦；向右后视则反之。这是锻炼动眼肌群的方法。

2. 运目法之二： 早晨醒后，先闭目，眼球从右向左，从左向右，各旋转10次，然后睁目坐定，用眼睛依次看左右，左上角、右上角、左下角、右下角，反复四五次；晚上睡觉前，先睁目运睛，后闭目运睛各10次左右。能增强眼珠光泽和灵敏性，祛除内障外翳，纠正近视和远视。

3. 远眺运目： 可在清晨、休息或夜间，有选择地望远山、树木、草原、蓝天、白云、明月、星空等。能调节眼球功能，避免眼球变形而导致视力减退。但又不宜长时间专注一处，否则反而有害。

二、摩目

摩目又称为“浴眼”，包括熨目和按摩，可使眼部气血流通，减轻视疲劳。

1. 熨目： 双掌相搓使热，趁热敷熨双目。该法通过按揉眼部，使局部气血流畅，减轻视神经疲劳，同时也可使眼肌得到锻炼，增强灵活性。

2. 捏眦： 闭气后，用手捏按两目内眦，直至微感闷气时，即可换气结束。连续做3～5遍，每日可做多次，有提高视力作用。

3. 点穴： 用食指指肚或大拇指背第一关节的曲骨，点按百会、气海、命门、大椎、光明、太冲、太溪、风池、攒竹、四白、瞳子髎、太阳、睛明、上明等穴位。能疏通经络，调和营卫，运血养目，防治近视，清心明目，使肌肉弹性正常，防止眼睑下垂。目前普及于中小学生的眼保健操，就是根据中医学眼部保健推拿法，结合医疗体育编创而成的。

三、闭目养神

中医养生学有目不久视、目勿妄视、目宜常冥、目宜常运的论述。“常冥”即指经常闭目养神。当眼睛出现疲劳时，可排除杂念，全身自然放松，闭目静坐3～5min；或每天定时做几次闭目静养，有消除视力疲劳，调节情志的作用，也是医治目疾有效的辅助方法。

四、中药养目

1. 清目养阴洗眼方： 甘菊9g，霜桑叶9g，薄荷3g，羚羊角0.5g，生地黄9g，夏枯草9g。水煎后，先熏后洗，有疏风清肝、养阴明目之作用。

2. 明目枕： 里面含的荞麦皮、绿豆皮、黑豆皮、决明子、菊花，有疏风散热、明目退翳之功。

3. 蔓菁子散：蔓菁子500g，黄精1000g。二药九蒸九曝干，研成细末，每日饭后调服6g。久服，可补肝明目，延年益寿。

4. 明目中成药：如六味地黄丸、杞菊地黄丸、石斛夜光丸等，可在中医师指导下选择应用。

五、养目八忌

除了以上几个方面，对眼睛的保健还应注意以下8个方面的禁忌：一忌在光线不足之处看书写字；二忌强光刺激，若在夏季烈日下或冬季在雪中行走时，宜戴深色眼镜；三忌乘车或卧床时看书；四忌风沙入目用手摩擦，而应闭目片刻，使异物随泪流出；五忌贪食肥甘及辛辣之品；六忌经常忧虑不安；七忌房事太过伤精；八忌身体怠惰。

第十七章

聪耳助听药膳月子餐

耳为肾之外窍，通于脑，是人体的听觉器官。由于耳与脏腑、经络的关系非常密切，又是整个人体的投影，是人体与外界信息传递交换的窗口，因此，既可根据耳郭的变化对全身疾病进行诊断，又可通过刺激耳穴防治全身疾病。现代社会环境污染和药物的副作用等，对听力的损害十分严重，因此产后耳部功能的养护，不仅能促进耳朵本身的健康，而且还能调节产妇机体的各项功能。

第一节　聪耳助听药膳

聪耳助听药膳是具有缓解或消除耳鸣、耳聋，以改善或恢复听力为功效的药膳。听力与五脏精气盛衰及功能活动状态有关，而与肝、肾、胆关系最为密切，聪耳助听涉及扶正与祛邪2个方面，其药膳多以补益肝肾、养血填精及疏风清热、清肝泻火、利气通窍之药、食为主。常用的药、食有磁石、石菖蒲、猪肾等，药膳方如龟鹿二仙汤、黄酒炖鸡公等。

一、龟鹿二仙汤

【处方来源】《兰台轨范》。

【配方原料】乌龟1只（约500g），鹿茸6g，人参6g，枸杞子6g，调料适量。

【烹制工艺】

（1）鹿茸、人参、枸杞子洗净备用；乌龟用开水烫，去龟壳、肠脏，洗净。

（2）将全部食材放入炖盅内，加开水适量，加盖，文火炖120min左右，加适量调味料即成。

（3）饮汤食肉，每日2次。

【功效用途】滋阴填精，益气壮阳。适用于产后经血不足，腰膝酸软，形体消瘦，耳鸣如蝉，静时尤甚，两目昏花，发脱齿摇，久不孕育等诸虚百损之症。

【注意事项】慎食辛辣、寒凉、生冷之物，外感未愈者不宜。

二、黄酒炖鸡公

【处方来源】《古今医统大全》。

【配方原料】嫩公鸡1只（约500g），黄酒500～1000mL，食盐、食用油各适量。

【烹制工艺】

（1）将嫩公鸡宰杀，去毛及内脏，洗净，切大块，水焯。

（2）热油，将鸡块入油锅略炸至表面熟色时，入黄酒，量以盖住鸡肉即可，煮至肉烂熟，入食盐适量，文火煮10min起锅。

（3）顿食或分顿食用。

【功效用途】补肾助阳，通脉聪耳。用于产后肾阳虚所致的耳鸣耳聋，小便频缩，腰膝酸软，月经不调等。

【注意事项】感冒发热、咳嗽及阴虚火旺者忌食，有热性病者慎食。

三、法制黑豆

【处方来源】《景岳全书》。

【配方原料】黑豆500g，山茱萸、茯苓、当归、桑葚、熟地黄、补骨脂、菟丝子、旱莲草、五味子、枸杞子、地骨皮、黑芝麻各10g，食盐100g。

【烹制工艺】

（1）黑豆用温水泡30min备用。

（2）将以上12味中药装入纱布袋内，扎紧，放入锅内加水适量，煎煮。每小时取煎液1次，放入另一盆中，再加水煮，如此共煎液4次，合并煎液放入锅内。

（3）将黑豆倒入盛有煎液的锅内，放食盐，用武火烧沸药液，再文火煎熬至药液干涸停火。

（4）将黑豆暴晒至干，装入瓮罐（或瓶）中贮藏备用。随量嚼食。

【功效用途】补肾固精，壮骨聪耳。用于肾精不足导致的耳聋耳鸣，身体素弱，须发早白，腰膝酸痛，尿频，筋骨无力等证。

【注意事项】阴虚内热明显或兼有外邪症状者，属阳热者慎服。

四、磁石酒

【处方来源】《圣济总录》。

【配方原料】磁石30g，木通、石菖蒲各15g，白酒500mL。

【烹制工艺】

（1）将磁石打碎，石菖蒲用米泔一二日。

（2）与木通一起装入纱布袋中，用酒浸，冬季浸7d，夏季浸3d。

（3）每次饮30～50mL，每日2次。

【功效用途】平肝清热，祛痰通窍。适用于产后肝胆湿热所致的耳聋耳鸣，如风水之声。

【注意事项】肝肾阴虚之耳聋耳鸣不宜饮用，脾胃虚弱者慎用。

五、鹿肉粥

【处方来源】《景岳全书》。

【配方原料】鹿鞭5g，鲜鹿肉30g，鹿角胶5g，肉苁蓉20g，菟丝子10g，山药15g，橘皮3g，楮实子10g，川椒1.5g，小茴香1.5g，食盐3g，粳米150g。

【烹制工艺】

（1）将鹿鞭用温水发透，刮去粗皮杂质，洗净，切细。

（2）将鹿肉剁成肉糜，鹿角胶用黄酒蒸化，楮实子煎煮取汁。

（3）肉苁蓉用酒浸一宿，刮去皱皮切细。

（4）其余药物按常法制成细末。粳米淘净，与鹿鞭、鹿肉同煮稀粥，半熟时加入肉苁蓉、菟丝子、山药末。将熟时加入鹿角胶汁和楮实子汁，稍煮，再加入橘皮末、川椒末、小茴香末、食盐等调味。再稍煮即成。

（5）佐餐食用，连服数日。

【功效用途】补益元阳，滋补精血，聪耳助听。适用于产后精血不足所致的耳聋耳鸣，头晕目眩，腰膝无力，形寒肢冷等证。

【注意事项】阴虚火旺、肥胖痰多者禁用，孕妇忌服。

第二节　聪耳助听保健

聪耳助听除药膳外，还有许多方法，摘要介绍如下：

一、耳勿妄听

声音过响，用耳时间过长，或长期生活在噪声环境中，超过了耳膜负荷能力，易损伤精气，使心神外动不宁。

《老子》说："五音令人耳聋。"《淮南子·精神训》说："五声哗耳，使耳不聪""耳目淫于声色之乐，则五脏摇动而不定矣"《千金翼方》说："养老之要，耳无妄听"。妄听损害听力，且耗伤精气。产后必须做好防护性措施，如控制噪声、个人防护、卫生监护等，避免在强噪声的环境中长期生活，须采取阻隔措施，避免巨大的声源压力对鼓膜的冲击性损伤。在月子期间，产妇不可整天听音乐、看电视、刷手机，确需听音乐、看电视时，声音不能过大（低于60dB），可以和新生儿一起听点轻音乐。

切忌挖耳。民俗云："耳不掏不聋"，挖耳是很坏的习惯，容易伤及鼓膜，引起耳膜穿孔；会将脏东西带进耳内，引起化脓性感染，轻则出现耳道疖肿，重则引起化脓性中耳炎等。产妇确实耳道内有耵聍（耳屎）时，可请专业耳鼻喉科医师处置，或请专业的采耳师采耳。

二、按摩保健

1. 按摩耳郭：将双手掌心对称地按于两耳屏部，慢慢地向下、向后至耳根，再向上至乳突，至颞部，再向前、向下回到两侧耳屏。如此轻轻按摩，不计次数，按摩到两耳郭潮红发热为度。可防治耳鸣、耳聋。《养生方》曰："以手摩耳轮，不拘遍数，所谓修其城郭以补肾气，以防聋聩也。"

2. 咽鼓管吹张：捏鼻，闭口鼓气入鼻咽，迫使空气窜入咽鼓管，在听见"轰"的一声之后觉得耳内发胀即可。有上呼吸道急性感染者忌用本法。鼻腔有涕液应先清除后再吹张。可治疗耳胀、耳闭，能通畅咽鼓管，活动鼓膜。

3. 按摩鼓膜：用中指或食指插入外耳道口，轻轻摇动数次，使外耳道的空气排出，即突然拔出。可重复3～5次。或用两手中指，分别反复按压耳屏，掩住外耳道口，一压一放，重复数十次；或用两手大鱼际稍用力按压于外耳道口后，突然移开，反复多次。可治疗耳胀、耳闭、鼓膜内陷、耳鸣耳聋。

4. 鸣天鼓：又称为"击探天鼓"和"抱耳弹枕"。《内功图说》记述其法为：两手心紧贴两耳，两手食指、中指、无名指、小指对称横按在枕部，两中指尖相触，再将食指翘起叠在中指上面，然后把食指从中指上用力滑下，重重地叩击枕部。此时耳内可闻洪亮清晰之声如击鼓。先左手24次，再右手24次，最后两手同时叩击48次。可防治耳鸣耳聋。鸣天鼓时，要自始至终闭目养神，手法由轻至重。长期坚持，可收到强壮元气、醒脑强志、聪耳明目、防治耳病等作用。

5. 摩穴：实证取涌泉、大椎、囟会等穴，掐与擦各100次；虚证取百会穴，掐与擦各100次。

6. 单指按压：用食指指腹按压耳穴，按压耳甲腔，可防治心、肺疾病；按压耳甲腔底部，可防治内分泌失调；按压耳甲艇，可防治尿路感染，肾虚阳痿；按压耳轮脚，可防治溃疡病、消化不良等疾病；按压三角窝，可防治妇科病、男科病及高血压等；按压耳舟，可防治类风湿、过敏症；按压耳屏内外侧，可防治感冒。上述部位每日压4次，每次100下。

7. **双指对捏**：用拇指和食指的指腹对捏耳穴，以加强作用。捏耳轮、对耳轮，可防治感冒及颈、腰、腿病；捏对耳屏，可防治头痛、头晕；捏耳垂，可防治眼病、口疮等。上述部位每日捏4次，每次100下。

三、防止药物中毒

对内耳听神经损伤最严重的是药物使用不当。现在发现的耳毒性药物已达百余种，包括氨基糖甙类抗生素、治疟疾药、止痛剂、利尿剂、麻醉剂、抗惊厥药、抗炎药物、抗癌药物、抗结核药物、心血管药物、避孕药及砷、汞等制品。特别是氨基糖甙类抗生素（俗称耳毒性抗生素），如链霉素、庆大霉素、新霉素、卡那霉素、妥布霉素、万古霉素、多黏菌素等，这些药物使用不当，会损伤内耳听器，产生听力下降、耳鸣、眩晕、口唇发麻等症状，最后导致耳聋。因此一定要严格控制耳毒性药物的应用，严格遵守用药宜忌。

（1）严格掌握适应证。尽量不用、少用、慎用。

（2）非用不可时，宜取最少有效剂量，同时配以大量维生素A、B、D及泛酸、葡糖醛酸、磷骨素等药物，对内耳有一定的保护作用。此外，西药三磷腺苷（ATP）、硫酸软骨素，中药苍术、生地黄、枸杞子、女贞子、黄精等，亦有一定的保护内耳的效果。

（3）孕妇、产妇、婴儿、老人、感音性耳聋及肝肾功能不良者忌用，家族药物易感者更应忌用。

（4）用药期间不宜与依他尼酸、呋塞米（速尿）和抗癌药物联合使用。

（5）耳毒性抗生素滴耳剂浓度不宜太高，不宜长期使用，使用期应定期复查听力，如听力高频下降应考虑为中毒现象，需密切观察，可疑时应及早停用。忌用耳毒性抗生素粉剂喷洒中耳，或用浸有药物的吸收性明胶海绵填塞中耳腔。

（6）非氨基糖甙类抗生素、氯霉素和红霉素等，亦可有耳中毒现象，注射、口服均可发生，故在用药期间如突然发生耳鸣、耳聋，考虑为药物反应，应及时检查及处理。

（7）警惕早期中毒现象。如耳胀、耳鸣、耳聋、眩晕、舌面麻木及走路不稳等，一旦发现应立即停药。有条件者，用药期间每1～2周查肾功能1次，2～3d查听力及前庭功能1次，如有肾功能减退或听力减退，便是停药指征。

第十八章

月子期常见病证食疗

月子期常见的产后病证比较多，如产后痉证、产后发热、产后腹痛、产后身痛、产后大便难、产后小便不通、产后淋证、产后情志异常等。本章仅就食疗效果较好的产后血晕、产后汗证、产后恶露不尽、产后乳少、产后肥胖、产后郁证进行介绍。

第一节　产后血晕

产妇分娩后突然出现头晕眼花，不能起坐，或心胸满闷，恶心呕吐，痰涌气急，心烦不安，甚至神昏口噤，不省人事称为“产后血晕”。多发生在产后数小时内，属于急危重症，若不及时救治，往往危及产妇生命。西医的产后出血和羊水栓塞，可参照辨证治疗。

一、病因病机

本病主要病机包括虚、实2个方面。虚者多为阴血暴亡，心神失守，血虚气脱。是由于产妇素体气血虚弱，复因产时失血过多，以致营阴下夺，气失所附，阳气虚脱而致血晕。实者多因瘀血上攻，扰乱心神，瘀阻气闭。是由于产后胞脉空虚，分娩后感寒，血为寒凝，或情志不遂，气滞血瘀，瘀滞冲任，或产后元气亏虚，运血无力，滞而成瘀，致恶露涩少，血瘀气逆，上扰神明而致血晕。

二、辨证要点

产后血晕，首当辨其虚实，虚者为脱证，实者为闭证。脱证多见于产时、产后大出血，面色苍白，冷汗淋漓，心悸郁闷，甚至昏厥，目闭口开，手撒肢冷；闭证多见恶露量少或不下，面色紫暗，心腹胀痛，神昏口噤，两手握拳。

三、食疗原则

血虚气脱者，以益气固脱为主；瘀阻气闭者，以行血逐瘀为主。本病无论虚、实都属急危重症，均需及时救治。必要时进行中西医结合抢救，以免延误病情，危及产妇生命。

四、辨证食疗

（一）血虚气脱证

【证候】产时或产后失血过多，突然眩晕，面色苍白，神志昏迷，唇白面青，手撒肢冷， 冷汗淋漓，舌淡，脉细弱。

【证机概要】产时或产后失血过多，心失所养，神明不守，则令昏眩，甚至昏不知人；阴血暴脱，不能上荣于目，则眼闭；气随血脱，脾阳衰微，故面色苍白，手撒肢冷；营阴暴脱，阴不内守，孤阳外泄，则冷汗淋漓。

【食疗方法】益气固脱。

【推荐食材】人参、黄芪、当归、粳米、白芍、母鸡、生姜、猪肉。

【推荐食疗方】

1. 人参粥（《食鉴本草》）：人参3g，粳米100g，冰糖适量。将粳米淘净与人参（切片或打粉）一起放入砂锅内，加水适量，煮至粥熟，再将化好的冰糖加入，搅匀即可食用。坚持数日方可见效。一般以生晒参、西洋参、红参最为常用，习惯认为生晒参用于气血不足之人效果较好。

2. 十全大补汤（民间验方）：人参、黄芪、白术、茯苓、熟地黄、白芍各10g，当归、肉桂各5g，川芎、甘草各3g，大枣12枚，生姜20g，墨鱼、肥母鸡、老鸭、净猪肚、肘子各250g，排骨500g，冬笋、蘑菇、花生米、葱各50g，调料适量。将诸药装纱布袋内，扎紧袋口；墨鱼、鸡、鸭、猪肚、肘子清水洗净；排骨洗净，剁成小块；生姜洗净拍破，冬笋洗净切块；蘑菇洗净去杂质及木质部分。各配料备好后同放锅中，加水适量，先用武火煮开后改用文火慢慢煨炖，再加入黄酒、花椒、精盐等调味品。等各种肉均熟烂后捞出，切成细条，再放入汤中，捞出药袋，煮开后调入味精即成。食肉饮汤，每次1小碗，早、晚各服1次。全料服完后，间隔5d后另做再服。

3. 归参炖母鸡（《乾坤生意》）：当归身20g，党参10g，母鸡1500g，生姜、葱、黄酒、食盐各适量。将母鸡宰杀后，去掉杂毛与内脏，洗净。再将洗净切片的当归、党参放入鸡腹内，置砂锅中加葱、姜、料酒等，掺入适量的清水，武火煮沸后改用文火炖至鸡肉熟透即成。可分餐食肉喝汤。

（二）瘀阻气闭证

【证候】产后恶露不下，或下亦甚少，小腹疼痛拒按，突然头晕眼花，不能起坐，甚则心下急满，气粗喘促，昏迷唇紫，牙关紧闭，两手握拳。

【证机概要】新产妇感受寒邪，寒凝血滞，或气滞血瘀，冲任瘀滞，或气虚运血无力，滞而成瘀，故恶露不下或下亦甚少；瘀血内阻，停滞少腹，故少腹疼痛拒按；败血停流，气机不畅，故心下急满；上攻于心，扰乱神明，故神昏不省人事；上攻于肺，肺失肃降，气粗喘急，经络阻滞，经脉拘急，故牙关紧闭，两手握拳。

【食疗方法】行血逐瘀。

【推荐食材】人参、当归、川芎、红花、黑豆。

【推荐食疗方】

1. 鸡血藤膏（《本草纲目拾遗》）：鸡血藤100g，益母草200g，红糖200g。取鸡血藤、益母草洗净置锅内加水适量，武火煮沸，文火微沸30min，过滤取煎液，残渣再煎煮1次，过滤，合并滤液。将滤液煮沸浓缩为100mL，入红糖融化，再熬制15min即可。每次服10g，日服2次，直至瘀血排尽。

2. 桃仁粥（《太平圣惠方》）：桃仁（去皮尖）21枚，生地黄30g，桂心（研末）3g，粳米（细研）100g，生姜3g。生地黄、桃仁、生姜3味，加米酒180mL共研，绞取汁备用。以粳米煮粥，再加入上述药汁，更煮令熟，调入桂心末。每日1剂，直至恶露排尽。

3. 黑豆红花煎（民间验方）：黑豆50g，红花10g，红糖适量。将黑豆与红花加水共煮，待黑豆熟烂，放入红糖调匀即成。食豆喝汤，分2次用，食1周。注意产后无瘀忌用，必要时配合急救。

第二节　产后汗证

产妇产后涔涔汗出，持续不止，动辄益甚者，称为“产后自汗”；产妇寐中汗出湿衣，醒来自止者，为“产后盗汗”，统称为产后汗证。

有些产妇在新产后汗出较平时为多，尤以进食、活动或睡眠时显著，此因产后气血骤虚，腠理不密所致，可在数天后营卫自调而缓解，不作病论。

一、病因病机

气虚、阴虚为本病主因，多由素体虚弱，产后耗气伤血，气虚腠理不固，或阴血骤虚，阳气外越，迫液外泄而致。气虚为素体气虚，复因产时伤气耗血，气虚益甚，卫阳不固，腠理不实，气不敛阴，阴津外泄，乃至自汗不止。阴虚是营阴素亏，加之因产失血伤津，阴血益虚，阴虚内热，寐时阳乘阴分，迫津外泄，致令盗汗。醒后阳气卫外，充腠理，实皮毛而自汗自止。亦有阴虚盗汗因气随血伤，醒后卫阳仍不固兼而自汗不止者。

二、辨证要点

本病以产后出汗量多和持续时间长为特点。根据出汗发生时间不同，分为自汗和盗汗。白昼多汗，动辄尤甚为气虚自汗；寐中出汗，醒后即止为阴虚盗汗。

三、食疗原则

治疗产后自汗、盗汗，气虚者，治以益气固表，和营止汗；阴虚者，治以益气养阴，生津敛汗。

四、辨证食疗

（一）气虚证

【证候】产后汗出过多，不能自止，动辄加剧，时有恶风身冷，气短懒言，面色皖白，倦怠乏力。

【证机概要】产后伤血，气随血耗，腠理不闭，卫阳不固，故自汗、恶风；动辄耗气，故动辄汗出加剧；气虚阳衰，故气短懒言，面色皖白，倦怠乏力。

【食疗方法】益气固表，和营止汗。

【推荐食材】人参、黄芪、乌鸡、猪瘦肉、海参、莲子、浮小麦、粳米、大枣、冬笋、花生衣等。

【推荐食疗方】

1. **人参粥（《食鉴本草》）：** 人参3g，粳米100g，冰糖适量。将粳米淘净，与人参（切片或打粉）一起放入砂锅内，加水适量，煮至粥熟，再将化好的冰糖加入，搅匀即可食用。坚持数日方可见效。一般以生晒参、西洋参、红参最为常用，习惯认为生晒参用于气血不足之人效果较好。

2. **黄芪蒸鸡（《随园食单》）：** 嫩母鸡1只（1000g左右），黄芪30g，食盐1.5g，黄酒15mL，葱、姜各10g，清汤500mL，胡椒粉2g。母鸡宰杀后去毛，剖开去内脏，洗净。先入沸水锅内焯至鸡皮伸展，再捞出用清水洗净，沥干待用。黄芪用清水冲洗干净，趁湿润斜切成2mm厚的长片，塞入鸡腹内；把鸡放入砂锅内，加入葱、姜、绍酒、清汤、精盐，用湿纸封口，上蒸笼用武火蒸，水沸后蒸1.5～2h，至鸡肉熟烂。出笼后去黄芪，再加入胡椒粉调味，空腹食之。

3. **浮小麦茶（《卫生宝鉴》）：** 浮小麦50g，烘炒至黄，加水煎煮，代茶饮。每日2次。

（二）阴虚证

【证候】产后睡中汗出，甚则湿透衣衫，醒后即止；面色潮红，头晕耳鸣，口燥咽干，渴不思饮，或五心烦热，腰膝酸软。

【证机概要】因产伤血，营阴耗损，阴虚生内热，热迫汗出，故产后睡中汗出，甚则湿透衣衫；醒后阳出于阴，卫表得固，故汗出可止；阴虚阳浮以上，故面色潮红，头晕耳鸣；虚热灼阴，津不上乘，故口燥咽干，渴不思饮，五心烦热，腰膝酸软为阴虚及肝肾所致。

【食疗方法】益气养阴，生津敛汗。

【推荐食材】山茱萸、五味子、当归、麦冬、乌梅、小麦、百合、鸡蛋、粳米、大枣。

【推荐食疗方】

1. 桂圆大枣茶（《本草纲目》）：桂圆（龙眼）、大枣各5颗，加入少许红糖泡水喝。每日2次。

2. 生地黄鸡（《肘后备急方》）：生地黄250g，乌雌鸡1只，饴糖150g。鸡宰杀去净毛，洗净，去内脏备用。将生地黄洗净，切片，入饴糖搅拌后塞入鸡腹内；将鸡腹朝下置于锅内，于旺火上上笼蒸2～3h，待其熟烂后，食肉饮汁。

3. 麦冬粥（《食鉴本草》）：麦冬20g，粳米100g。先将麦冬煎取汁液，与粳米一同煮粥。每日1次，7d为1个疗程。

第三节　产后恶露不尽

产后数日内，阴道不断有瘀血、浊液流出，称为恶露。恶露先是暗红色的血液，以后血液逐渐由深变浅，其量也由多变少，一般在2周内淡红色血性恶露消失，3周内黏液性恶露断绝。产后血性恶露持续2周以上仍淋漓不尽者，称为“产后恶露不尽”，又称“产后恶露不止”“产后恶露不绝”。

一、病因病机

本病多因素体气虚，或产后操劳过度，劳倦伤脾，中气不足，冲任不固；或因素体阴虚，复因产时失血，或七情所伤，肝郁化火，热扰冲任；或因产后寒邪乘虚而入，寒凝血瘀；或因情志不遂，气滞血瘀，以致恶露日久不绝。

二、辨证要点

辨证应以恶露的量、色、质、气味等，结合全身症状辨别寒热、虚实。恶露量多，色淡红，质清晰，无臭气，伴有神疲乏力，短气懒言，面色㿠白，小腹空坠，乳房松软，乳汁少而稀，舌淡少苔多属气虚；恶露或多或少，色紫红，质黏稠，或臭秽，面色潮红，口燥咽干多属阴虚血热；如伴有胸胁小腹胀痛，心烦口苦多属肝郁化热；恶露量少，色紫暗，有血块，伴有小腹痛而拒按，块下痛减多属瘀血内阻。

三、食疗原则

药膳食疗应遵循虚者补之，热者清之，瘀者攻之的原则，并随证选加具有止血功效的食物标本同治。气虚者，补气摄血，可用人参、黄芪、大枣、山药等；血热者，清热凉血止血，宜用生莲藕、荠菜、马齿苋等；血瘀者，活血化瘀止血，宜用山楂、红曲等。气虚不宜多食寒凉之品以防寒凝血脉，瘀血内生；瘀热者不宜过食补益之品以防助邪生热。

四、辨证食疗

（一）气虚证

【证候】产后恶露过期不止，量多汁稀，色淡红，无臭味，面色㿠白，精神倦怠，四肢无力，气短懒言，少腹空坠。

【证机概要】素体虚弱，产时气随血耗，其气阴虚，或产后操劳过度，损伤脾气，中气虚陷，冲任失固，血失统摄，以致恶露日久不止。

【食疗方法】益气摄血固冲。

【推荐食材】人参、党参、黄芪、乌鸡、鳝鱼、猪瘦肉、淡菜、海参、莲子、山药、大枣、花生衣等。

【推荐食疗方】

1. 四君鸭汤（民间验方）：嫩鸭1只，党参30g，白术15g，茯苓20g，炙甘草10g，姜、葱、绍酒、盐、味精各种调料适量。把活鸭宰杀，洗净，去除内脏、嘴、足，剁成3cm大小的块，入沸水中滚一遍捞起。党参、白术、茯苓、甘草（中药四君子汤）切片，纱布包好，放入炖锅内。将备好的鸭置于炖锅内，加姜、葱、绍酒，鲜汤各适量，武火烧开，改文火煎煮至鸭烂熟。取出药包、葱、姜，加盐、味精，饮汤食肉。

2. 黄芪蒸鸡（《随园食单》）：嫩鸡1只（1000g左右），黄芪30g，食盐1.5g，黄酒15mL，葱、生姜各10g，清汤500mL，胡椒粉2g。母鸡宰杀后去毛，剖开去内脏，洗净。先入沸水锅内焯至鸡皮伸展，再捞出用清水冲洗，沥干待用。黄芪用清水冲洗干净，趁湿润斜切成2mm厚的长片，塞入鸡腹内。把鸡放入砂锅内，加葱、姜、绍酒、清汤、精盐，用湿棉纸封口。上蒸笼用武火蒸，水沸后蒸1.5~2h，至鸡肉烂熟。出笼后去黄芪，再加入胡椒粉调味，空腹食之。

3. 人参莲肉汤（《经验良方》）：白人参10g，莲子15枚，冰糖30g。将白人参与去心莲子肉放碗内，加水适量浸泡至透，再加入冰糖。置蒸锅内，隔水蒸炖1h左右。人参可连用3次，第3次连同人参一起吃完。早、晚餐服食。

（二）血热证

【证候】产后恶露过期不止，量较多，色鲜红，质黏稠，口燥咽干，面潮红，舌红苔少。

【证机概要】产妇素体阴虚，因产亡血伤津，营阴更亏，阴虚则内热，或产后过食辛辣温燥之品，或肝气郁滞，久而化热，热伤冲任，迫血妄行而致恶露不绝。

【食疗方法】养阴清热，凉血止血。

【推荐食材】生莲藕、荠菜、马齿苋、小蓟、木耳、芹菜、苦瓜、赤小豆、鲜荸荠、蒲公英、栀子、白茅根、鸡蛋、猪瘦肉等。

【推荐食疗方】

1. 百合鸡子黄汤（《金匮要略》）：鲜百合50g，鸡蛋2个。百合洗净，用水煎煮，去渣取汁，煮沸，将鸡蛋黄搅汁调入，温服。每日1剂。

2. 茅根赤豆粥（《肘后备急方》）：鲜茅根200g（或干茅根50g），赤小豆50g，粳米100g。将鲜茅根洗净，加水适量，煎煮0.5h，捞去药渣，将除净杂质的赤小豆用水洗净，放在锅中。加水煮至六七成熟，再将淘净的粳米倒入一起继续煮粥。分顿1d内食用。

3. 生地黄粥（《二如亭群芳谱》）：生地黄30g，生姜2片，粳米100g。生地黄洗净切段，绞汁备用。粳米洗净，放入锅内，加水适量，武火煮沸数分钟后，加入生地黄汁与生姜片，改用文火，继续煮成稀粥即成。每日早、晚温热服食。

（三）血瘀证

【证候】产后恶露过期不止，淋漓量少；或骤然量多，色暗有块；或伴小腹疼痛巨按，舌紫暗或有瘀点。

【证机概要】产后胞宫、胞脉空虚，寒邪乘虚而入，血为寒凝，结而成瘀；或七情内伤，或有气滞血瘀，瘀阻冲任，以致恶露淋漓不绝。

【食疗方法】活血化瘀，理血归经。

【推荐食材】山楂、红曲、木耳、黄酒、醋、油菜、茄子、韭菜等。

【推荐食疗方】

1. 山楂粥（《粥谱》）：山楂30～40g（或鲜山楂60g），粳米100g，砂糖10g。将山楂入砂锅煮取浓汁，去渣，然后加入粳米和砂糖煮粥。此粥连食7～10d为好，宜作上、下午点心服用。最好不要空腹食。

2. 益母草煮鸡蛋（民间验方）：益母草30g，鸡蛋2个。鸡蛋洗净，与益母草加水同煮，然后剥去蛋壳，入药液中复煮片刻。食蛋饮汤，每天1剂，连用5～7d。

3. 鲫鱼当归散（《本草纲目》）：活鲫鱼1尾（200g），当归身10g，乳香、血竭各3g，黄酒适量。鲫鱼去脏留鳞，3味药纳入鱼腹，外用黄泥包裹。将鱼放入柴火中烧至干黄，去泥研末即成。用温黄酒送服，每次3g，每日2次。

第四节　产后乳少

产后乳少是指产妇在哺乳期内乳汁甚少，或无乳可下，又称“乳汁不足”或“乳汁不行”“产后缺乳”。多发生在产后2～3d至半个月内，也可发生在整个哺乳期。

一、病因病机

脾胃虚弱、产后出血过多、产后情志抑郁均可导致本病发生。乳汁为气血所化生，脾胃是气血生化之源，若素体脾胃虚弱或产时失血过多，伤气伤血；或产后操劳过度，出汗过多，耗气伤津，致使乳汁生化之源不足；或情志所伤，肝郁气滞，乳络不通，乳汁运行受阻。

二、辨证要点

缺乳有虚、实2种，若乳房松软不胀，乳脉细少，乳汁清稀，多由气血虚弱、冲任不足所致，属虚证；若乳房胀满硬痛，乳脉胀硕，乳汁浓稠，为肝气郁结，属实证。

三、食疗原则

缺乳的食疗以调理气血，通络下乳为原则。虚者以补益气血为主，可选用鸡肉、猪蹄、鲫鱼、鲤鱼、虾、鹌鹑、鸡蛋等，同时佐以滋液之品，多喝肉汤、骨头汤及各种粥类，以增乳汁之化源；实者以疏肝理气为主，可选用柚、橙、玫瑰花、茉莉花、陈皮等，同时佐以补血之品，如猪肝、当归等，以养血调肝。然而无论虚实，均宜佐以通络下乳之品，以助乳汁分泌。不宜食用寒凉或辛辣食物，如黄瓜、生茄子、花椒等。禁食有回乳作用的食物，如麦芽、麦芽糖、麦乳精等。

四、辨证食疗

（一）气血虚弱

【证候】产后乳少，甚或全无，乳汁清稀，乳房柔软，无胀感；面色少华，倦怠乏力，身疲食少。

【证机概要】素体气血虚弱，复因产时失血耗气，气血亏虚，或脾胃虚弱，气血生化不足，以致气血虚弱，无以化乳。

【食疗方法】补气养血，佐以通乳。

【推荐食材】猪蹄、羊肉、牛肉、鹿肉、鲍鱼、鲤鱼、鲫鱼、虾、鸡肉、花生、黄豆、党参、黄芪等。

【推荐食疗方】

1. 归芪鲤鱼汤（民间验方）：鲤鱼1条（约500g），当归15g，黄芪50g，食盐适量。将当归、黄芪用纱布包好后与洗净的鱼一起入砂锅，加适量水，大火煮开后转小火煮30min左右，加适量盐调味即可。佐餐服食。

2. 花生炖猪蹄（《陆川本草》）：花生米200g，猪蹄2只，食盐适量。将猪蹄洗净，用刀划口放入锅中，加花生米及食盐适量，再加水以小火炖到熟烂，骨能脱掉时即可。佐餐服食。

3. 归参炖母鸡（《乾坤生意》）：将母鸡去毛及内脏，腹腔内置当归15g、党参15g及葱、姜、黄酒、食盐各适量，将母鸡放入砂锅，加水以小火炖煨烂熟即可，每日1次。

（二）肝郁气滞证

【证候】产后乳少，甚或全无，乳汁浓稠，乳房胀硬、疼痛；胸胁胀满，情志抑郁，食欲不振。

【证机概要】素体抑郁，或产后七情所伤，肝失疏泄，气机抑阻，气血失调，以致经脉涩滞，乳汁运行不畅。

【食疗方法】疏肝解郁，通络下乳。

【推荐食材】黄花菜、豌豆、丝瓜、莴笋、芫荽、海带、橘皮、橘络、丝瓜络等。

【推荐食疗方】

1. 玫瑰花茶（《本草纲目拾遗》）：干玫瑰花6～10g，红糖适量。将玫瑰花放入茶杯中，用开水冲泡，温浸10min即可饮用，代茶饮。

2. 佛手柑粥（《宦游日札》）：佛手柑15g，粳米100g，冰糖适量。将佛手柑洗净，加水500mL，煎煮2min，去渣取汁，加入粳米及冰糖，文火熬煮，每日2次，5d为1疗程。

3. 黄花菜炖猪肉（民间验方）：干黄花菜50g，瘦猪肉200g。黄花菜提前泡发洗净，瘦猪肉切成薄片，一同倒入陶瓷罐内，用旺火隔水炖至瘦猪肉烂熟即可，加盐佐餐。

4. 王不留行炖猪蹄：王不留行10g，通草6g，猪蹄500g。将王不留行、通草用纱布包好并扎口，猪蹄剁成块。将以上药、食材同放入锅中，加清水适量，武火煮沸，打净浮沫，移文火上，加盖炖2h，加调料（回乳类莫入）即可。必要时可以考虑使用穿山甲研磨粉末冲服。

附：回乳

若产妇不欲哺乳，或产妇体质素弱，或因病不宜授乳，或已到断乳之时可予回乳。

【推荐食疗方】

1. 麦芽汤（民间验方）： 生麦芽（炒黄）120g，煎水2次，汇合即成，分3次饮服。

2. 豆豉莱菔饮（民间验方）： 淡豆豉30g，莱菔子（炒黄，研末）15g，二味加水适量煎煮，去渣取汁，1日2次，连服5～7d。

3. 花椒红糖饮（民间验方）： 花椒12g，红糖30g。将花椒加水400mL，煎成250mL，加红糖调味。每日1剂代茶饮，连服3d。

第五节　产后肥胖

产后肥胖是由于过食、缺乏体力活动等多种原因导致的产妇产后体内膏脂堆积过多，致体重超过正常范围，并伴有头晕乏力、神疲懒言、少动气短等症状的疾病。常见于现代医学中单纯性（体质性）肥胖、代谢综合征等疾病。

一、病因病机

素禀体丰，饮食不节，产后安逸少动而致。其基本病机为胃强脾弱，酿生痰湿，并在痰湿基础上发生血瘀和气滞。病位主要在脾胃与肌肉，与肾气虚衰的关系密切，并可涉及五脏。

二、辨证要点

分清虚、实： 本病有虚、实不同，实证主要在于胃热、痰湿，痰湿常与气郁、瘀血、水湿相兼为病；虚证主要是脾气亏虚、运化不足而致水谷精微积为痰湿，也有脾肾阳虚，或兼心、肺气虚及肝胆疏泄失调者。无论本于虚还是本于实，最终都导致膏脂堆积而为病。

区分病位： 本病涉及五脏，但以脾胃为主，多食或伴口干，大便偏干，病多在胃；肥胖伴乏力，少气懒言，或伴大便溏薄，四肢欠温者，病多在脾；若伴腰酸背痛，或腰膝酸软，尿频清长，畏寒足冷，病多在肾；久病入络，或痰凝血瘀，常病及心肝。

三、食疗原则

祛湿化痰为产后肥胖的基本食疗原则，应贯穿于本病食疗过程的始终。纠正不良饮食行为，进食定时定量，食物细嚼慢咽，不吃零食及夜宵。控制饮食总热量，多吃蔬菜、水果，限制高糖、高脂食物的摄入非常重要。

四、辨证食疗

（一）胃热火郁证

【证候】形体肥胖，消谷善饥，大便不爽，甚或干结，尿黄，或有口苦口干，喜饮水。

【证机概要】阳明火热内郁，耗伤津液，膏脂瘀积。

【食疗方法】清胃泻火，佐以消导。

【推荐食材】冬瓜、兔肉、荸荠、石膏、黄瓜、海蜇等。

【推荐食疗方】

1. 冬瓜瓤汤（《圣济总录》）：鲜冬瓜瓤250g，入锅加清水适量煮汤，每日代茶饮用，30d为1个疗程。

2. 荸荠汤（民间验方）：荸荠6枚，去皮洗净，打碎入锅，加清水煮汤，每日代茶饮用，30d为1个疗程。

3. 雪羹汤（《绛雪园古方选注》）：海蜇50g，荸荠4枚，食盐适量。海蜇用温水洗净，切成丝备用。荸荠去皮洗净，切成片备用。海蜇、荸荠放入锅中，加清水以大火烧开，再改用小火继续煎煮10min，以食盐调味即成。每日1次，7d为1个疗程。

（二）痰湿内盛证

【证候】形体肥胖，身体沉重，肢体困倦，脘痞胸满，可伴头晕，口干不欲饮，大便少行，嗜食肥甘醇酒，喜卧懒动。

【证机概要】痰湿内盛，困遏脾运，阻滞气机。

【食疗方法】化痰利湿，理气消脂。

【推荐食材】鲤鱼、赤小豆、荷叶、山楂、陈皮、薏苡仁等。

【推荐食疗方】

1. 赤小豆鲤鱼汤（《外台秘要》）：鲤鱼1条（250g左右），赤小豆100g，生姜1片，盐、味精、料酒、食用油各适量。将赤小豆洗净，加水浸泡0.5h；生姜洗净；鲤鱼留鳞去内脏，洗净。起油锅煎鲤鱼，入清水适量，放入赤小豆、生姜、料酒各少许，先武火煮沸，改文火焖至赤小豆熟，调入盐、味精即可。随量食用或佐餐，每周可服食3次。

2. 荷叶茶（《随息居饮食谱》）：荷叶、山楂、陈皮各9g，三者洗净混合，沸水冲泡，每日代茶饮，不拘时，3个月为1个疗程。

3. 薏仁赤豆粥（民间验方）：薏苡仁30g，赤小豆30g，泽泻10g。泽泻先煎取汁，与赤小豆、薏苡仁同煮为粥，每日2次，30d为1个疗程。

（三）气郁血瘀证

【证候】肥胖懒动，善太息，胸闷胁满，面晦唇暗，肢端色泽不鲜，甚或青紫，可伴便干，失眠，月经不调，或经血色黯有血块，舌质黯或有瘀斑、瘀点。

【证机概要】气郁不畅，血行不利。

【食疗方法】理气解郁，活血化瘀。

【推荐食材】香附、菊花、玫瑰花、陈皮、红花、山楂等。

【推荐食疗方】

1. **玫瑰花汤（《饲鹤亭集方》）**：玫瑰花初开者30朵，去心蒂，洗净，放入砂锅内，加清水浓煮，后入冰糖适量即成，每日2次。

2. **藕粉粥（《本草纲目》）**：食用藕粉30～40g，放开水中，煮3～5min即可食用，每日1～2次，30d为1个疗程。作早晚餐或点心食用。

3. **橘皮粥（《调疾饮食辩》）**：橘皮20g，粳米60g。橘皮煎汁去渣与粳米共煮。或单以粳米煮粥，待煮成时，加入橘皮末3g，煮至粥成。空腹食用，每日1～2次，5d为1个疗程。

（四）脾虚不运证

【证候】肥胖臃肿，身体乏力，身体困重，脘腹痞闷，或有四肢轻度浮肿，晨轻暮重，劳累后更为明显，饮食如常或偏少，小便不利，大便溏薄或便秘。

【证机概要】脾虚气弱，运化无力，水湿内停。

【食疗方法】健脾益气，渗利水湿。

【推荐食材】茯苓、薏苡仁、赤小豆、党参、鸡肉、白术等。

【推荐食疗方】

1. **茯苓赤小豆粥（民间验方）**：茯苓30g，赤小豆200g，小米100g，大枣10枚。将茯苓研为细末，赤小豆用水浸泡10h以上，淘洗干净，4味加水适量，共煮成粥。每日早晨空腹温食1次，15d为1个疗程。

2. **益脾饼（《医学衷中参西录》）**：白术30g，红枣250g，鸡内金15g，干姜6g，面粉500g，食盐适量。白术、干姜入纱布袋内，扎紧袋口入锅，下红枣，加水1L，武火煮沸，改用文火熬1h，去药袋。红枣去核，枣肉捣泥。鸡内金研成细末，与面粉混匀，倒入枣泥，加面粉及少量食盐，和成面团，将面团再制成薄饼。平底锅倒少量菜油，放入面饼烙熟即可。空腹食用。

3. 茯苓粥（《圣济总录》）： 党参30g，茯苓30g，生姜5g，粳米120g。将党参、生姜切薄片，茯苓捣碎泡0.5h，煎取药汁2次，用粳米同煮粥，一年四季常服。

（五）脾肾阳虚证

【证候】形体肥胖，易于疲乏，可见四肢不温，甚或四肢厥冷，喜食热饮，小便清长。

【证机概要】脾肾阳虚，气化温煦失职。

【食疗方法】补益脾肾，温阳化气。

【推荐食材】川椒、虾、肉桂、肉苁蓉、杜仲、龙眼肉等。

【推荐食疗方】

1. 杜仲猪腰（《本草权度》）： 猪肾1个，杜仲末10g，椒盐适量，荷叶1张。猪肾冲洗干净，除去筋膜，切成薄片，椒盐水浸洗，入杜仲末，荷叶包裹，上笼蒸熟，加麻油、酱油、葱等调味。每日佐餐食用，15d为1个疗程。

2. 韭菜粥（民间验方）： 韭菜20g，粳米100g，杜仲10g，薏苡仁10g，大枣5枚。将杜仲水煎3次去渣取汁，将粳米、薏苡仁放入药汁中煮熟，粥成后放入韭菜，调味食之。代餐食用，每日2次，15d为1个疗程。

3. 茯苓饼子（《儒门事亲》）： 白茯苓120g，精白面60g，黄蜡适量。将茯苓粉碎成极细末，与白面混合均匀，加水调成稀糊状，以黄蜡代油制成煎饼。当主食食用，每周服1～2次。

第六节　产后郁证

郁证是以心情抑郁，情绪不宁，胸部满闷，胁肋胀疼，或易怒易哭，或咽中有异物梗塞等为主要表现的病证，属于中医的郁证、产后精神异常范畴。西医学的神经衰弱、产褥期抑郁症及产后焦虑症可参照辨证。

一、病因病机

多因情志所伤，超过机体的调节能力，导致肝气郁结而发，尤以悲忧恼怒最易致病。病机为长期肝郁不解，失于疏泄，引起五脏六腑气血失调；或体质素弱，肝气郁结；或原本肝旺，复加情志刺激，机体调节能力减弱，肝失疏泄，脾失健运，饮食渐减，生化乏源，日久气血不足，心失所养，脏腑阴阳气血失调。

病变部位主要在肝，但可涉及心、脾、肾。情志所伤，肝气郁结，肝失疏泄，横逆乘土，肝脾失和。忧思伤脾，思则气结，既可气郁生痰，痰气郁结，又可肝郁抑脾，气血不足，而成心脾两虚。更有甚者，肝郁化火，心火偏亢，火郁伤阴，心失所养，肾阴被耗，致心肾阴虚或阴虚火旺。

二、辨证要点

辨证要注意区别六郁主次、脏腑、虚实。胸胁胀满，疼无定处为气郁；胸胁胀痛，痛有定处，舌有瘀点为血瘀；性情急躁易怒，口苦咽干，便秘为火郁；胸胁满闷，咽中有异物梗塞者为痰郁；身重，脘腹胀满，口腻，便溏者为湿郁；胃脘胀满，嗳气酸腐，不思饮食者为食郁。一般气郁、血郁、火郁主要系于肝，食郁、湿郁、痰瘀主要系于脾。一般病初期以气、血、痰、火等郁为主，属实；日久易伤正气，气血阴精不足，则属虚。虚证与心的关系最为密切，其次为肝、脾、肾。

三、食疗原则

治疗的基本原则是理气开郁，调畅气机，怡情易性。实证，首当理气开郁，并应根据是否兼有血瘀、化火、痰结、湿滞、食积等而分别施以活血、降火、化痰、祛湿、消食等法。虚证应根据损及脏腑及气血阴精亏损的不同而补之，或养心安神，或补益心脾，或滋养肝肾。对于虚实夹杂者，尤当兼顾。

平时注意控制情绪，调节情志。饮食不当会使病情加重或影响病程，避免辛辣刺激性食物，如火锅、烟酒、油炸食品等。平时注意配伍行气之品，如佛手、橙子、柑皮等。

四、辨证食疗

（一）肝气郁结

【证候】精神抑郁，情绪不宁，善太息，胸部满闷，胁肋胀痛，痛无定处，脘闷嗳气，不思饮食，大便失常或月经不调。

【证机概要】肝郁气滞，脾胃失和。

【食疗方法】疏肝解郁理气。

【推荐食材】玫瑰、青皮、香附、佛手、香橼、陈皮、萝卜、莲藕、山楂、豆蔻等。

【推荐食疗方】

1. 玫瑰花茶（《本草纲目拾遗》）： 干玫瑰花6～10g，红糖适量。将玫瑰花放入茶杯中，用开水冲泡，温浸10min即可饮用。代茶饮。

2. 茴香汤（《饮膳正要》）： 茴香（炒）200g，川楝子100g，陈皮（去白）100g，甘草（炒）30g，盐适量。将以上几味药共研为末，拌匀，每日空心，用白汤冲服2勺。

3. 佛手柑粥（《宦游日札》）：佛手柑15g，粳米100g，冰糖适量。将佛手柑洗净，加水500mL，煎煮2min，去渣取汁，再加入粳米及冰糖，文火熬煮，每日2次，5d为1个疗程。

（二）气郁化火

【证候】性情急躁易怒，胸胁胀满，口苦咽干，或头痛、目赤、耳鸣，或嘈杂吞酸，大便秘结。

【证机概要】肝郁化火，横逆犯胃。

【食疗方法】疏肝解郁，清肝泻火。

【推荐食材】芹菜、菊花、杏仁、苦菜、山楂、苹果、羊肝、玫瑰花等。

【推荐食疗方】

1. 菊花龙井茶（民间验方）：菊花10g，龙井茶6g，一起放入茶盅内，沸水冲泡，闷10min后，代茶频饮。

2. 竹茹饮（《圣济总录》）：竹茹30g，乌梅6g，甘草3g。将竹茹、乌梅、甘草分别洗净，3味一同放入锅内，加水适量，武火烧开，改用文火继续煎煮，去渣取汁，代茶饮服。

3. 菊苗粥（《遵生八笺》）：将粳米30g淘洗干净，将甘菊新鲜嫩芽30g洗净切细，与粳米、冰糖适量同煮成粥，早晚服食。

（三）痰气郁结

【证候】精神抑郁，胸部闷塞，胸胁胀满，咽中如有物梗塞，吞之不下，咯之不出。

【证机概要】气郁痰凝，阻滞胸咽。

【食疗方法】行气开郁，化痰散结。

【推荐食材】陈皮、绿萼梅、莱菔、佛手、玫瑰花、薤白、橙子等。

【推荐食疗方】

1. 橘红茶（民间验方）：橘红10g，白茯苓10g，生姜5片。共煎去渣取汁代茶饮。

2. 小茴香粥（《寿世青编》）：小茴香15g，粳米60g。二者煮粥服食，每日1次。

3. 莱菔粥（《调疾饮食辩》）：莱菔子30g，置砂锅中，加水适量，煎煮片刻，去渣取汁，入粳米50g煮粥，空腹食用。

（四）心神失养

【证候】精神恍惚，心神不宁，多疑易惊，悲忧善哭，喜怒无常，或时时欠伸，或手舞足蹈，骂詈喊叫等，常因精神刺激诱发，临床表现多样。

【证机概要】营阴暗耗，心神失养。

【食疗方法】甘润缓急，养心安神。

【推荐食材】莲子、酸枣仁、小麦、百合、龙眼、荔枝、香蕉等。

【推荐食疗方】

1. 肉豆蔻莲子粥（《仁斋直指方论》）： 肉豆蔻5g，莲子60g，粳米适量。上3味洗净后放入砂锅内，加适量水煮粥，粥熟后加少许食盐调味即可，做早、晚餐服食。

2. 甘麦大枣汤（《金匮要略》）： 炙甘草10g，小麦30g，大枣10枚。3味加水煎煮2次，去渣取液，合并药液即成。代茶饮。

3. 酸枣仁粥（《太平圣惠方》）： 酸枣仁10g，熟地黄10g，粳米100g。将酸枣仁置锅内，用文火炒至外皮鼓起并呈微黄色，取出，放凉捣碎，与熟地黄共煎，过滤，取汁待用；将粳米淘洗干净，加水适量，煮至粥稠后入药汁，再煮3～5min即可食用。温热服。

（五）心脾两虚

【证候】多思善疑，心悸胆怯，失眠健忘，头昏神疲，面色不华，食欲不振。

【证机概要】脾虚血亏，心失所养。

【食疗方法】健脾养心，补益气血。

【推荐食材】牛乳、粳米、鸡肉、莲子、酸枣仁、大枣、草菇、葡萄等。

【推荐食疗方】

1. 人参大枣茶（《十药神书》）： 人参3～5g，切成薄片，大枣10枚去核，共置保温杯中，以沸水冲泡，加盖闷15min，代茶频饮，每日1剂。

2. 参枣米饭（《醒园录》）： 党参15g，糯米250g，大枣30g，白糖50g。先将党参、大枣煎取药汁备用。再将糯米淘净，置瓷碗中加水适量，煮熟，扣于盘中，将煮好的党参、大枣摆放在上面。加白糖于药汁内，煎成浓汁，浇在枣饭上即成。空腹食用。

3. 大枣粥（《圣济总录》）： 大枣30g，粳米100g，冰糖适量。将大枣、粳米淘净后放入锅内，加水适量，煮至烂熟成粥，加入冰糖搅拌均匀，空腹食用。

（六）心肾阴虚

【证候】情绪不宁，心悸，眩晕，健忘，失眠，多梦，心烦易怒，口燥咽干。

【证机概要】阴精亏虚，阴不涵阳。

【食疗方法】滋养心肾。

【推荐食材】鸡肉、枸杞子、莲子、决明子、芝麻、紫菜、香菇等。

【推荐食疗方】

1. 杞子五味茶（《摄生众妙方》）： 枸杞子20g，五味子9g。共置保温杯中，以沸水适量冲泡，加盖闷15min，代茶频饮，每日1剂。

2. 二冬甲鱼汤（民间验方）： 甲鱼1只，去头、内脏、爪、尾，洗净，入锅加水适量，煮沸后改用文火煮20min，取出，切除上壳和腹甲，切成小块，与天冬15g、麦冬15g共置锅中，加清汤适量，火腿50g，以及绍酒、葱、姜，炖至甲鱼烂熟，喝汤食肉。

3. 何首乌粥（《太平圣惠方》）： 将制何首乌30g洗净，放砂锅内煎取浓汁，取渣，在药汁中加入粳米50g、大枣5枚，同煮为粥，粥熟后加适量冰糖即可。作早、晚餐，温热服食。

附　录

国家关于药食两用类物质的相关规定

◎ 2012 年国家卫健委公布的既是食品又是药品的中药名单

丁香、八角、茴香、刀豆、小茴香、小蓟、山药、山楂、马齿苋、乌梢蛇、乌梅、木瓜、火麻仁、代代花、玉竹、甘草、白芷、白果、白扁豆、白扁豆花、龙眼肉（桂圆）、决明子、百合、肉豆蔻、肉桂、余甘子、佛手、杏仁、沙棘、芡实、花椒、红小豆、阿胶、鸡内金、麦芽、昆布、枣（大枣、黑枣、酸枣）、罗汉果、郁李仁、金银花、青果、鱼腥草、姜（生姜、干姜）、枳子、枸杞子、栀子、砂仁、胖大海、茯苓、香橼、香薷、桃仁、桑叶、桑葚、橘红、桔梗、益智仁、荷叶、莱菔子、莲子、高良姜、淡竹叶、淡豆豉、菊花、菊苣、黄芥子、黄精、紫苏、紫苏籽、葛根、黑芝麻、黑胡椒、槐米、槐花、蒲公英、蜂蜜、榧子、酸枣仁、鲜白茅根、鲜芦根、蝮蛇、橘皮、薄荷、薏苡仁、薤白、覆盆子、藿香。

◎ 2014 年新增既是食品又是中药材的物质名单

人参、山银花、芫荽、玫瑰花、松花粉、粉葛、布渣叶、夏枯草、当归、山柰、西红花、草果、姜黄、荜茇，在限定使用范围和剂量内作为药、食两用。

◎ 2018 年新增按照传统既是食品又是中药材的物质名单

党参、肉苁蓉、铁皮石斛、西洋参、黄芪、灵芝、天麻、山茱萸、杜仲叶，在限定使用范围和剂量内作为药、食两用。

参考文献

[1] 张民生. 现代养生学[M]. 西安:陕西科学技术出版社,2014.

[2] 张民生. 现代养生[M]. 北京:中国科学文化音像出版社,2011.

[3] 杨旭东. 中医养生康复学[M]. 北京:中国中医药出版社,2004.

[4] 谭兴贵. 中医药膳学[M]. 北京:中国中医药出版社,2003.

[5] 谢梦洲,朱天民. 中医药膳学[M]. 北京:中国中医药出版社,2021.

[6] 施洪飞,方泓. 中医食疗学[M]. 北京:中国中医药出版社,2021.

[7] 忽思慧. 饮膳正要[M]. 北京:人民卫生出版社,1986.

[8] 彭铭泉. 中国药膳大全[M]. 成都:四川科学技术出版社,1987.

[9] 窦国祥. 中华食物疗法大全[M]. 南京:江苏科学技术出版社,1990.

[10] 李兴民,王明旭. 现代行为医学[M]. 北京:军事医学科学出版社,2000.

[11] 王琦. 中医治未病解读[M]. 北京:中国中医药出版社,2007.

[12] 邓明昱. 不良生活方式与不良行为方式的范畴[M]. 北京:中国科学技术出版社,1992.

[13] 陈晓峰. 健康新起点[M]. 深圳:海天出版社,2005.

[14] 廖利平. 让你不生病[M]. 深圳:海天出版社,2008.

[15] 万承奎. 健康自我管理[M]. 北京:人民卫生出版社,2007.

[16] 郭学志. 健康学[M]. 北京:中国科学技术出版社,2007.

[17] 关桂. 营养学基础与临床实践[M]. 北京:北京科学技术出版社,1996.

[18] 李成. 古籍文献中科学的饮食养生观[M]. 北京:中国社会科学出版社,1996.

[19] 洪绍光. 食物是最好的医药[M]. 天津:天津教育出版社,2006.

[20] 翁维健. 中医饮食营养学[M]. 上海:上海科学出版社,2006.

[21] 上海食疗研究会. 食疗[M]. 杭州:浙江人民出版社,1986.

[22] 中国营养学会. 中国居民膳食营养素参考摄入量[M]. 北京:中国轻工业出版社,2000.

[23] 周仲瑛. 中医内科学[M]. 北京:中国中医药出版社,2008.

[24] 高学敏. 中药学[M]. 北京:中国中医药出版社,2008.

[25] 李心天. 医学心理学[M]. 北京:中国协和医科大学出版社,2001.

[26] 徐小平,李兴民. 中药方剂药理学[M]. 北京:军事医学科学出版社,2010.

[27] 冯晓玲,张婷婷. 中医妇科学[M]. 北京:中国中医药出版社,2021.